蓝色硅谷建设全球海洋创新高地战略研究

谭思明 李汉清 王 栋 等著

U0189881

中国海洋大学出版社
· 青岛 ·

图书在版编目（CIP）数据

蓝色硅谷建设全球海洋创新高地战略研究／谭思明
等著．—青岛：中国海洋大学出版社，2016. 11
ISBN 978-7-5670-1297-4

Ⅰ．①蓝…　Ⅱ．①谭…　Ⅲ．①海洋开发－科技发展－
研究－青岛②海洋经济－经济发展－研究－青岛　Ⅳ.
①P74②F127. 523

中国版本图书馆 CIP 数据核字（2016）第 272919 号

出版发行	中国海洋大学出版社
社　　址	青岛市香港东路 23 号
邮政编码	266071
出 版 人	杨立敏
网　　址	http://pub.ouc.edu.cn
电子信箱	dengzhike@sohu.com
订购电话	0532－82032573（传真）
责任编辑	邓志科
电　　话	0532－85901040
印　　制	日照报业印刷有限公司
版　　次	2019 年 11 月第 1 版
印　　次	2019 年 11 月第 1 次印刷
成品尺寸	170 mm × 240 mm
印　　张	16. 25
字　　数	280 千
印　　数	1—500
定　　价	39. 00 元

PREFACE | 前 言

　　当前,全球科技竞争不断加剧,以科技创新为核心的全面创新正在成为引领中国乃至全球经济的重要引擎,全球地缘与海洋版图面临重构,以创新高地为标志的新型城市空间,成为集聚新要素、攻克新技术、孵化新企业、培育新产业、催生新制度的重要载体,是支撑未来经济发展、赢得全球地缘竞争的强大支点。

　　青岛蓝色硅谷在海洋科技创新方面基础条件好,具有先发优势,为了支持蓝色硅谷进一步迈向全球海洋创新高地的目标,为深入实施创新驱动发展战略和海洋强国提供战略支撑和试验范本,国家科技部支持青岛市科技局组织有关单位和专家开展了若干软科学研究,以加快推动青岛蓝色硅谷海洋科技创新发展。本书是以盖健、谭思明为负责人所承担的 2013 年国家软科学研究计划重大合作项目"蓝色硅谷建设全球海洋创新高地战略研究"(2013GXS2D030)和以谭思明为负责人所承担的 2014 年国家软科学研究计划项目"青岛蓝色硅谷核心区科技创新试点政策研究"(2014GXS5D230)的主要研究内容和结论。

　　全书共分五个部分,谭思明、王栋、王淑玲、刘瑾、宋福杰、厉娜、李汉清、赵霞、刘曙光负责撰写"蓝色硅谷建设全球海洋创新高地战略研究"部分;王淑玲、李汇简、王栋、檀壮、姜静、李汉清负责撰写"海洋创新高地的顶层设计"部分;刘曙光、赵霞、王云飞、张涵、刘洋、杨奕、纪盛、纪瑞雪、秦洪花、初志勇负责撰写"海洋创新高地集聚—配置创新资源机制设计与改革路径"部分;刘瑾、厉娜、刘振宇、孙琴、李汉清负责撰写"海洋创新高地配套承接海洋科技成果转化,驱动地方蓝色经济发展的机制设计与改革路径"部分;宋福杰、朱延雄、房学祥、李汉清负责撰写"海洋科学与技术国家实验室的体制机制设计"部分。

　　本书站在全球视角,系统阐释了海洋创新高地的内涵与特征,在厘清问题、认清差距、明确瓶颈的基础上,提出了海洋创新高地的顶层设计,集聚并配置创新资源,承接海洋科技成果转化,驱动地方蓝色经济发展,海洋科学与技术国家实验室等体制机制设计与改革发展路径的对策建议。

其中,顶层设计部分从创新的空间结构、全球结构、创新生态系统的结构与动力机制等方面梳理了创新高地的理论,提出了创新高地内涵的学术与政策表述,结合背景与典型案例分析,从科技原创力、资源配置力、战略支撑力三个方面出发,归纳了全球海洋创新高地的内涵,总结了创新高地的密集性、联通性、共享性、包容性和生态性的特征,提出了蓝色硅谷的发展目标与路径。

集聚配置创新资源的机制设计与改革路径部分综合了创新资源集聚和配置机理、青岛蓝色硅谷要素集聚与配置现状评价,提出了面向全球网络的海洋学术创新、海洋技术交易、海洋商业媒介、海洋金融资本、海洋产业价值链等网络节点建设措施。

配套承接海洋科技成果转化,驱动地方蓝色经济发展的机制设计与改革路径部分针对海洋科技成果的高投入、高风险、高收益、高带动等特性,围绕海洋科技成果转化存在的关键问题和薄弱环节,提出了构建区域性海洋科技成果转移转化网络、打造海洋科技创新集聚基地、建立海洋科技成果数据资源系统、搭建专业海洋创业孵化服务平台、培育海洋科技型中小企业、创新海洋科技成果转化模式等符合蓝色硅谷发展实际的海洋科技成果转化有效路径。

海洋科学与技术国家实验室的体制机制设计部分采用系统论思想,按照"要素—结构—功能"的研究范式,对青岛海洋科学与技术国家实验室的体制机制问题进行了深度剖析,从结构-功能的角度对实验室的组织功能和系统构成进行了明确划分和界定,重点分析了实现集聚资源、重大科研设施建设、科技攻关等功能所需的组织结构和要素,提出了强化科研管理、人才管理、知识产权管理三个核心子系统的体系架构和机制设计路径。

本书的编写得到了国家科技部、中国科技发展战略研究院、青岛市科学技术局、青岛海洋科学与技术国家实验室的大力支持,盖健、王栽毅、雷仲敏、宋金明、刘文俭、张广海、李家祥、于正河、刘慧等专家学者为本书的编写提供了宝贵的意见,对他们表示诚挚的感谢。本书是全球海洋科技创新高地研究的一个阶段成果,内容难免有疏漏与不当之处,请读者谅解和批评指正。

著 者
2017 年 4 月

CONTENTS | 目　录

第一章

蓝色硅谷建设全球海洋创新高地战略研究

第一节 背景与要求

一、审视全球性的新变化

一是新一轮科技革命和产业变革正在孕育兴起,全球科技创新呈现出新的发展态势和特征。面对科技创新发展新趋势,世界主要国家都在寻找科技创新的突破口,抢占未来经济科技发展的先机。

二是海洋战略与海洋经济成为各国战略重点,世界各国的海洋经济投入不断增加,海洋产业门类不断扩大,海洋科技进步迅速,海洋经济已经成为国家竞争力的重要指标。

三是全球主要城市的经济功能呈现出由传统产业转向高新技术产业、由制造转向研发、由生产转向服务并迈向科技创新中心的趋势。

二、贯彻国家与区域战略部署

一是贯彻党的十八大明确提出的海洋强国战略,落实《国民经济和社会发展第十三个五年规划》提出的"建设青岛蓝谷等海洋经济发展示范区"的战略部署。

二是积极响应《国民经济和社会发展第十三个五年规划》提出的"打造区域创新高地"要求,突出海洋优势特色,探索具有特色的创新驱动发展模式,打造形成具有强大带动力的海洋创新中心,辐射带动周边区域创新发展。

三是落实青岛市委市政府在"十三五"期间提出的"着力打造国家东部沿海重要的创新中心、国内重要的区域性服务中心、国际先进的海洋发展中心和具有国际竞争力的先进制造业基地,基本建成具有国际影响力的区域性经济中心城市。"等城市战略部署,打造"海洋科技创新策源地"。

四是深入实施《青岛蓝色硅谷发展规划》,开展国家海洋科技自主创新先行先试工作,率先建成国家重点发展的海洋经济发展示范区。

第二节　内涵与特征

一、解读创新高地

1. 作为学术术语

创新高地,是以科技创新为核心功能的城市区域,它的概念与创新极、创新集群、创新网络、创新体系等创新地理与创新系统概念的新发展一脉相承。创新高地所刻画的城市区域,创新资源富集,集群优势显著,在极化效应[①](polarization)与邻近效应[②](proximity)的推动下,各类创新主体和创新社群构成完善的科技创新生态体系,持续催生新思想、新发现、新理论、新技术。创新高地所刻画的城市区域,开放创新的特征明显,深度嵌入全球创新网络与全球生产者网络,要素配置能力突出,在关联效应[③](correlation)与扩散效应[④](diffusion)的作用下,各类网络主体交织成庞大的网络创新共同体,持续引领新工艺、新产品、新模式和新产业迭代更新。

2. 作为政策术语

创新高地,是在践行创新驱动发展中走在前列的区域,它的概念绝不仅仅局限在学术理论上,更透射出国家创新驱动发展战略的时代背景与目标导向。创新高地所指的城市区域,在科技的重点领域和关键环节上具备原始创新、源头创新、集成创新的强大实力与导引能力,能够推动区域和行业领域整体创新能力的持续跃升。创新高地所指的城市区域,在经济的动能转换和结构优化上发挥先行先试、示范引领、辐射带动的关键作用,能够带动区域和行业领域协调与持续发展。

二、内涵:三大一流能力

"蓝色硅谷全球海洋创新高地",关键词有四个:"蓝色硅谷"、"全球"、"海洋"和"创新高地"。其中,"蓝色硅谷"指其海洋特色及高技术属性,"全

---

① 极化效应是指创新资源会向资源集聚度高的地区或节点上进一步集中。
② 邻近效应是指空间或网络上关系接近的创新主体会进一步强化彼此间的合作。
③ 关联效应是指创新链条某一环节的强化会带动上下游的发展。
④ 扩散效应是指创新要素会沿着空间或网络的通路,由集聚度高的地方向低的地方扩散。

球"指其能力与作用的空间范围,"海洋"指其行业领域特色,"创新高地"则是其本质。综合来看,"蓝色硅谷全球海洋创新高地"指的是蓝色硅谷在海洋领域具备国际一流的科技原创力、资源配置力、战略支撑力,在若干海洋科技领域处于世界前沿,主要海洋产业居于全球价值链中高端,能够带动国家海洋科技创新能力与海洋产业竞争实力持续跃升,成为建设海洋强国的关键支点、全球海洋科技创新的引领者、全球海洋创新网络的关键枢纽和享誉世界的"蓝谷"。

1.国际一流的海洋科技原创力

拥有若干重大海洋科技基础设施与科技创新基地,形成一支规模宏大、结构合理、衔接有序的创新型科技人才队伍,在海洋科学前沿、关键共性以及变革性技术的研究和开发中形成持续性的原创能力,能够不断衍生新的前沿方向,拥有一批对世界海洋科技发展产生重要影响的创新成果,成为海洋科技的重要发源地。

2.国际一流的海洋创新资源配置力

具备先进的海洋科技体制机制与多元包容的创新文化,区域海洋创新生态体系开放完善,形成持续稳定、国际领先的海洋科技创新要素投入机制,持续影响国际海洋创新要素配置方向,成为海洋创新要素全球流动中的关键枢纽。

3.国际一流的海洋战略支撑力

组织实施关系国家海洋战略全局与长远发展的重大科技项目,具备完善的支撑现代和新兴海洋产业发展、支撑海岸带区域民生改善和可持续发展、保障国家海洋安全和战略利益的技术与成果体系,培育出具有国际竞争力的创新型领军企业,引领海洋产业高端化发展,成为海洋新兴产业策源地和海洋强国的关键支点。

三、五大特征

1.密集性

密集性,指的是蓝色硅谷在海洋创新创业的各领域、各维度、各环节中都呈现出时间、空间上高密度、高热度、高集中的特征。

主要体现为设施密集、要素密集、投入密集、活动密集、服务密集和成果密集。

设施密集指的是在蓝色硅谷有限的空间资源上集中了国际一流的海洋科技基础设施、仪器设备、教育教学、社交生活等设施;

要素密集指的是蓝色硅谷集中了国际一流的海洋高端人才、技术、信息数据、风险投资、商务、服务等要素；

投入密集指的是蓝色硅谷在海洋创新创业的人才、资金、服务等要素的投入强度和比例上处于国际一流水准；

活动密集指的是蓝色硅谷海洋创新创业的活跃和繁荣程度处于国际一流水准；

服务密集指的是蓝色硅谷可以为海洋创新创业提供国际一流标准的高端服务，各类服务供给充分、覆盖全面；

成果密集指的是蓝色硅谷在海洋原始创新、前沿创新、系统创新等方面持续涌现大量国际一流的研究成果。

2. 联通性

联通性，指的是蓝色硅谷内部各领域、各维度、各环节间，及其与外部的关系均呈现出开放、联合、通达、衔接的特征。

主要体现为设施联通、渠道联通、愿景联通、行动联通、制度联通。

设施联通指的是蓝色硅谷有通达、立体的交通和互联网基础设施，海洋科技基础设施有效互联，科研、产业、生活、政务等基础设施有效衔接；

渠道联通指的是政产学研各主体所掌握的渠道和关系网络，不仅可以在蓝色硅谷内部相互交叉、合作，而且通过向外的横向、纵向延伸，形成跨国、跨领域、跨行业的联系；

愿景联通指的是在海洋科技创新和创业领域，蓝色硅谷可以为借由设施联通、渠道联通而相互关联起来的各方，形成共同的目标和愿景，以及可以产生出这些目标和愿景的土壤；

行动联通指的是在蓝色硅谷的引领和参与下，愿景联通的各方可以通过有效的规划和组织，采取相互协调的海洋科技创新和创业行动，包括实施具体的项目、计划、工程等；

制度联通指的是蓝色硅谷与愿景和行动联通的各方一道，探索建立起彼此关联、相互衔接的体制机制、政策、标准、规范等。

3. 共享性

共享性，指的是蓝色硅谷与其相互联通的各方，通过一定的制度安排，顺畅、高效的共建、共用、分享彼此拥有的能力、服务和产出。

主要体现为设施共享、信息共享、知识共享、技能共享。

设施共享指的是蓝色硅谷内部和外部的各方之间共享、分享彼此拥有的各类设施及其服务能力，包括但不限于，海洋科技基础设施，检验检测、试验试制试产设施，教育教学设施，商务、生活、社交设施与空间，通用服务设施等；

信息共享指的是蓝色硅谷内部和外部的各方之间共享、分享彼此拥有的各类信息、数据及其来源，包括但不限于，海洋科研信息与数据，实验数据，海洋科技与产业情报，商务与社交信息等；

知识共享指的是蓝色硅谷内部和外部的各方之间共享、分享彼此拥有的各类显性和隐性知识，包括但不限于，学术研究与教育教学资料，管理与运营经验等；

技能共享指的是蓝色硅谷内部和外部的各方之间共享、分享彼此拥有的各类专业或通用技能、能力，包括但不限于，各类专业或通用技能的交流与学习，利用彼此人力资源的技能进行直接合作等。

4. 包容性

包容性，指的是蓝色硅谷表现出在创新创业的制度环境上相对宽松，在文化氛围上突出兼容并蓄，推动包容性创新等特征。

主要体现为对多样性的包容，对试错的包容和包容性创新。

对多样性的包容指的是蓝色硅谷能够包容多样化的创新创业人员团队、思想理念、技术方法、工艺产品、路径模式，并为来源或背景迥异的人群、机构、组织提供公平、宽松的人文环境；

对试错的包容指的是蓝色硅谷围绕海洋科技创新和创业，能够形成鼓励创新，宽容失败，允许试错，鼓励"寻对"的制度环境和文化氛围，鼓励自由探索、鼓励先行先试；

包容性创新指的是蓝色硅谷能够吸纳更多本地社群和 BOP（Bottom of the Pyramid）社群参与创新，能够通过制度建设保障创新创业成果在本地应用，能够更多的惠及本地发展。

5. 生态性

生态性，指的是蓝色硅谷海洋科技创新创业整体上呈现出自组织的、生态的、演化的特征，其技术与产业创新的发展方向呈现出生态友好的特征，整个城市环境呈现出生态优美、宜居宜业的特征。

主要体现为形成完整的城市创新创业生态系统，生态优美的城市环境和坚持生态友好的技术创新。

完整的城市创新创业生态系统指的是蓝色硅谷拥有集基础研究、技术研发、试验、应用、孵化和产业化一体的海洋创新创业生态系统，具有科技创新、创业、产业培育、生活、教育、休闲等完整的城市功能；

生态优美的城市环境指的是蓝色硅谷在整体开发过程中，在创新创业和城市公共服务设施的建设过程中，坚持统筹规划，加强生态环境保护，塑造生态环境优美的现代化生态科技新城；

生态友好的技术创新指的是蓝色硅谷在海洋科技创新和新兴产业的培育过程中，始终坚持生态友好、低碳环保的技术方向，坚持可持续的发展模式。

第三节　目标与路径

一、五大目标

围绕全球海洋创新高地这一战略定位，以国际标准提升蓝色硅谷建设和发展水平，突出密集、联通、共享、包容和生态特征，在研发水平、成果转化、产业培育、人才集聚、人文生态等方面达到国际领先水平。到 2030 年，蓝色硅谷努力建设成为国际海洋科技研发中心、国际海洋科技成果交易中心、国际海洋新兴产业培育中心、国际海洋高端人才集聚中心和滨海科技生态新城。

1. 2020 年建成亚太地区领先的海洋创新高地

到 2020 年，蓝色硅谷成为我国海洋创新的领导者，成为山东半岛蓝色经济区的引擎和我国科学开发利用海洋资源、走向深海的桥头堡，成为亚太地区领先的海洋创新高地。同时，蓝色硅谷成为全球创新链上必不可少的环节，全球创新网络节点枢纽的主要功能板块基本具备。具体表现为：具有关键核心技术优势，创新创业生态系统活力显现，在世界原创技术领域具有一席之地；成为先进技术输出输入中心，建成全球最大的海洋技术交易平台；孵化培育一定数量的旗舰型科技型企业，成为知名企业研发中心的聚集地；人才蓄水池效应显现，对海洋领域的高端人才具有很强的吸引力；宜居宜业，形成海洋特色的城市人文生态。

2. 2030 年成为全球领先的海洋创新高地

建成国家海洋科学中心，建设一批重大海洋科技基础设施和平台、形成基础性、战略性、前沿性和前瞻性等代表世界领先水平的海洋基础科学研究和重大技术研发的大型开放式研究基地。构建国际一流的体制机制，营造优良的创新生态环境，"蓝谷"品牌享誉世界。蓝色硅谷成为全球海洋创新链上的核心环节、海洋科技创新的全球引领者之一，对全球海洋创新格局产生颠覆性影响的人物、企业、机构出现，成为海洋原创技术的发源地和汇聚地。到 2030 年，蓝色硅谷建成全球知名的海洋科技新城，成为全球领先的海洋创新高地。

二、发展路径

建设一批国家重大科技基础设施群,建设一批国际先进的海洋研发平台,引进集聚一批国内外知名研发机构和行业组织,引领国际海洋前沿科学与应用技术研究,建成国际海洋科技研发中心,实现海洋科技创新能力的大幅提升。

打造全球最大的海洋科技成果交易市场,创新海洋技术成果转移转化模式,引进国际知名的知识产权服务中介机构,提升发明专利和国际专利产出水平,建成国际海洋科技成果交易中心,实现海洋科技成果转移转化能力显著增强。

建设一批海洋专业孵化器和国际孵化器,完善企业孵化服务体系,加快科技金融高度融合,培育一批科技型中小企业、高新技术企业和具有国际竞争力的海洋领军企业,打造海洋新兴产业集群,建成国际海洋新兴产业培育中心,实现海洋新兴产业培育能力持续加强。

集聚一批具有国际影响力的科技创新人才和团队,培育一批高层次的科技创业人才,吸引一批高水平的科技投融资人才,逐步优化海洋人才结构,海洋人才资源总量大幅提高,建成国际海洋高端人才集聚中心,实现海洋高端人才集聚能力明显提高。

全面完成重要基础设施建设,建成一批生态、文化和社会事业标志性项目,打造一批功能完善、宜居宜业、幸福和谐的新型生态社区,形成比较完备的城市功能和创新创业的良好环境,建成滨海科技生态新城,构建适应海洋创新的城市环境。

第四节　现实与差距

2016 年,蓝色硅谷核心区已累计引进重大科研、产业及创新创业项目210 余个、总投资约 2 422 亿元、总规划建筑面积 2 304 万平方米,已累计投入各类建设资金 537 亿元,开工建设面积达 700 万平方米。2015 年蓝色硅谷实现地区生产总值 63.2 亿元、增长 15.2%,完成地方公共财政预算收入 7.7 亿元、同比增长 48.1%,完成固定资产投资 227.5 亿元、同比增长 49.8%。区域承载海洋科技研发、海洋成果孵化、海洋科技人才等蓝色高端要素能力显著增强,但与国内外部分科技创新中心和高地相比,蓝色硅谷在高端创新资源、科技服务体系、创业投融资、新兴产业集群、创新生态环境等方面仍有不小的差距。

一、源头创新

1. 高端研发机构集聚现状与差距

（1）现状。蓝色硅谷核心区内拥有青岛海洋科学与技术国家实验室、国家深海基地、国家海洋设备质量监督检验中心、国家海洋局第一海洋研究所蓝色硅谷研究院、国土资源部青岛海洋地质研究所、山东大学青岛校区、哈尔滨工业大学青岛科技园、天津大学青岛海洋技术研究院等机构。其中，"国字号"重点项目14个、高等院校设立校区或研究院16个，科技型企业110余个，具备了发展海洋科技、开展创新服务的独特条件和优势。海洋科学与技术国家实验室、国家深海基地等6个项目已基本建成并投入使用，山东大学青岛校区、国家海洋设备质量监督检验中心、国土部青岛海洋地质研究所等45个项目部分建成或正加快建设，中央美院青岛大学生艺术创业园、国家水下文化遗产保护基地等20余个项目正在加紧建设前期工作。阿斯图中俄科技园、中乌特种船舶研究设计院等8个国际高端研发平台正加快建设。

（2）差距。作为美国海洋科学研究中心的波士顿，集聚了哈佛大学、麻省理工学院等100多所大学，伍兹霍尔海洋研究所等2 700多家研究机构；以美国海洋石油工程创新中心著名的休斯敦，拥有莱斯大学、得克萨斯A＆M大学、休斯敦大学等知名学府，全美70多家海洋研究机构总部有一半集聚在这里。武汉东湖高新技术产业开发区内高等院校和科研机构密集，有武汉大学、华中科技大学等58所高等院校和中科院武汉分院等71个国家级科研院所。虽然蓝色硅谷近两年吸引了一批高端研发机构落户，但是与国内外创新高地相比，高端机构的集聚程度仍有较大差距。

2. 重大海洋科研基础设施建设现状与差距

（1）现状。目前青岛已有、在建的千吨级以上科考船达到了14艘，科考船数量和质量在国内首屈一指，其中"东方红2"号海洋实习调查船、"科学"号海洋科学综合考察船被列入国家重大科技基础设施名录。7 000米载人深潜器"蛟龙"号正式入驻国家深海基地母港，成为世界第五大深海技术支撑基地。建有科学数据库12个，种质资源库5个，样品标本馆（库、室）6个。中科院海洋研究所建成了青岛市海洋科研领域首个10万亿次高性能计算平台，高性能计算能力大幅度提升。青岛已形成了较为完善的近岸、近海至深远海并辐射到极地的国内一流、国际先进的系统化海洋调查能力。

（2）差距。一是在海洋科考基础设施方面，仅美国伍兹霍尔海洋研究所一家机构就拥有 4 艘海洋科学考察船,能够在全球范围内执行海洋科学综合考察任务,尤其是远洋考察任务。而目前青岛涉海高校院所拥有的也是我国最为先进的 5 000 吨级左右的海洋科学综合考察船仅有 2 艘,即"向阳红 01"和"大洋一号",数量差距明显。二是在大洋深海钻探设施方面,美国拥有"挑战者"号(1.05 万吨级)和"决心"号(1.86 万吨级)两艘大洋钻探船,日本拥有"地球"号(5.75 万吨级)大洋钻探船,可开展深海科学钻探研究,是深海科研核心装备,而我国大洋钻探船尚在立项审批中。三是在海洋数据处理能力方面,美国斯克里普斯海洋研究所、法国国家海洋开发研究院均拥有海洋超级计算平台,而青岛海洋科学与技术国家实验室的海洋超级计算平台"千万亿次高性能科学计算与系统仿真平台"尚在筹建中。

3. 高层次人才引进培养现状与差距

(1)现状。2016 年,青岛市拥有各类海洋人才达到 4.3 万人,占全国海洋人才的 30% 左右,其中,国家千人计划专家 28 人,两院院士 18 人、外聘院士 3 人,国家杰出青年科学基金获得者 26 人,长江学者 17 人,泰山学者 20 人,博导 364 人,享受国务院津贴人员 144 人。蓝色硅谷通过项目带动已引进各类涉蓝人才 3.9 万人,其中硕士或副高以上高端人才 1.6 万人。引进全职与柔性人才共计 3 200 余人,其中博士 715 人、硕士 679 人、本科 1 158 人,"两院"院士、国家"千人计划"专家、"长江学者"、"泰山学者"等高层次人才 300 余人,海外人才 52 人,其中外籍专家 37 人。

(2)差距。一是高层次人才缺乏。美国硅谷拥有美国科学院院士近千人,诺贝尔获得者 30 多人。仅美国斯克里普斯海洋学研究所就有 3 人获得过诺贝尔奖,而蓝色硅谷仅在物理海洋等个别涉海学科拥有国际高层次科学家。据统计,2016 年,上海张江高科技园区从业人员近 35 万人,其中大专以上学历程度达 56%。拥有博士 5 500 余人,硕士近 4 万人。拥有中央"千人计划"人才 96 人,上海市"千人计划"人才 92 人,上海市领军人才 15 人,留学归国人员和外籍人员约 7 600 人。二是海洋工程类人才比例偏低。青岛海洋人才规模优势主要体现在海洋基础科学研究领域,根据《全国海洋科技人才研究报告》(王云飞等,2015),青岛从事海洋基础科学研究的人才数量占全国的比例高达 34%,而青岛从事海洋工程技术研究的人才数量占全国的比例仅为 15%,表明蓝色硅谷开展海洋工程装备等海洋工程技术领域的人才不具优势。三是国际人才比例偏低。目前,蓝色硅谷仅引进海外人才 52 人,其中外籍专家 37 人,占全部引进人才(约为 3.9 万)的比例仅为 0.13%。美国硅谷 2010 年外籍工程师占硅谷全部工程师的 50%,其中 42% 持硕士学位和 60% 持有博士学位的工程师都是外籍人员。2006 年到 2012 年,海外移民创立的技术类公司,占美国硅谷同类公司的 25%。人才的国际化程度远远超过蓝谷。上海张江高科技园区从业人员近 35 万人,其中留学归国人员和外籍人员约 7 600 人,占从业人员的 2%,无论是人才总数还是国际化人才的比例都超过蓝谷。

4. 科技成果产出现状与差距

（1）现状。2016 年,蓝色硅谷处于发展初期,科技成果还较少,但在一些项目上有所突破。蓝色硅谷累计引进重大科研、产业化及创新创业项目 210 余个,其中"国字号""蓝字头"项目 14 个。海洋国家实验室在科学研究方面,共发表论文 1670 篇,获科技奖励共计 26 项,新获国家自然科学基金等各类科研项目共计约 410 项。2016 年,蓝色硅谷涉海发明专利申请量预计达到 200 件、授权量达到 30 件,海洋技术合同交易额达 2 亿元。

（2）差距。美国硅谷以全国 1% 的人口,占全美专利的 13%。2016 年一季度,中关村企业申请 PCT 国际专利 2 284 件,同比增长 351.4%,占北京市 79.3%,在国内申请方面,中关村企业申请专利 13 114 件,同比增长 14.6%,占北京市 34.1%。自 2000 年以来,武汉东湖高新技术产业开发区专利申请量每年的增长率保持在 30% 左右,2015 年,武汉东湖高新技术产业开发区就有超过 1.58 万件的专利申请,约占武汉市的 50%。而蓝色硅谷 2020 年的预期涉海发明专利申请量也仅为 2 000 件,因而与美国硅谷、中关村、武汉东湖高新技术产业开发区相比而言,无论从专利数量还是科技成果方面,都与它们相差甚远。

二、转移转化

1. 创新创业服务平台现状与差距

（1）现状。蓝色硅谷突出"国字号"重点大项目的带动示范作用,引进了众多深海上下游产业链研发技术服务平台。国家海洋设备质检中心、食品药品安全性评价检测公共研发平台、先进制造系统工程公共研发平台、深海技术装备公共研发平台、海洋药物公共研发平台等 10 个公共研发服务平台已逐渐投入使用,国家海洋计量中心也基本确定在蓝色硅谷选址建设。部分驻蓝色硅谷高校科研机构也分别设立了相应的校区、研究院、大学生创业园、科技园或校企联合研究中心。另外,蓝色硅谷还集聚了即发蓝谷海洋生物研发中心、微软教育云研发基地、中航动力非晶材料研究院、青岛润键泽山科创新产业园等 140 余个企业研发中心（基地）。

（2）差距。与北京中关村、武汉东湖高新技术产业开发区相比,蓝色硅谷的公共技术服务平台的集聚力略显不足。北京中关村核心区创新创业服务平台已拥有 89 家公共技术服务平台,武汉东湖高新技术产业开发区拥有省级和国家级产业创新平台数量达 466 家,省级以上(含省级)技术创新平台达到 444 个,其中国家级 216 个。武汉东湖高新技术产业开发区的未来科技城已吸引凯迪生物质能国家重点实验室等 12 家国家重点实验室或国家工程中心落户。

2. 技术转移服务体系现状与差距

(1)现状。为进一步提高技术产业化进程,促进科技成果转化,蓝色硅谷围绕海洋生物、海洋仪器仪表、海洋新材料、海洋工程和海水养殖等专业领域,推动国家海洋技术转移中心蓝谷分中心建设,部分驻蓝谷高校科研机构也相继成立了如天津大学(青岛)技术转移中心、大连理工大学(青岛)技术转移中心、中航动力非晶技术研究院等内部的技术转移转化中心,基本形成了以国家海洋技术交易市场为核心,以专业领域分中心为依托,以社会化技术转移机构为支撑的"一总多分"的海洋技术转移服务格局。

(2)差距。相比而言,武汉东湖高新技术产业开发区目前拥有各类技术转移机构 142 家,2016 年作为国家技术转移东部中心的两大核心公益平台——"科惠网"和技术转移综合服务市场正式运行。德国的史太白技术转移中心截至 2012 年年底,就已经形成了拥有 918 家专业技术转移机构的网络(仅 2012 年就新增 101 个),各类雇员超过 5 200 名。而蓝色硅谷目前拥有 87 家技术转移服务机构,2016 年第一季度国家海洋技术转移中心实现海洋技术交易 128 项,技术交易额 9 280.71 万元,仅占青岛总技术交易额的 4.43%。海洋科技服务人才数量不足。青岛市目前拥有"技术经纪人"资质的人才共有近 400 人,分布在全市 100 多家的技术转移机构和孵化器中。但是有超过 50% 的属于兼职从业者,这与全市快速发展的技术交易、科技成果交易规模不相称。无论与国内外创新活跃地区相比,还是与蓝色硅谷海洋科技产业的发展趋势相比,现有的科技服务人才仍存在较大缺口。

3. 科技金融体系建设现状与差距

(1)现状。蓝色硅谷通过设立专项资金、共建科技成果转化基金、共建风投基金等方式,大力支持海洋科技研发和科技成果转化。蓝色硅谷与贵阳众筹金融交易所签约共建蓝谷科技金融交易中心,与蓝色海岸资本(青岛)共同创建海洋科技方面的产业投资基金——青岛蓝色硅谷创业投资基金,一期资金规模 1 亿元。设立总规模 10 亿元的"海科创海洋互联网产业基金",引进的中科招商集团每年为天津大学青岛海洋工程研究院提供 2 亿元的孵化基金。设立蓝海股权交易中心蓝谷中心和蓝谷金融超市,引进工商银行、中国银行、人民财产保险、太平洋财产保险、小额贷款公司等 40 余家银行、保

险、担保、资本管理、证券、中介服务等战略合作机构,打造一站式股权交易
和金融服务平台。

（2）差距。一是在投融资规模方面。硅谷和旧金山是加州天使投资和
并购最活跃的地区,2011～2014 年间其规模从 15 亿美元增至 28 亿美元,占
加州的比例从 50％增至 93％;2014 年硅谷企业在美国公开募股定价的数量
达 23 次,占美国的 8.4％和加州的 39.7％。中关村天使和创投案例分别占
到全国的 42.7％和 32.2％,天使投资和创业投资金额占全国的 1/3 以上,位
居全国第一;2016 年一季度中关村共有 352 家企业获得 358 次 PE/VC 投资,
获投金额 661.7 亿元。

二是在科技金融创新方面。美国硅谷专业的科技金融机构——硅谷银
行在市场定位、产品设计、风险控制等各方面对传统商业银行业务不断进行
创新,开创了"科技银行"模式的先河,与全球 600 多家风险投资基金及私募
股权投资基金建立了紧密的联系,为创新型高科技中小企业和风险投资公司
提供商业银行服务及各种投资服务。而目前蓝色硅谷区域内仍未成立专门
的科技银行,科技金融产品创新不足。

三是在天使风险投资机构和人才方面。目前,中关村活跃的天使投资人
超过 1 万名,占全国的 80％,聚集了雷军、徐小平等一批知名的天使投资人
和 IDG、红杉、北极光等国内外知名投资机构。蓝色硅谷投融资渠道较少,仅
引进了 40 余家银行、保险、担保、资本管理、证券、中介服务等金融机构,缺乏
活跃的风险投资机构和天使投资人。

三、产业培育

1. 企业孵化器发展现状与差距

（1）现状。蓝色硅谷现正着力打造以蓝色硅谷创业中心为代表的"海
洋"孵化器。目前蓝色硅谷核心区内科技类项目已累计开工建设 165 万平
方米,竣工 80 万平方米。其中,15.8 万平方米的蓝色硅谷创业中心已正式
投入使用,引进了天津大学青岛海洋工程研究院、青岛贝尔特生物科技有限
公司总部及研发中心、山东半岛蓝色经济区海洋生物产业联盟、深蓝创客空
间、熔钻创客空间等 40 余家科技型企业和创新团队。青岛国家海洋新材料
高新技术产业化基地拥有 1 个国家实验室、2 个国家工程技术研究中心、4 个
国家级企业技术中心以及 23 个省部级重点实验室,形成了从孵化培育到产
业化的海洋高技术创新载体体系。

（2）差距。相比而言,上海张江孵化器自 2014 年被正式认定为国家级
孵化器以来,累计扶持 600 多家园区企业创业,总市值超过 250 亿元人民币,

孵化企业累计申请 889 项专利,获得 493 件知识产权授权。中关村创业大街自 2014 年开街到现在已累计孵化创业团队 1 000 个,其中海归团队和外籍团队超过 150 个;截至 2016 年 3 月底,中关村上市公司总数达 284 家,其中境内企业 182 家,境外企业 102 家,规模以上企业实现总收入 8 326.6 亿元。武汉东湖高新技术产业开发区 2015 年新建科技孵化器 116 万平方米,新认定国家级众创空间 14 家,全市孵化器、众创空间、大学生创业特区新创办企业 1 822 家,仅武汉光谷生物医药科技企业孵化器,近 3 年来,就培育了 10 家高新技术企业、4 家东湖高新区"瞪羚企业"。而蓝色硅谷经过几年的启动建设,大量的孵化和创业载体已开始逐步投入运行,虽然已建、在建和已投入使用的孵化器面积与青岛其他区市相比优势明显,但孵化器级别与数量、入住与在孵企业数量均排在各区市后面,2015 年蓝色硅谷核心区仅有 2 家孵化器,在孵企业 30 家,尚无国家级孵化器。另外,区内创新创业服务机构大多是提供法律、财务、税务、知识产权、市场推广等一般性服务,而研发、检验检测、试产试制等专业性服务供给不足。

2. 产业发展规模现状与差距

(1)现状。蓝色硅谷凭借自身在科研氛围、政策辅助、资金扶持等方面的诸多优势,成功吸纳了一大批掌握最新海洋科研成果,实现了海洋新能源、海洋装备、海洋生物、海洋新材料四大产业齐头并进的发展格局。目前,蓝色硅谷引进涉及新能源及节能技术、生物与新医药技术、新材料、海洋船舶、海洋工程装备、电子信息等方面各类科技型企业累计达到 250 余个。拥有海洋可再生能源产业技术创新战略联盟、海洋监测设备产业技术创新战略联盟、海洋防腐蚀产业技术创新战略示范联盟、青岛市海水养殖种苗产业技术创新战略联盟等 9 家技术战略联盟,海洋生物产业基地现已基本建立了以海洋创新药物、海洋生物医用材料、海洋功能食品、海洋生物农用制品为主的产业体系,整个产业已经初具规模。蓝色硅谷拥有国家火炬青岛海洋生物医药特色产业基地、青岛国家海洋新材料高新技术产业化基地等 4 个产业基地和园区,目前,青岛国家海洋新材料高新技术产业化基地内有三大企业集群,分别是新型海洋生物医用材料集聚区、新型海洋环保材料集聚区以及新型海洋防护材料与海水综合利用材料集聚区。

(2)差距。从产业规模上看,2015 年,张江示范区企业总收入已达 3.58 万亿元,工业总产值 1.34 万亿元,税收 2 431 亿元,高新技术产值 6 000 亿元;武汉东湖高新技术产业开发区高新技术产业产值达 7 700 亿元,而蓝色硅谷地区生产总值为 63.2 亿元。从高新技术企业数量上来看,武汉光谷现在已有 1 063 家国家级高新技术企业,其中 2015 年新增 231 家,而 2015 年蓝色硅谷核心区高新技术企业仅为 70 家。

四、开放创新

1. 国外机构引进现状与差距

（1）现状。蓝色硅谷在国外机构的引进方面已经取得了一些进展，目前已经引入了澳大利亚国立大学院士工作站、爱尔兰丁达尔国家实验室—青岛罗博飞联合实验室，山东大学与亥姆赫茨联合会、马克斯－普朗克研究院、弗朗霍夫研究院、德累斯顿技术大学、海德堡大学、斯图加特大学、柏林工业大学等 13 所德国顶级科研机构联合共建"山东大学德国学院"，加拿大蒙特利尔大学—青岛大学国际合作共建"青岛海洋科学与技术研究院"。

（2）差距。北京中关村是国内跨国公司入驻最密集的区域。IBM、微软、英特尔、法国电信、AMD 等世界 500 强企业和跨国公司在中关村设立地区总部和研发中心，跨国公司设立的各类研发机构达 70 家。武汉东湖高新技术产业开发区多年来一直把国际机构组织引进作为光谷发展的重要工作，其中推进中国光谷与美国硅谷的"双谷"合作是光谷"十三五"期间重点推进的一项任务。目前蓝色硅谷的国外机构引进，无论是从引进成效还是政策力度上都和国内先进地区差距明显。

2. 国际合作交流现状与差距

（1）现状。青岛海洋国家实验室通过组建国际化的学术委员会、发起国际科技合作计划等形式，构建链接全球的海洋科技合作网络，先后与美国伍兹霍尔海洋研究所、斯克瑞普斯海洋研究所等国际知名海洋研究机构建立密切合作联系，同时与英国国家海洋研究中心、英国欧洲海洋能中心、俄罗斯希尔绍夫海洋研究所签订了合作协议，与德国、加拿大、澳大利亚和韩国也建立了合作关系。在高峰论坛的举办方面，蓝色硅谷也取得了一些进展。由山东省政府联合国家发展改革委等 12 个部委共同发起"中国·青岛海洋国际高峰论坛"自 2009 年以来已经举办了五届，目前该论坛已经成为蓝谷吸引全球海洋科技人才，展示海洋科技成果，发布全球海洋科技创新指数的国际高端平台。

（2）差距。在对外交流合作方面，蓝色硅谷与一些具有先发优势的地区差距较为明显。北京中关村仅在 2015 年，就与美国"500startups"、法国商务投资署（Business France）、中国法国工商会、韩国创业振兴院（KISED）等 10 多家外国机构开展多方位合作。全年接待了 57 个国家和地区的交流代表团体，举办了近百次国际交流会议、论坛活动。武汉东湖高新技术产业开发区在国际交流合作方面也比蓝色硅谷更具特色和亮点。武汉国际光谷论坛已经举办了两届,具备了一定的国际影响力。从 2013 年开始的武汉国际交流活动周已经连续举办三年,对于光谷的国际交流活动产生了较好的促进作用。

五、城市配套

1. 通勤便利化建设现状与差距

(1)现状。目前蓝色硅谷域内科技路、创业路、凤凰山路等 12 条市政道路已完工通车;中央商务区沙滩一路、沙滩二路等 6 条道路及综合配套工程完成道路沥青下面层铺设和市政管线敷设,具备通车条件。

(2)差距。由于青岛市的铁路、公路、空港、码头等主要交通口岸设施集中于市南区、市北区、李沧区、城阳区和西海岸新区等地,蓝色硅谷目前主要经由域内的三条省级公路 S212、S293、S309 到上述城区中转进而实现与青岛市域外的通勤,便利化程度较低。

与此相比,上海张江高科技园可通过地铁 2 号线直接抵达上海浦东国际机场,直接车程不超过 15 分钟,也可经地铁 2 号线换乘快速抵达上海高铁站,中转通勤时间一般在 30 分钟左右。同属青岛的高新区胶州湾北部园区依靠毗邻的 G15、G20、G2011、G22 等多条国家高速路,通过市内快速路网可在 15 分钟左右抵达青岛北站和青岛流亭国际机场。

蓝色硅谷目前职住分离现象比较突出,大部分工作与科研人员都居住在城区,日单程通勤时间普遍在 1 个小时以上。

根据美国人口普查局的数据,斯克里普斯海洋研究所所在的加州圣迭戈市 2016 年的单程平均通勤时间仅为 23 分钟。张江高科技园域内有地铁 2 号线、中环线、外环线、罗山路、龙东大道等城市立体交通大动脉贯穿,与各市区间的通勤便捷。青岛高新区胶州湾北部园区依靠毗邻的多条高速公路和市区快速路可在 30 分钟内实现与各区市间的域内通勤。

2. 生活环境及服务配套现状与差距

(1)现状。目前蓝色硅谷已建成临时公交枢纽站,先期开通 7 条公交线路和 4 条定制公交,首座 5A 级城市综合体青岛蓝色中心一期工程已主体封顶,已有青岛十九中与山东大学附属学校两所学校,正在周边规划建设山东省立医院青岛分院。在环境治理方面,陆续开展温泉河、南泊河、新民河、尼姑山河及滨海主题公园等河道整治、海岸线景观的建设工程。总体上,蓝色硅谷目前的生活环境与服务配套水平仍然较低,造成了职住分离现象严重。

(2)差距。美国伍兹霍尔海洋研究所所在的法尔茅斯镇、英国南安普顿国家海洋学中心所在的南安普顿大学滨水校区、俄罗斯希尔绍夫海洋研究所所在的瓦西里岛区等的周边,均配备良好的生活环境与配套设施。研究机构的街区相对独立、完整,附近规划有生活和商业区,住宅、大型超市、银行、电影院、剧院、餐馆等设施齐全,既使得研究机构与生活和商业区相对隔离,能够保障相对静谧的科研工作环境,又不至于形成职住分离,可以满足科研人员就近选择居住生活和休闲娱乐场所。

六、案例分析:海洋国家实验室建设与发展的现状与差距

2013年12月,国家科技部批复青岛海洋科学与技术国家实验室的设立申请,同意将建设青岛海洋科学与技术国家实验室作为深化科技体制改革的试点工作,先行先试,探索新的管理体制和运行机制,建设国际一流的海洋科学与技术创新平台,引领和支撑海洋科学与技术发展,创新驱动海洋强国建设。

海洋国家实验室在科技体制机制方面的改革试点工作,对于蓝色硅谷在科技投入、科技计划、研发平台、成果转化、企业培育、科技金融、知识产权等方面的改革具有典型示范作用。

1. 现状

青岛海洋科学与技术国家实验室自2015年投入使用以来,已经取得了一定的建设进展。目前已经完成了顶层架构的设计,成立了理事会、明确了国家实验室的主任人选和主任委员会的组成。编制完成了内设机构、职能、岗位方案,设定了功能实验室、联合实验室、开放工作室、大型科研平台四类主要科研组织形式。聘任8个功能实验室主任和内设机构临时负责人,正加速科研、管理队伍建设。围绕"透明海洋"、"蓝色生命"等重大科研任务,先后与中国船舶重工集团公司、天津大学、中科院西安光机所、水科院渔机所等科技优势资源,组建了海洋观测与探测、海洋高端装备、深蓝渔业工程装备等联合实验室。组织编制了日常运行、科研项目、人才团队、国际合作、成果转化等60余项管理制度。尤其在科研项目管理体系、人才管理体系和知识产权管理体系等方面的制度建设中取得了显著进展。

(1)科研项目管理体系建设现状。

治理结构:目前,海洋国家实验室的体制机制建设已经基本完成顶层架构的设计。设立了理事会作为决策机构,学术委员会作为学术咨询机构,主任委员会作为执行机构,并审定发布理事会、学术委员会、主任委员会的章程及工作规则。其中学术委员的外籍专家比例规定不低于20%。

科研经费管理:为了规范科研经费的管理,海洋国家实验室出台了16项经费管理办法,按照经费的来源和性质建立了各自的财务-会计管理体系。对于来自科技部等的中央经费,海洋国家实验室在参考《国家重点实验室专

项经费管理办法》基础上,制定了自己的经费管理办法。对于来自山东省和青岛市的经费,按照"一事一议"的原则,由省政府常委会、市政府常委会或市长办公会出台临时的经费使用建议。详见表1-1。

表1-1 海洋国家实验室的经费来源和使用规则

性 质	来 源	管理办法或规章	金 额	问题及改革方向
中央经费	科技部	用途:科研专项经费 法规:参照《国家重点实验室专项经费管理办法》	2015年2.73亿元 2016年2亿元	1. 人员经费没有使用规章 2. 中央经费的管理非常严格,改革突破空间有限 3. 地方经费的执行机制相对灵活,但有待进一步明确 4. 经费监督机制有待完善
地方经费	山东省政府 山东省科技厅	用途:建设、运行维护 依据:省长常务会会议或专题会议,经费会议纪要的形式拨付经费 科研专项经费:省科技厅	2014至今已拨付约2亿元	
	青岛市政府 青岛市科技局	用途:建设、运行 依据:市委常委会会议,纪要		

科研项目管理:为规范和促进海洋国家实验室的科研活动,海洋国家实验室多渠道筹措资金,设立了"鳌山科技创新计划项目",并出台了项目管理办法。管理办法针对国内现有科研项目管理中存在的一些问题进行了积极探索。

在项目设置上,安排了重大项目和定向项目。重大项目重点支持海洋国家实验室战略性科研任务。定向项目重点支持开展海洋动力过程与气候变化、海洋生命过程与资源利用、海底过程与油气资源、海洋生态环境演变与保护、深远海和极地极端环境与战略资源、海洋技术与装备六个主要方向的科研工作。

重大项目和定向项目均实行首席科学家负责制。首席科学家主要职责:提出项目和经费额度建议;编制项目实施方案和经费预算;确定项目子任务负责人,分解研发任务;检查项目执行和经费使用情况,负责子任务的验收;负责项目的总体集成。

(2)人才管理体系的现状。

与国内海洋科技研究机构相比,国家海洋科学与技术实验室具备一定的人才基础。青岛集聚了全国30%的省级以上海洋科教机构,70%以上的涉海两院院士,40%的中高级海洋科技人才。这些海洋科技高端人才又基本上都集中在中国海洋大学、中国科学院海洋研究所、国家海洋局第一海洋研究所、中国水产科学研究院黄海水产研究所、中国地质调查局青岛海洋地质研究所等5个海洋国家实验室组建单位,其中海洋领域的两院院士17名,国家杰出青年基金获得者 14 人,国家有突出贡献中青年专家 32 人,以及国家基金委创新群体 4 个,科技部重点领域创新团队 2 个。

海洋国家实验室科研装备优势突出。5 大组建单位拥有 1 个国家级工程技术研究中心和 2 个省部级工程技术研究中心,5 个部委级科学观测台站,18 个省部级重点 / 开放实验室。拥有 7 个国家部委级数据库,9 个基因库、资源库,1 个亚洲最大的海洋生物标本馆;共有 6 艘千吨级海洋科学考察船。

(3)知识产权管理体系的现状。

青岛海洋国家实验室已成立了用于知识产权管理的成果转化办公室,但目前仅是设立了组织机构,相应的规章制度、管理流程和专业人员正在建立配备中,在知识产权管理方面面临着与国内高校院所同样的问题与挑战。

2. 差距

(1)科研项目管理。

海洋国家实验室在科研项目的管理方面主要存在五个问题。

一是管理体制机制亟待建立并规范。目前国家实验室在推进体制机制改革过程中出台的每一份管理办法或者文件,都是以理事会的备案为最终合理依据。理事会的这种特殊地位与其人员组成有重大关系。理事会的权威来自国家自然基金委、科技部、青岛政府、财政部、教育部等部委和科研机构的专家组成的多方协调平台,理事会对于改革路径或者试点措施的备案取决于能否获得相关政府部门的改革共识。但是目前体制机制的改革成果只是青岛海洋国家实验室作为一个独立科研单位的管理办法,这样的管理办法或者改革经验如果不能以政府相关部门的名义出台明文规定或政策规章的话,其形成的试点经验是难以被推广和复制的。

二是学术委员会的外籍专家比例不高。与国外的国家实验室相比,目前青岛海洋国家实验室学术委员会专家组成中来自青岛市的专家比例仍然比较高,域外专家特别是外籍专家组成比例仍然较低,这对于专家委员会意见的公正性和权威性是个挑战。学术委员会的组成人员和现有项目的主要承担人员存在较为普遍的重叠,这虽然是由于实验室处于起步阶段,但从长期来看这对学术委员会的独立性带来一定的影响,对于项目的征集、招标和管理是非常不利的。

三是首席科学家的权责尚未明晰。现行体制下,海洋国家实验室所赋予首席科学家的权责并未理顺,尤其是在人员调配和经费使用两个方面,国家实验室首席科学家的权责仍然面临诸多限制。目前,首席科学家的经费使用权和人员调配权的实现都需要报国家实验室财务部门、人事部门,并经理事会备案才能实现。实际运行中,仍然是理事会和学术委员会拥有实际的财务和人事权,首席科学家制并没有得到很好的贯彻,首席科学家的自主空间仍然非常有限。

四是国家实验室的经费使用规范亟待形成并完善。在海洋国家实验室的各项经费中,建设和运行经费是主要的支出项,人员经费并没有明确支出口径;在建设和运行经费中,来自中央一级的经费是参照国家重点实验室进行经费管理,很多国家实验室运行中出现新的经费支出,例如人员、会议、活动、国际交流等,目前还没有可参照的使用办法或规章,中央投入国家实验室的经费使用受到严格限制,这对于国家实验室的运行和发展是非常不利的。来自省级和市级的经费,其使用依据是政府会议纪要,由政府部门按照一事一议的原则划拨,经费的使用缺乏明晰的操作规程和监管,目前只能以建立专账、理事会备案的形式来使用,在实际使用中存在监管风险。

五是科研项目的形成机制尚不透明。目前海洋国家实验室已经出台了"鳌山科技创新计划项目管理办法",国家实验室的学术委员会负责鳌山科技创新计划项目的遴选和立项评审等咨询工作。前期六个方向的形成,主要来自学术委员会的讨论,目前已经明确的三个课题负责人均是学术委员会成员。海洋国家实验室目前的项目形成机制仍在沿用我国现有科研项目的定向征集方式,新的项目形成机制尚处于探索阶段。

(2)人才建设与管理。

相比国家海洋科学与技术实验室的功能定位和发展目标,仍然存在诸多不足。

一是达到国际水平的高端人才尚显不足。美国劳伦斯伯克利国家实验室培养出了9位诺贝尔奖得主,美国布鲁克海文国家实验室有7个项目12人次获得过诺贝尔奖,斯克里普斯海洋研究所也已获得诺贝尔奖3项,而英国剑桥大学卡文迪许实验室从1904年至1989年的85年间一共产生了29位诺贝尔奖,被誉为"诺贝尔科学奖的孵化器"。相比之下,海洋国家实验室虽然拥有一批海洋领域两院院士这样的高端人才,在个别领域方向也达到了国际领先水平,但高端人才的学术贡献以及国际影响力,与国际上著名的实验室以及国际著名海洋研究中心的高端人才相比,尚有明显差距。

二是吸引高端人才的环境有待完善。当前我国成功引进外籍高端科技人才的案例还不太多,整个中国社会明显缺乏为外籍人员提供就业岗位的环境氛围。新生的海洋国家实验室在可观的工资收入、充足的科研经费、优越的工作环境、良好的社会福利等吸引国际高端人才聚集的要素方面还有待进一步完善。人才流动程序烦琐,导致办事周期长,甚至成为人才引进的"制度"障碍。海洋国家实验室获取人才信息的渠道还有待于进一步拓宽,人才引进的计划性还需加强，人才的选拔、使用、评价和考核机制还有待于健全和完善。海洋国家实验室与国际著名海洋研究机构之间的合作还仅仅停留在"战略合作"框架层面，具体的研究项目合作及人才交流尚有待积极推进并落实。

三是人才流动机制亟待形成。目前在海洋国家实验室从事科学研究的人员，主要是海洋国家实验室五大组建单位顶尖科学家领衔的研究团队。随着海洋国家实验室的运行与发展，海洋国家实验室还将迎来非组建单位（甚至海外）的海洋科学研究人员，他们将通过承接（或参与）研究课题来到海洋国家实验室工作。在参与海洋国家实验室海洋科学课题研究的过程中，研究人员不仅面临着工作场所的变换，还将不可避免地呈现出身份角色的变化（调入、调出、双跨），甚至还会出现服务于海洋国家实验室的"柔性人才"。这就需要海洋国家实验室通过体制编制、薪酬发放、社会保障、人事档案、职称评审等方面的改革，形成有利于人才良性流动的管理机制。

（3）知识产权管理体系。

青岛海洋国家实验室的科研人员大多来自于不同的共建单位，人员实行双聘任制，研究的项目大多属于合作完成，使得研究成果即知识产权归属问题尤为突出，知识产权管理面临诸多挑战。一是具有双重身份的科研人员，在聘任期间所产生的成果的归属、使用和分配等权益，如何在原单位、国家实验室、聘任人员以及团队间进行确权和分配；二是如何对产生的知识产权进行科学合理的管理；三是拥有的知识产权成果如何尽快实现转化，成为现实生产力等。需要通过先行先试，构建新型的知识产权管理模式，解决可能产生的知识产权问题。

第五节　瓶颈与障碍

一、科技创新投入瓶颈

一是中央对海洋国家实验室等重大海洋科技基地与基础设施的投入依然不足，稳定支持的制度尚未建立。中央对海洋国家实验室的支持经费是以科研项目的形式拨付，缺乏对大型科学仪器设施等基础条件的资金支持；项目资金的管理是参照国家重点实验室专项经费的办法管理，对人员、交流活动的支出限制较多，亟须建立支持国家实验室长期稳定运行和开展科学研究的项目与经费管理制度。

二是地方财政对蓝色硅谷的投入不足。目前蓝色硅谷的基础设施和市政配套等建设资金采取封闭运行的方式,由蓝色硅谷辖区自行组织,受制于前期投入的需求较大,而成果转化和产业导入在税收上的滞后性,蓝色硅谷当前可以组织的实际建设资金缺口较大。

三是社会资本参与不足。目前蓝色硅谷的海洋创新与产业基础设施建设主要依靠银行信贷、信托等传统手段融资,融资租赁、公私合作(PPP)等新型融资方式的相关制度建设滞后,不能为社会资本参与蓝色硅谷建设,分享蓝色硅谷发展收益提供可靠、有效的渠道。

二、创新创业人才瓶颈

一是海洋工程类人才数量不足。蓝色硅谷定位为海洋科技研发,而驻青高校院所的学科布局不完善,缺乏相应的学科方向,导致相应的专业人才不足。涉海优势学科主要为海洋渔业、养殖、调查、监测等,在海洋生态环保、海洋装备制造、海洋能源矿产、海洋工程建筑等方面相对较弱,导致缺乏海洋生态环保、海洋装备制造、海洋能源矿产、海洋工程建筑等人才。基础研究人才中,除海洋生物技术领域人才优势较为明显,海洋工程装备、生物医药、新能源利用、精密仪器等领域的研发人才也较缺乏。

二是科技成果转化类人才短缺。科技成果产业化仅仅依靠技术型人才是不够的,还需要既懂专业技术,也会经营管理,还熟悉政策法规等多维知识融合的人才,蓝色硅谷该类人才十分短缺。

三是人才激励政策不完善。外籍科研人员来青工作的年龄、居留年限、签证类型和期限等领域尚有诸多政策限制;外籍留学生毕业后留青就业、创业等政策上也存在不衔接、不顺畅的现象;对各类人才的评价以及对各类人才项目(包括科技项目)经费管理的差异化目前还不明确。

三、创新创业服务瓶颈

一是对创新创业服务机构的吸引力较弱。蓝色硅谷经过几年的启动建设,大量的孵化和创业载体已逐步建成,但正式投入使用仅有蓝色硅谷创业服务中心等几家机构,高端研发平台的集聚力不足,政策扶持力度不足以吸引各类创新创业服务机构以及创业团队和企业入驻。

二是技术转移网络体系不健全。由于国家海洋技术转移中心蓝谷分中心仍处于建设阶段,蓝色硅谷的技术转移协作机制还不完善,各个技术转移服务机构处于相对独立状态,尚未形成有效的联动效应。

三是创新创业服务供需双方信息不对称。目前,蓝色硅谷创新创业的信用体系不完善,信息服务平台不健全,导致创业者难获取、难甄别服务机构提供的服务信息,服务机构不了解、不掌握创业者的需求信息。

四是创业孵化链条衔接不畅、运转不良。众创空间、苗圃、孵化器、加速器、产业园区等创业孵化环节缺乏对创业项目和企业进入、退出的衔接管理机制,加速器缺少相应的认定管理办法,孵化器管理运营团队缺乏有效的激励机制,使科技型中小企业在成长过程中得不到相应的支持。

四、科技金融支持瓶颈

一是政府与社会资金对科技金融的支持力度不够。山东省和青岛市都建立了针对蓝色产业的投资基金,青岛市 2015 年设立了海洋科技成果转化基金,首期出资 2 000 万元,但与海洋科技成果转化市场对资金的需求量相比,投资仍显得杯水车薪,且投资资金来源单一,主要为政府注资,而社会资金注入不足,参与度不高。

二是尚未形成完善的科技金融组织体系和服务平台。现有的科技银行信贷约束机制过于僵化,银行不良贷款容忍率偏低,投融资新模式探索乏力,金融供给和支撑有限,PPP 模式未得到深入推广。

三是缺乏专业、权威的无形资产价值评估机构。针对科技型企业的股权、专利权等无形资产的评估、转让、交易体系还不健全,投融资信息沟通渠道不畅,造成风险投资、天使投资等投资机构不愿把资金投入到高风险的成果转化和高技术领域。

五、知识产权管理瓶颈

一是知识产权创造运用能力弱。目前,基础理论研究是蓝色硅谷高校和科研院所的主要任务和考核重点,研究人员较少考虑成果的应用价值和实用性,缺乏申请专利和转化应用的主动性。

二是知识产权管理体系与科技产业不匹配。目前,蓝色硅谷缺乏专业化的知识产权管理机构与制度,知识产权管理体系与科技产业极不匹配。知识产权管理工作缺乏专项预算和投资,有价值的技术无法及时申请保护,严重影响了技术的转化速度。

三是知识产权管理人才数量不足。由于缺乏复合型专业化知识产权管理人才,严重制约了发明价值评估、有转化价值的专利筛选等知识产权开发利用与商业化活动的发展。

六、管理体制机制瓶颈

按照青岛市人大常委会关于青岛蓝色硅谷核心区开展法定机构试点工作的决定要求,蓝色硅谷正处于由属地代管、工委加管委的管理模式向理事会、管理局、监事会三位一体的管理模式转型阶段。管理体制的改革,使蓝色硅谷初步形成有效制衡的法人治理结构,但在法定程序、管理制度、管理权限、人员激励等方面仍存在一些瓶颈。

一是亟须推进关于蓝色硅谷条例的地方立法程序。目前蓝色硅谷发展所依据的《青岛蓝色硅谷核心区管理暂行办法》是政府行政命令,尚需地方立法支持,为蓝色硅谷长期有效持续发展提供法律保证。蓝色硅谷核心区管理局作为法定机构试点单位亟须地方立法赋予其法定地位、职能与责任。

二是亟须解决蓝色硅谷与山东半岛自主创新示范区的衔接问题。蓝色硅谷核心区目前还不是高新区,无法在自主创新示范区的框架下进行海洋科技创新政策的先行先试工作。

三是蓝色硅谷管理的相关权限需要加快放权。青岛与即墨两级政府在蓝色硅谷核心区的科技、财政、金融、土地、规划、海域、城建、环保、工商等行政审批事项和行政事业性收费减免、缓征事项上需要依法加快赋权程序。

四是蓝谷管理局亟须完善自身人员的激励与约束制度。蓝谷管理局在行政事务、财务、人事管理方面仍然沿用传统政府机构的制度与模式,人员、岗位设置、业绩管理需要引入企业化、合同制等新模式,形成有效的人员激励与约束机制。

七、扶持激励政策瓶颈

目前,蓝色硅谷已经出台了《青岛蓝色硅谷核心区扶持创新创业暂行办法》,设立了1亿元的创新创业发展专项资金。在扶持激励政策体系的覆盖面、政策力度、政策落实上依然存在一些问题和障碍。

一是政策的覆盖面依然不足。蓝色硅谷各类支持、扶持政策绝大部分属于供给侧政策,而政府采购、商业化前期引导、技术标准等典型的需求侧政策尚为空白,急需配套需求侧扶持政策,加速引导、启动市场需求。

二是政策的力度依然不够。受创新创业发展专项资金整体规模的限制,与青岛市级或其他区市的同类政策相比,蓝色硅谷现有针对孵化器、创业服务机构、科技金融机构等的扶持激励政策力度还不够,还不能形成有竞争力的政策吸引力。

三是一些国家和省市政策的落实不及时。受区域管理体制、管理机构和权限调整的影响,蓝色硅谷管理机构目前的一些制度和运行机制还没有正常化,影响了股权激励、孵化器分割转让、人才落户等一些扶持激励政策的落地实施。

第六节 重点举措的建议

一、争取和整合高端资源,建设国际一流海洋科研机构和设施群

1. 建设青岛海洋国家科学中心

为了打造国家海洋科学创新体系的基础平台、海洋科学研究的制高点、海洋经济发展的原始动力源,青岛市政府正在积极筹划全力建设具有全球影响力的海洋科学中心,蓝色硅谷作为青岛海洋科技资源的集聚地和国家海洋实验室所在地,在青岛海洋国家科学中心创建中要发挥核心主力作用,应积极争取国家授权在重大海洋科技基础设施建设、科研管理体制机制创新、高端科研人才引进、科研用品进口管理等方面开展改革探索,以创新的思路和体制机制先行先试,打造海洋科学研究特区中的核心区,实现海洋科研体制改革的重大跨越。

2. 搭建一流海洋科技创新平台

要明确政府在引进工作中的主体地位,出台对高端机构引进支持和管理政策,从青岛市和蓝色硅谷核心区两级财政资金中列支支持海洋创新研发平台建设的专项资金,加大对引进海洋创新研发团队的资金支持力度。在引进高端机构的时候,要对高端机构有比较明确的定位和规划,要在充分考虑国家创新体系、区域创新体系建设协调性的基础上有选择地引进,突出海洋科技研发主题,推动涉海高校、科研机构、社会化新型研发机构集中集聚,打造海洋研发机构集聚基地。发挥海洋国家实验室创新引领作用,承接国家科技重大课题,主导或参与国际重大科技合作计划,打造成为全球前三的海洋科学研究中心。支持国家深海基地建设多功能、全开放的国家级公共服务平台,打造国家大洋考察与深远海资源开发保障母港。推动山东大学海洋气候环境模拟试验室打造全球规模最大、国际影响力最深的海洋气候环境研究中心。加快国家海洋局第一海洋研究所、国土资源部青岛海洋地质研究所、国家海洋设备质检中心、中科院海洋研究所等重大“国字号”研发机构建设。支持天津大学青岛海洋工程研究院、大连理工大学新能源材料研究院等社会化新型研发机构创新发展,探索产业技术研发体制机制创新。鼓励科研机

构、企业自建或共建涉海研发中心、工程(技术)研究中心和重点(工程)实验室等研发平台建设,提升海洋自主创新能力,全力打造中国蓝谷发展引擎、海洋强国建设支撑、全球海洋科技高地。

3. 打造重大科技基础设施群

当前,海洋科技的革命性突破,更依赖于海洋观测监测、分析测试、大型计算等重大设施的支撑,我国海洋技术创新和海洋产业发展,需要重大科技基础设施提供强大动力,参与海洋国际科技大计划和国际合作,也需要海洋重大科技基础设施的牵引和依托。青岛海洋国家实验室面向我国深水油气田开发、深海矿物开采与利用、海洋观测网络建设与运行维护等领域,集中布局和规划建设国家重大海洋科技基础设施集群,形成具有世界领先水平的海洋科学研究实验基地。重点打造大洋钻探船、深海空间站、海底观测网、"东方红3"深远海综合调查实习船、高性能科学计算与系统仿真平台、海洋创新药物筛选与评价平台、国家海洋科学考察船队及其母港建设、国家深海探测器母港、海洋同位素及地质年代测试平台、海洋分子生物技术公共实验平台等一系列基础设施,支撑海洋基础科学研究,引领海洋科学前沿研究和新兴产业的发展,成为国家深远海科学研究、高新技术研发应用和高层次人才培养相融合的重要载体,并通过向全世界提供服务提升平台影响力,形成具有国际影响力的研发协同创新基地。

二、改革海洋科研计划和成果管理体系,建设全球顶尖国家实验室

1. 创新海洋科研管理体系

(1)争取将海洋国家实验室纳入国家"十三五"规划的重大创新领域。

目前海洋国家实验室是由科技部批准建设的,尚未纳入国家"十三五"规划重点支持的创新领域,其承担的科技体制机制改革试点工作主要通过自下而上的探索、试验、总结的路径进行,缺乏国家层面自上而下的顶层设计、规划。若能够尽快纳入国家"十三五"规划重点支持的创新领域,必将会大大加快青岛海洋国家实验室的建设步伐。

(2)积极争取承担、组织各类海洋科技研究计划。

以高层次学术委员会、国家实验室理事会为纽带,参与国家海洋科技创新规划的研究编制工作,并发起、凝练和组织实施国家海洋重大科技任务、重大科学工程。面向全球自主组织实施重大科技项目,负责直接发布指南、组织立项评审和项目实施,承担项目管理法人责任。构建科技计划项目管理专业机构,积极承担中央财政科技计划(专项、基金)项目管理工作。

（3）完善科研项目的管理机制。

一是完善国家实验室科研项目的形成机制。成立领域预研专门小组，开展常态化的预研工作，建立预研信息的共享机制，并确保各部门、项目单位对预研信息的及时接受和反馈。规范项目立项决策论证的标准和程序。在论证专家的组成结构上，增加国外专家的比例，还应有意识地增加研究院所和企业的专家，保证专家组评审工作的公正性、客观性和准确性。

二是加强项目的过程管理。所有的项目参与人都必须签订合约（即项目团队合同），明确规定项目团队的内部组织结构、资助经费的分配、项目成果知识产权的安排、项目组内部纠纷的解决等，以预防项目团队可能出现的问题，为团队顺利运转提供制度与机制保障。建立项目实施信息的双向采集机制。设立项目信息员，深入项目承担者内部进行现场调研，获取直接的一手资料。实时掌握项目研发进展，判断项目风险，解决项目研发过程中的具体问题。

三是引入社会化评价机制。委托第三方评估机构对科研项目的完成状况及持续效应进行评估，形成内部自律与社会监管相互促进的评价模式。加强对项目承担机构的信誉监督，建立承担机构信用档案信息系统，并定期向社会公布评定结果，发挥社会信用的引导和监理作用。同时，在重大科研项目完成后，对项目的持续效果进行绩效评估，发现和总结项目立项时的经验与问题，并提出预见性的意见，以提高项目选择和管理的科学性。

2. 加强科技成果的知识产权管理

（1）建立知识产权质量控制体系。

通过建立专利质量专家组或委托中介服务机构等方式加强知识产权质量管理，重点考核评定技术创新性及专利申请文件质量、权利要求保护范围的科学性和市场价值分析的合理性等。

（2）对研究成果采用科技、商务"双评价"制度。

引入企业、金融、市场营销专家，建立商务评价团队，对研究成果的产品性能、工艺技术、应用前景、投资回报等进行评估，为后续成果转化和投融资做好前期准备。

（3）建立高质量的科技成果转化项目银行。

加强对项目后评估管理，特别是可转化的应用型科技成果信息，利用专业人才和专项资金，熟化技术成果，解决技术成果不实用、难以实现产业化的问题，构建高质量的科技成果转化项目库，为技术转移转化提供项目源，不断提升研究成果的转化率。

三、推动平台建设与模式创新，加速海洋科技成果转移转化

1. 构建区域性海洋科技成果转移转化网络

以国家海洋技术转移中心为核心，打造线上与线下相结合的海洋技术交易网络平台，开展市场化运作，坚持开放共享的运营理念，支持各类服务机构提供信息发布、融资并购、公开挂牌、竞价拍卖、咨询辅导等专业化服务。加强国家海洋技术转移中心与山东蓝色经济区产权交易中心及蓝色经济区内其他地市间有关机构的合作，构建蓝色经济区海洋科技成果转移转化网络。强化蓝色硅谷创新高地的辐射带动作用，优先在威海、烟台、日照等沿海城市布局建设分中心，形成以国家海洋技术转移中心为核心、以专业领域分中心为依托的一总多分的规划布局。

2. 建立海洋科技成果数据资源系统

依托海洋科学与技术国家实验室高性能计算平台等数据化平台，运用新一代互联网技术和云计算平台开发打造海洋大数据中心，规划建设海洋科技成果数据资源系统。建立健全各部门科技成果信息汇交工作机制，推动各类科技计划、科技奖励成果存量与增量数据资源互联互通，构建海洋数据交流中心和海洋数据采集、加工与服务网络平台，畅通海洋科技成果信息收集渠道。完善海洋科技成果信息共享机制，在不泄露国家秘密和商业秘密的前提下，向社会公布科技成果和相关知识产权信息，提供信息查询、筛选等公益服务。

3. 创新海洋科技成果转化模式

针对海洋科技成果转化的高风险、高投入等特性，推广科技成果拍卖、"TMC"主协调人模式、"做市商"等技术交易"青岛模式"在海洋科技成果转化领域的应用，开展海洋技术转让、技术许可、技术入股、联合开发、融资并购；联合青岛技术交易市场，在蓝色硅谷内山东大学、天津大学等高校实施海洋领域的"中国合伙人计划"，发起以青年学生为主体、大学海洋科技成果为客体，以促成海洋科技成果转移转化为目的的青年学生科技创业活动，由老师、学生、技术转移服务机构组成合伙人共同推动海洋科技成果转化；扶植建立连接高校院所和生产企业的、以试验开发为主的海洋战略性新兴产业技术研究院，作为海洋领域的技术开发和定制服务中心，通过市场机制为下游生产企业服务，并积极接续高校院所的技术成果，完成海洋科技成果产业化之前的中间开发过程，疏通"发现→技术→工程→产业"链条中的瓶颈，推动海洋战略性新兴产业创新升级发展。

四、推进特色园区和服务体系建设，建设海洋高新技术特色产业化基地

1. 搭建专业化海洋创业孵化服务平台

加快专业化海洋创业孵化服务平台建设，支持多元化主体投资建设众创空间、孵化器、加速器、产业园区。发挥蓝谷创业中心在孵化器建设中的示范带动作用，推动一批专业化"海洋＋"孵化器布局发展。鼓励低成本、便利化、全要素、开放式的"众创空间"建设，支持硅谷互联、深蓝创客、熔钻创客等一批海洋专业创客空间创新发展。依托海洋国家实验室、国家深海基地等区域重大创新平台，打造国家级专业化众创空间——"深海众创空间"。依托海洋国家实验室建设海洋高技术产业化中试基地，持续承接海洋科技工程化技术开发和成果的中试放大，解决具有高风险、高投入特性的海洋科技成果转化瓶颈，促进海洋科技转化为现实生产力。

2. 打造海洋高科技产业园区

按照"区域协同、多园联动"的建设思路，支持即墨高新区升级国家高新区，争取尽快纳入国家自主创新示范区建设范畴，联合打造国际一流的海洋新兴产业园区。在即墨省级高新区、经济开发区建设国内领先的海洋新兴产业发展示范园，实现蓝色硅谷孵化成熟的项目零门槛入园，享受蓝色硅谷各项扶持政策，明确税收分成办法，联合争创国家级海洋新兴产业园区，引领、辐射和带动海洋产业园区的可持续发展。寻标对标武汉光谷、北京中关村等高科技产业园区运营管理模式和产业培育先进理念，提升海洋新兴产业园区管理运营水平。建设国际联合产业创新园，打造与国际接轨的产业发展集聚区。

3. 培育海洋科技型中小企业

实施"千帆"科技型中小微企业成长工程，建立完善中小企业政策支持体系，梯度培育初创期、成长期和壮大期等各类科技型企业，打造海洋高技术企业孵化基地。鼓励和支持协同创新，定向引进能够在海洋领域突破的高等院校、大院大所和创新团队，引导高校院所在新材料技术、通讯技术、高分子技术、工程技术、工业自动化技术、航空航天技术等传统优势技术向海洋的延伸、转化，培育孵化一批陆海统筹为特色的科技型中小企业。

4. 发展战略性海洋新兴产业

发挥国家海洋高技术产业化基地、国家科技兴海产业示范基地品牌效应，大力发展海洋优势产业，重点培育和发展海洋生物医药、海洋新材料、海

洋装备制造、高端养殖、海水资源综合利用、海洋可再生能源、海洋环保与防灾减灾等海洋高技术产业,提高海洋高新技术产业化规模。出台加快引进培育海洋新兴产业实施意见和产业指导目录,围绕打造完整的海洋新兴产业链条,制定蓝色产业招商路线图,吸引相关企业落户。围绕海洋国家实验室、国家深海基地、国家海洋设备质检中心、国家海洋局一所等重大平台,引进上下游产业链涉海龙头项目,鼓励龙头企业主导产业技术创新联盟建设,积极引进北京、上海、深圳等国内一流的科技园区运营管理机构,培育涉海行业协会、产业联盟,推进产业集聚发展。

五、突破政策关键环节,营造富有竞争力的人才制度环境

1. 建设蓝谷人才新高地

继续引进整体大学分支教研机构,强化已有和新进"国字号"大学和科研机构的人才培养功能,挖掘国家各级各类创新优惠政策潜力,支持海洋国家实验室面向全球选聘海洋领域高端人才,培养国际级海洋科技领军人才和海洋领域国家级杰出青年学者。发挥区内科研机构、企业研发中心的引才主体作用,鼓励行业领军企业及产业技术联盟实施人才战略,支持通过举办高端学术会议、短期培训、创业大赛等活动,吸引各类人才入区工作交流。

2. 加强柔性引才载体建设

鼓励和支持有条件的科研院所、企业通过设立院士工作站、专家工作站与博士后科研工作(流动)站等载体引才引智。设立海外人才工作站和离岸创新创业基地,加大对海外高层次人才引进力度。坚持以用为本,通过才智并进、智力兼职、人才租赁等方式实施"柔性引才"。

3. 引进培养创新创业服务人才

探索建立"政府部门-用人单位-高校机构"三方合作的模式,统筹推进海洋、金融、投资、商务等各类高层次人才引进。鼓励和规范高校、科研院所、企业中符合条件的科技人员从事技术转移工作,引进和培养具有专业技能和管理经验的技术经纪人和团队,鼓励高校院所对从事基础和前沿技术研究、应用研究、成果推广等不同活动的人员建立分类评价制度。

4. 打造海洋人才大市场

突出蓝色硅谷功能定位和涉蓝产业布局,放眼全球配置海洋人才资源,建立立足蓝谷、辐射全国、带动全球的人才市场网络体系,成为中国乃至全球海洋人才交流集散地。统筹抓好中国海洋人才市场蓝色硅谷分部、中国海洋人才创业中心蓝谷基地的管理运营,打造统一规范、面向海内外的蓝色硅

谷人才大市场。放宽市场准入机制,引进国内外知名人才服务机构,逐步形成政府主导、市场主体公平竞争、中介机构提供服务、人才自主择业的人才自由流动配置机制。开发建设人才信息库、人才信息供需对接平台和移动终端服务信息系统,实现人才市场服务线上与线下的有效对接、良性互动。制定科学实用的人才统计指标,开展人才测评服务,建立蓝色硅谷高层次人才评价机制,适时发布"蓝谷人才指数"。

5. 构建海洋人才保障网

推进"青岛人才特区"延伸政策正式落地,制定出台蓝色硅谷高端人才引进培养政策,建立健全海洋特色鲜明、人才激励效果显著的蓝色硅谷人才激励政策体系,为不同层次的人才提供完善的居留落户、子女就学、安家补贴、配偶安置、医疗养老等保障。设立蓝色硅谷人才专项培养基金,以科技领军人才、创业人才、创新团队为重点,遴选培养科技领军人才或创业团队。实施人才安居工程,统筹规划建设不同层次的人才公寓,制定人才公寓管理办法,出台人才分层次租金补贴制度,不断优化配租模式。规划建设国际化学校,满足高端人才的子女就学需求。

6. 建立宽容失败机制

对科研项目,建立科技成果转化尽职免责制度,免除在科技成果定价中因科技成果转化后续价值变化产生的决策责任;对创业失败的个人或团队给予社保补贴,再次创业时给予二次创业补贴;鼓励、支持国有科技投资公司通过直接投资、贷款担保等方式资助海洋科技型中小微企业,允许发生缘于非主观故意造成的失败或失误,减轻或免于追究有关人员的责任。

六、加大政府引导力度,增强金融对科技和产业发展的支持作用

1. 加强科技金融体系建设

支持建设科技金融专营机构,鼓励各类金融机构设立科技支行、科技金融事业部或区域分部,将银行机构支持科技创新情况纳入宏观审慎评估体系。发挥担保、保险等机构作用,不断创新信贷风险补偿金池、投贷联动、知识产权质押、专利保险等业务模式,打造覆盖创新企业全生命周期的科技金融服务体系,分散和化解海洋高新技术产品研发、成果转化及企业创业的风险。建立科技金融互联网服务平台,畅通科技型企业和金融机构需求对接通道。

2. 拓展科技创新投融资渠道

扩大财政引导基金规模,健全智库基金、专利运营基金、成果转化基金、

孵化基金、天使投资基金、产业投资基金等股权投资体系,分阶段、针对性地发挥基金的杠杆作用,引导信贷资金、创业投资资金以及各类社会资金加大投入。设立贷投联动引导资金,推动创投机构与商业银行合作,为海洋科技型中小企业提供股权和债券相结合的融资服务。充分发挥蓝海股权交易中心蓝谷中心作用,为企业提供股权融资、债券融资、并购融资、资产证券化等产品和服务,利用蓝海股权交易中心所推出的"科技创新板"为中小微科技企业创造更多对接资本市场的机会,促进海洋科技企业上市融资发展。

3. 优化科技金融政策环境

发挥政策性金融功能,推动银行、保险等资金直接服务于科技型企业融资,采取降低风险投资税率、给予补助等多种措施鼓励风险投资。强化货币信贷政策引导,匹配与科技信贷投放相适应的再贷款额度,提高科技信贷不良贷款容忍率。创投企业投资于海洋科技型中小微技术企业,可享受企业所得税优惠;对投资机构投资种子期科技型企业项目所发生的投资损失给予一定补偿。充分利用国家、省、市级科技成果转化引导基金,通过补助、奖励、股权投资等方式,带动多元化资本投入,支持产业集群中重大科技成果转化。对政府参股的各类基金中的社会资本部分提供风险补偿。

七、加快高校院所体制机制改革,激发人才创新创业活力

1. 完善人才管理体制机制,有效释放科研人员创新潜力

一是完善首席科学家负责制。将"项目发包权"以及人才聘用和经费支配等权限下放给首席科学家,充分激发首席科学家的积极性和主动性。二是构建宽松灵活的人才流动机制。允许研究人员的编制身份多样性(在编、双聘、借调、柔性等)并存,保障研究人员的个人发展权益,形成围绕项目展开的人才良性流动。三是完善基于"同行评议"人才评价机制。建立并完善评议专家数据库,开展专家评估研究,动态优化评议专家数据库。将同行评议结果纳入到科研项目管理过程,实现对人才的客观评价。四是加强对青年科研人才的培养。设立海洋国家实验室杰出青年科学基金,参照《国家自然科学基金项目管理规定》,将同行评议广泛纳入基金项目的立项、遴选和管理,为优秀青年科学家施展才华提供支撑和平台。

2. 加大科技成果权属改革力度,激发研究人员的科研活力

(1)试行科技成果权属混合所有制。

全职人员以共同申请知识产权的方式,分割确权职务科技成果,明确发明人(或团队)、科研单位之间的权属分配比例,实行科技成果权属混合所有制。科研人员可享有不低于80%的股权,鼓励将100%股权奖励给科研人员。

对双聘制科研人员的知识产权实行共享机制,采取事前合同约定的方式,在项目管理合同中即明确知识产权的权属事项,明确聘任人员(团队)、项目承担单位、人员所在单位间的所有权比例。

(2)深化科技成果处置权改革。

对科研人员持有的科技成果,可以自主决定以转让、许可或者作价投资等方式向企业或者其他组织转移科技成果,除涉及国家秘密、国家安全外,不需审批或者备案。科技成果在转让、许可或者作价投资过程中,通过协议定价、在技术交易市场挂牌交易、拍卖等市场化方式进行定价。两年内无正当理由未实施转化的科技成果,可由成果完成人或团队与单位协商,自行运用实施。

(3)完善科技成果收益权制度。

完善职务发明知识产权许可收益分配政策,提高科技人员成果转化收益比例。以技术转让或许可方式转化职务科技成果的,将不低于80%的净收入用于奖励研发和转化人员。以科技成果作价投资实施转化的,将不低于80%股份或者出资比例用于奖励研发和转化人员。在研究开发和科技成果转化中作出主要贡献的人员,获得奖励的份额不低于奖励总额的50%。

八、提升管理服务水平,增强知识产权支撑引领作用

1.加强知识产权创造运用

坚持运用带动创造、龙头带动链条、企业带动院校的原则,完善以市场为导向、领军企业为核心、产学研相结合的知识产权创造运用体系。引导涉海龙头企业加大创新投入,完善企业知识产权管理体系,增强企业自主知识产权布局能力,发挥企业知识产权创造运用的主体地位。充分发挥海洋国家实验室、高校院所等重大创新平台的原始创新优势,推进知识产权成果所有权、处置权、收益权管理改革,支持与企业开展协同创新、集成攻关,形成一批关键技术领域自主知识产权。

2.完善知识产权服务体系

对接国家专利交易平台,建立青岛知识产权交易中心,加强知识产权运营,探索设立"知识产权银行",建立专利运营基金,进一步提升海洋专利的创造密集度和交易活跃度。进一步完善政策、强化服务,积极引进知名知识产权服务机构在蓝色硅谷内发展,汇聚要素、创新业态,加快推进海洋领域知识产权创造、运用、保护和管理。建立海洋科技成果挂牌交易规则和机制,加快海洋科技成果商品化、资本化和证券化,打造海洋知识产权示范区。

九、拓宽合作交流渠道，加快融入全球创新网络

1.建设面向全球的海洋科技创新服务平台

推动全球海洋科研机构（各个国家的海洋研究中心）领导人会晤机制常态化运行，依托该机制设立国际海洋科技合作专项计划，开展联合攻关和国际高端合作，嵌入引领全球海洋科技合作网络，实现优势互补、优势联动。依托"阿斯图"大学联盟、山东大学青岛校区、伟东教育云研发基地等平台，发挥国际大学创新联盟带动作用，携手联合国教科文组织、跨国机构及全球知名院校，通过建设大型专属教育云计算数据中心和互联网教育核心研发基地，打造国际领先的教育资源全球服务平台。

2.开拓"一带一路"沿线海洋科技合作通道

在国家创新对话框架下，充分利用中美、中德、中韩、中国－东盟等科技合作机制，依托"青岛国际技术转移大会"、东亚海洋合作平台、"科技外交官"技术转移服务平台等，加强与"一带一路"沿线各国间的海洋科技交流，强化对东南亚、南亚、非洲、南欧乃至大洋洲国家的海洋科技项目服务和人才输出、培训支持，积极开展与上述海洋丝绸之路国家的海洋科技项目联合研究和学术交流。

3.参与全球及区域性海洋科技组织建设

强化蓝色硅谷与中韩海洋科学共同研究中心、联合国科教文组织政府间海洋学委员会海洋动力学与气候培训与研究中心（UNESCO/IOC-ODC）、中国东亚海环境管理伙伴关系计划（PEMSEA）中心、东南亚海洋预报与研究中心等的国际海洋科技合作平台的关系建设，支持爱尔兰丁达尔国家实验室、澳大利亚国立大学、斯威本科技大学等国际科研机构与区域内科研机构和企业建立跨境联合研发中心。充分发挥全球海洋峰会、气候变率及可预测性（CLIVAR）开放科学大会、中俄工科高校联盟（ASRTU）论坛年会、东亚海大会、政府间海洋学委员会西太平洋分委会海洋科学大会、海峡两岸气候变迁与能源可持续发展论坛等高端平台的功能，吸引世界著名科学家参会，增强国内外海洋领域科学家的交流。

十、打造"中国·蓝谷"创新品牌，提升全球影响力

1.构造"中国·蓝谷"品牌体系

树立品牌意识，对标中关村、张江、光谷等科创标杆，将"中国·蓝谷"作为青岛海洋科技创新的城市品牌，从科技、创新、创业、平台、人才等各方面深挖品牌内涵，构造涵盖园区、创业孵化载体、科技计划体系、交流活动、创

新创业服务等的品牌体系。

2. 集群式发展提升品牌质量

制定"中国·蓝谷"创新集群发展战略,设立创新集群发展专项资金,实施集群创新专项行动计划,鼓励科研机构、高校、企业等构建创新网络,搭建集群合作平台,强化协同创新、联合攻关,支持集群承担国家和地区海洋科技项目,鼓励集群参与国际科技合作,建立集群监测机制,定期评估集群创新专项行动绩效。

3. 加强品牌宣传推介

通过发布"蓝谷指数"、专题推介、论坛和展览等形式不断扩大"中国·蓝谷"品牌在国内外的影响力,争取主导有关海洋科技及产业化话语权和知识产权。充分发挥传统媒体、新兴媒体作用,大力宣传蓝色硅谷建设进展和成效,着力营造全市上下积极参与和支持蓝色硅谷建设的社会氛围,汇聚起国内外各界支持和参与蓝色硅谷建设的新动能。

十一、深化机构改革与职能转变,建设服务型政府

1. 打造精简、高效管理机构

加快行政管理法制化进程,出台《蓝色硅谷条例》、《蓝色硅谷管理局条例》,将蓝色硅谷的科技、人才、土地、海域、城建等要素管理职能赋予蓝色硅谷管理局。进一步优化蓝色硅谷管理局部门设置,完善内部管理制度。提升一站式政务服务水平,精简合并区内相关行政审批、公共资源交易等政务服务事务。加强公共服务平台建设,建立完善服务体系,协调推动区内教育、医疗、社会保障等改革发展。

2. 完善区域开发运营模式

逐步注册组建蓝色硅谷土地开发、城市建设、孵化服务、科技金融、会展交流、旅游开发等公共服务领域的企业主体,将适宜市场且运作成熟的项目从政府部门转移给企业主体。完善公共服务企业主体的公司法人治理结构,减少行政关联、行政干预,实行开放经营、自负盈亏。积极引入园区开发运营、企业孵化、科技金融等领域的行业龙头,采用合办、委托等方式,提升区域开发运营管理水平。

3. 健全创新决策咨询机制

在蓝谷理事会的框架内,成立创新专家咨询委员会,加强对发展战略、规划、政策及重大项目等决策咨询。强化科技发展战略研究,依托高校院所、企业、社会机构建立高水平科技智库,组建智库联盟,提高决策科学化、民主

化水平。建立健全蓝色硅谷科技创新创业统计体系,创建"蓝谷"系列指数和报告。

4. 强化部门目标考核

建立健全目标责任制,对目标任务和工作指标进行逐项分解,制订具体工作措施和推进计划,明确时间表和线路图,加强部门间的工作配合,采取针对性强的措施,定期督导检查、定期调度、定期通报,对各有关部门承担的主要目标任务每年阶段性完成情况进行绩效评估,及时提出措施建议。

5. 提升政策效力效能

对标上海、深圳等先进园区,充分借鉴国内外海洋科技创新政策,加强与青岛市有关职能部门对接,深入研究现有相关政策,有效整合在行政管理、科技创新、产业发展、财税和投融资、土地与海域管理等方面的政策措施,逐步形成一系列完善的政策体系。重点争取自主创新示范区股权激励配套、科研试剂进口通关便利化等试点政策推广落地,推进各类园区、高新技术企业与科技型中小企业税收优惠政策落地,着力在放宽科技人员因公出国(境)管理、科技创新人才自由流动、政府采购支持创新产品商业化等方面探索突破性政策措施。

十二、提升城市建设水平,提供优质宜居生活环境

1. 发展快捷绿色交通

在青岛市城市轨道交通线网远景规划中已经规划了连接蓝色硅谷与红岛高铁枢纽、胶东国际机场 8 号线的轨道交通 R2 线、R6 线,建议省市区各级交通与规划部门加强统筹谋划,尽快论证启动上述快速交通通道建设,从根本上改变"在青岛市里花的时间比从济南到青岛花的时间还多"这一制约人才跨地区通勤的障碍,实现蓝色硅谷核心区及青岛东部客流经由红岛枢纽向青连、青荣等干线快速分流,为增强青、烟、威及鲁南各地间的创新合作和经济联系提供基础设施保障。

在蓝色硅谷域内加快发展以"自行车 + 公交 + 有轨 + 轻轨"的绿色出行主导的交通模式,加快完善域内交通基础设施与公共交通线路网,提高公共交通和慢行交通的出行比例。加大政策扶持和引导,全面推广便民自行车,加大新能源汽车推广和应用力度,建成低能耗、低污染、低占地,高覆盖、高效率、高品质的城市绿色交通发展典范。

2. 保持青山绿水不变色

以创建国家级海洋生态文明建设示范区为目标,充分保护和发挥蓝色

硅谷域内山、海、泉等自然优势,加大城市绿化景观和生态保护投入,不断优化城市生态,切实提升城市品位和人居环境,打造以人为本的绿色低碳生态系统。

按照新加坡"生态间隔"的规划理念,积极建设以多级水系、绿色网络为骨架的复合生态系统,加强山体和森林植被保护,精心建设城市生态走廊和海岸线生态廊道,着力构建滨海公园、景观河道、城市绿地、生态湿地和防护林于一体的绿色生态屏障。

推进海绵城市建设,保护城市水生态、涵养水资源,最大限度地减少城市开发建设对生态环境的影响。加快综合管廊建设,实施污水主干管网工程,改扩建大任河污水处理厂,建设垃圾分类收集系统,实现城市废弃物的快速收集处理。全力保障饮用水源安全、空气质量和噪声达标。大力推广应用浒苔离岸处理等先进技术,加大海洋生态保护力度。

3. 打造新能源应用示范区

促进能源节约,提高能源利用效率,优化能源结构,大力发展清洁能源,禁止燃煤锅炉,推进实现天然气管线全覆盖,建立以天然气为主体,海水源、土壤源、风能、太阳能等清洁能源热源为补充的能源结构体系。加快海水淡化的研发利用,建设海水淡化应用示范基地。积极推广"绿色海岛"、"海上生态岛"等先进技术,打造新能源应用示范岛。实施分质供水,提高中水回用率,区域市政用水全部应用中水。做好新能源应用与降低碳排放跟踪研究,切实减少单位碳排放,保证二氧化碳排放量优于国家标准。

参考文献

[1] Balland P A, Boschma R, Frenken K. Proximity and innovation: from statics to dynamics[J]. Regional Studies, 2015, 49(6): 907-920.

[2] 汉斯·马克, 阿诺德·莱文. 美国研究机构的管理——着眼于政府研究所[M]. 北京: 航空工业出版社, 1988: 33-34.

[3] Monferrer D, Blesa A, Ripollés M. Born globals trough knowledge-based dynamic capabilities and network market orientation[J]. BRQ Business Research Quarterly, 2015, 18(1): 18-36.

[4] Van Der Duin P, Heger T, Schlesinger M D. Toward networked foresight? Exploring the use of futures research in innovation networks[J]. Futures, 2014, 59(3): 62-78.

[5] Wang Y, Vanhaverbeke W, Roijakkers N. Exploring the impact of open innovation on national systems of innovation—A theoretical analysis[J]. Technological Forecasting and Social Change, 2012, 79(3): 419-428.

[6] 包海波. 大学和研究机构技术转移活动的激励机制分析——政府资助研究的知识产权管理制度创新[J]. 科技与经济, 2005, 18(6): 35-38.

[7] 彼得·J·韦斯特威克. 国家实验室: 美国体制下的科学(1947～1974) [M]. 美国: 哈佛大学出版社, 2003.

[8] 陈霞. 武汉东湖高新区二次创业能力研究[D]. 武汉: 武汉理工大学, 2012.

[9] 陈雁玲. 武汉东湖高新区自主创新对策研究[D]. 武汉: 华中科技大学, 2007.

[10] 程方, 聂丽霞. 科技成果转化的新模式探索[J]. 知识经济, 2014(21): 18-19.

[11] 邓雪鹏. 科技成果转化的条件与模式研究[J]. 商洛学院学报, 2014, 28(6): 88-91.

[12] 董树功, 齐旭高, 郭环瑀. 科技成果转化模式的国际比较与启示[J]. 产权导刊, 2014(6): 39-42.

[13] 冯浩然, 宛彬成, 余敏, 等. 国外知识产权实施转化措施综述(之一)美国研究机构知识产权转化概况分析[J]. 科学新闻, 2008(11): 31-35.

[14] 付饶闻博. 中国光谷与美国硅谷的比较研究 [D]. 武汉:武汉理工大学,2013.

[15] 国家海洋技术转移中心 [OL]. www. qingdaotse. com/index aspx.

[16] 韩立民. 中国"蓝色硅谷"的功能定位、发展模式及创新措施研究 [J]. 海洋经济,2012,2(1):42-47.

[17] 韩立民. 关于中国"蓝色硅谷"建设的几点思考 [J]. 经济与管理评论,2012(4):133-136.

[18] 黄平,李敬如,卢卫疆,等. 基于关键环节分类组合的科技成果转化模式研究 [J]. 科技管理研究,2015,35(21):58-61.

[19] 黄缨,周岱,赵文华. 我们要建设什么样的国家实验室 [J]. 科学学与科学技术管理,2004,25(6):14-17.

[20] 聚焦青岛蓝色硅谷 [OL]. http://blue. qingdaonews. com/.

[21] 冷静. 推动青岛蓝色硅谷加快发展的对策研究 [J]. 青岛职业技术学院学报,2014,27(3):20-25.

[22] 李玲娟,霍国庆,曾明彬. 科技成果转化过程分析 [J]. 湖南大学学报:社会科学版,2014,28(4):117-121.

[23] 李琴. 科技成果转化模式的选择研究 [J]. 科技创新与应用,2015(34):64-64.

[24] 李世庭. 探索科技成果转化的"光谷模式"[J]. 政策,2014(3):56-57.

[25] 李文凯. 美国政府及其实验室与大学的合作伙伴关系 [J]. 全球科技经济瞭望,2004(6):47-48.

[26] 李晓光,杨金龙. 基于科技成果转化的海洋产权运作平台构建研究 [J]. 东岳论丛,2013,34(8):162-166.

[27] 李一白. 美国政府科技人员的管理 [J]. 政策与管理,1999(12):18-19.

[28] 刘明雪. 新时期科技成果转化途径及模式探析 [J]. 科技风,2015(6):275-275.

[29] 刘文俭. 建设蓝色硅谷实现蓝色跨越的对策研究 [J]. 中共青岛市委党校青岛行政学院学报,2012(1):46-50.

[30] 刘文俭,李光全. 青岛蓝色硅谷建设国家海洋科技自主创新示范区的战略研究 [J]. 青岛科技大学学报(社会科学版),2012,28(4):74-78.

[31] 钱洪宝. 海洋科技成果转化及产业发展研究初探 [J]. 海洋技术,2013,32(4):129-131.

[32] 佚名.青岛:建设海洋科技自主创新高地 [J].现代城市,2015(2):60.

[33] 青岛海洋科学与技术国家实验室 [OL],http://www.qnlm.ac/index.

[34] 青岛市科技局软科学研究课题组.青岛市促进海洋科技成果转化的机制与对策 [J].中共青岛市委党校青岛行政学院学报,2015(1):113-119.

[35] 宋河发,曲婉,王婷.国外主要科研机构和高校知识产权管理及其对我国的启示 [J].中国科学院院刊,2013,28(4):450-460.

[36] 隋映辉,卢磊.基于"六位一体"的园区创新机制——以青岛"蓝色硅谷"为例 [J].科学与管理,2014(5):15-20.

[37] 孙兵兵.中关村科技园创新国际化模式与对策研究 [D].北京理工大学,2015.

[38] 孙丽丽,陈学中.高层次人才集聚模式与对策 [J].商业研究,2006(9):132-133.

[39] 孙彤.滨海新区构筑自主创新高地实现机制研究 [J].科技进步与对策,2011,28(24):34-38.

[40] 孙彤,魏亚平,李宁剑.滨海新区构筑自主创新高地发展路径研究 [J].科技管理研究,2012,32(14):1-4.

[41] 谭蕾.青岛蓝色硅谷 SWOT 分析 [J].投资与创业,2013(1):47-47.

[42] 谭清美.区域创新资源有效配置研究 [J].科学学研究,2004,22(5):543-545.

[43] 王淑玲,王春玲,管泉.借鉴美国硅谷创新经验建设青岛蓝色硅谷 [J].中共青岛市委党校青岛行政学院学报,2013(3):20-23.

[44] 王志强.德国公立研究机构的知识产权管理及政策 [J].全球科技经济瞭望,2011,26(2):45-53

[45] 魏亚平,孙彤,李宁剑.滨海新区自主创新高地内涵及特征的研究 [J].科技管理研究,2012,32(17):10-13.

[46] 孙议政,吴贵生.国家创新体系的界定与研究方法初探 [J].中国科技论坛,1999(3):16-18.

[47] 熊鸿儒.全球科技创新中心的形成与发展 [J].学习与探索,2015(9):112-116.

[48] 夏松,张金隆.国家实验室建设的若干思考 [J].研究与发展管理,2004,16(5):97-101.

[49] 徐科凤,王健,姜勇,等.山东省海洋技术转移现状及对策 [J].山东农

业科学,2014,46(8):132-134.

[50] 杨忠泰.实现"科技成果转化模式"向"技术创新模式"战略转变的路径探析[J].科技管理研究,2015,35(14):5-10.

[51] 俞灵琦.青岛蓝谷:打造世界级海洋科技创新高地[J].华东科技,2016(9):55-57.

[52] 袁圣明,吕学昌,盛洁."蓝色"功能区布局研究——以青岛蓝色硅谷核心区为例[J].科技与创新,2014(5):111-112.

[53] 赵文华,黄缨,刘念才.美国在研究型大学中建立国家实验室的启示[J].清华大学教育研究,2004,25(2):57-62.

[54] 张聂彦,范宪周,王兴邦.高等学校实验室规章制度的作用、制定要素及质量依据标准的推动作用[J].实验技术与管理,2002(1):104-106.

[55] 张童阳.中国"蓝色硅谷"功能定位与发展对策研究[D].中国海洋大学,2013.

[56] 张晓东.日本大学及国立研究机构的技术转移[J].中国发明与专利,2010(1):98-101.

[57] 张越男,李海明,魏皓,等.基于协同理论的海洋学科创新体系的构建[J].中国轻工教育,2013(1):19-22.

[58] 中央党校调研组.打造中国蓝色硅谷引领海洋文明发展[N].学习时报,2014-11-24(8).

第二章

海洋创新高地的
顶层设计

第一节 机遇与挑战

一、新一轮科技革命和产业变革蓄势待发

进入 21 世纪以来,新一轮科技革命和产业变革正在孕育兴起,全球科技创新呈现出新的发展态势和特征。学科交叉融合加速,新兴学科不断涌现,前沿领域不断延伸,物质结构、宇宙演化、生命起源、意识本质等基础科学领域正在或有望取得重大突破性进展。信息技术、生物技术、新材料技术、新能源技术广泛渗透,带动几乎所有领域发生了以绿色、智能、泛在为特征的群体性技术革命。传统意义上的基础研究、应用研究、技术开发和产业化的边界日趋模糊,科技创新链条更加灵巧,技术更新和成果转化更加快捷,产业更新换代不断加快。科技创新活动不断突破地域、组织、技术的界限,演化为创新体系的竞争,创新战略竞争在综合国力竞争中的地位日益重要。

纵观世界现代化的发展历程,谁抓住了科技革命的机遇,谁就将发展的主动权掌握在自己手里。以英国为代表,抓住了以蒸汽机为标志的工业革命,率先实现工业化;以法国、德国等为代表,抓住了以电动机和内燃机为标志的电气革命,迅速崛起为世界强国;美国抓住了以相对论、量子论等为标志的科学革命和一系列技术、产业的变革,成为 20 世纪世界第一强国。当前,大数据、云计算、3D 打印、新能源、新材料等前沿技术方向都面临着重大突破,将对社会生产方式和生活方式带来革命性变化。

面对科技创新发展新趋势,世界主要国家都在寻找科技创新的突破口,抢占未来经济科技发展的先机。作为后发国家,我国与发达国家站在同一起跑线上,要抓住和用好这一战略机遇,实现赶超跨越发展。

二、各国重视海洋战略与海洋经济

鉴于海洋开发的巨大经济和战略意义,自 20 世纪 80 年代以来,美、英、日、欧盟等发达国家和组织分别制定了海洋发展规划,优先发展海洋经济和海洋高新技术,希望在 21 世纪的国际海洋竞争中占得先机。世界各国的海洋经济投入不断增加,海洋产业门类不断扩大,海洋科技进步迅速,海洋合作项目不断涌现,海洋经济已经成为国家竞争力的重要指标。

美国的海洋强国战略思想源于马汉的《海权论》。自 20 世纪 60 年代以

来,美国政府发布了一系列"海洋宣言"和"海洋战略"。2004 年,制订了《21世纪的海洋蓝图》和《海洋行动计划》。2007 年,美国发布了《规划美国今后十年海洋科学事业:海洋研究优先计划和实施战略》,对其海洋科学事业的发展进行了规划,重视海洋科技对于海洋事业的引领作用。2010 年,美国颁布《国家海洋政策》,成立了美国国家海洋委员会,该委员会由美国环境质量委员会、科技政策局、海洋与大气管理局等 27 个联邦机构组成。2013 年,美国出台《国家海洋政策执行计划》,明确采取的具体行动,并鼓励州和地方政府参与美国联邦政府的海洋决策。

2009 年,英国出台《海洋法》。《海洋法》建立了战略性海洋规划体系,要求编制海洋政策,确定阶段目标,确立海洋综合管理方法;为配合相关各涉海领域海洋政策的落实,还要制订一系列的海洋规划与计划。为加强海洋科技发展战略,英国政府资助开展《2025 海洋研究计划》,主要包括 10 个研究主题和 3 个机构建设内容。2011 年制订《英国海洋科学战略(2010~2025)》(*UK Marine Science Strategy*(2010—2025)),描述了英国海洋科学战略的需求、目标、实施以及运行机制,并对英国 2010~2025 年的海洋科学战略进行了展望。英国第一个海洋产业增长战略报告——《英国海洋产业增长战略》明确提出了海洋休闲产业、装备产业、商贸产业和海洋可再生能源产业是英国未来重点发展的四大海洋产业。

欧盟成员国中有 23 个国家临海,海洋及关联产业在欧盟经济发展中发挥着重要作用。2012 年,欧盟委员会发布《蓝色增长:海洋及关联领域可持续增长的机遇》,提出了蓝色增长的战略构想,把蓝色经济定义为与蓝色增长相关联的经济活动,但不包括军事活动。2013 年,欧盟正式启动第 8 个科研框架计划,即"地平线 2020"科研规划,仅 2014~2015 年,该规划用于发展蓝色经济的预算达 1.45 亿欧元,而且后续还会不断增加投资。2014 年,欧盟委员会推出《蓝色经济创新计划》,该计划从联盟层面提出整合海洋数据,绘制欧洲海底地图;增强国际合作,促进科技成果转化;开展技能培训,提高从业人员技术水平等多方面构想。

日本的经济和社会发展高度依赖海洋,开发利用海洋的意识强烈,已经形成了比较完善的各类海洋政策。2002 年,日本海洋政策研究财团的前身日本财团海洋船舶部公布了《海洋与日本:21 世纪日本海洋政策建议书》。2007 年,日本国会通过《海洋基本法》和《推动新的海洋立国相关决议》,同年日本政府推出了"海洋政策基本方略"。2012 年,野田内阁通过《海上保安厅法》《领海等外国船舶航行法》修改法案。2013 年,日本政府通过了作为日本未来 5 年海洋政策方针的海洋基本计划,并将根据这一计划加强日本周边海域的警戒监视体制,并推进海洋资源的开发。

目前,世界主要海洋经济强国都在着力推进实现海洋经济结构从"资源开发型"向"海洋服务型"转变。近年来,海洋油气业、海洋工程装备制造业、海洋药物和生物制品业、海洋可再生能源业、海水利用业、海洋文化产业、涉海金融服务业、海洋公共服务业等现代海洋产业逐渐兴起,并呈现蓬勃的发展态势。

三、科技创新中心是城市功能高端化的必然选择

进入 21 世纪以来,随着知识经济兴起,科技活动正逐步成为一种新的产业形态。在此背景下,全球主要城市的功能开始由传统的生产、制造和服务功能转向以知识、信息和技术为主的科技创新功能;城市经济功能呈现出由传统产业转向高新技术产业、由制造转向研发、由生产转向服务并迈向科技创新中心的趋势,城市尤其是中心城市正日益成为信息、技术、品牌、知识、人才等创新资源的载体和聚集地。因此,可以说,科技创新是知识经济时代城市功能发展的必然选择,是现代城市最核心的功能之一;现代城市的竞争主要体现为科技实力与创新能力的较量,科技实力已成为衡量城市竞争力的一个核心要素。科技创新中心是城市功能高端化和现代化的必然结果。

纽约、伦敦、新加坡、东京、首尔等城市先后提出了建设全球或区域创新中心的目标,并出台了相应的战略规划。例如,英国于 2010 年启动建设"英国科技城",计划将东伦敦地区打造成为世界一流的国际技术中心;美国试图借助新科技革命带来的先发优势引导产业回流以重构全球分工体系,并于 2012 年制定了在纽约曼哈顿以东打造"东部硅谷"的宏伟战略。

当前,亚洲正处于新一轮科技革命和产业变革的活跃地区。随着中国、韩国、新加坡、印度等国家的快速发展,全球高端产业和科技创新资源正加速向亚太地区转移。据不完全统计,我国外资研发机构已超过 1 800 家,部分已成为跨国公司全球研发网络的关键节点。澳大利亚 2thinknow 研究机构发布的《2015 全球创新城市指数》,在全球 442 个被评价的城市中,中国有三个城市进入第一档次的枢纽型(NEXUS),分别是上海第 20 名、香港第 22 名、北京第 40 名。高端要素的系统性东移为我国孕育全球科技创新中心提供了机遇,中国必将诞生一批世界级的科技创新中心和创新高地。

四、我国提出海洋强国战略

我国是发展中的海洋大国,拥有广泛的海洋战略利益,同时面临严峻的海洋安全威胁和发展压力。长期以来,我国注重开发陆地资源,轻视海洋资源的开发及利用,尤其是海洋意识不强,海洋科技装备落后等,导致开发和

利用海洋及其资源的政策及措施明显不强,延滞了我国推进海洋事业发展进程。

建设海洋强国对于推动经济持续健康发展,维护国家主权、安全、发展利益等,具有重大的意义。2012年,党的十八大明确提出我国应"提高海洋资源开发能力,发展海洋经济,保护生态环境,坚决维护国家海洋权益,建设海洋强国"。建设海洋强国,要着力推动海洋经济向质量效益型转变,着力推动海洋开发方式向循环利用型转变,着力推动海洋科技向创新引领型转变,着力推动海洋权益向统筹兼顾型转变。

"十二五"以来,我国海洋经济保持持续增长势头,总体实力不断提升,海洋产业结构进一步优化,海洋科技创新能力大大增强,海洋可持续发展能力逐步提高,海洋综合开发管理体系不断完善,海洋经济已成为拉动国民经济发展的有力引擎。2011～2013年,国务院相继批复了《山东半岛蓝色经济区发展规划》《浙江海洋经济发展示范区规划》《广东海洋经济综合试验区发展规划》《海南省海洋功能区划(2011～2020)》《上海市海洋功能区划(2011～2020年)》《福建海峡蓝色经济试验区发展规划》和《天津海洋经济科学发展示范区规划》,加上2008年批复的《广西北部湾经济区发展规划》,形成了环渤海、长三角、珠三角、海峡西岸、环北部湾和海南六大海洋经济区。各经济区充分利用区位和产业优势,错位发展,互为补充,形成了独具特色的海洋新兴产业新格局。2015年我国海洋生产总值为64 669亿元,占国内生产总值的9.6%。海洋生产总值增长速度为7%,与"十二五"初期相比有回落,但仍保持中高速增长。海洋一、二、三产业增加值分别占海洋生产总值的5.1%、42.5%和52.4%。

2015年,国务院批准实施《全国海洋主体功能区规划》。规划提出,要针对内水和领海、专属经济区和大陆架及其他管辖海域等的不同特点,根据不同海域资源环境承载能力、现有开发强度和发展潜力,合理确定不同海域主体功能,科学谋划海洋开发,调整开发内容,规范开发秩序,提高开发能力和效率,着力推动海洋开发方式向循环利用型转变,实现可持续开发利用,构建陆海协调、人海和谐的海洋空间开发格局。

2016年,国家《国民经济和社会发展第十三个五年规划》提出要拓展蓝色经济空间,坚持陆海统筹,发展海洋经济,科学开发海洋资源,保护海洋生态环境,维护海洋权益,建设海洋强国。"十三五"期间,我国将继续优化海洋产业结构,发展远洋渔业,推动海水淡化规模化应用,扶持海洋生物医药、海洋装备制造等产业发展,加快发展海洋服务业。发展海洋科学技术,重点在深水、绿色、安全的海洋高技术领域取得突破。推进智慧海洋工程建设。

创新海域海岛资源市场化配置方式。深入推进山东、浙江、广东、福建、天津等全国海洋经济发展试点区建设,支持海南利用南海资源优势发展特色海洋经济,建设青岛蓝谷等海洋经济发展示范区。

五、我国打造区域创新高地

《国民经济和社会发展第十三个五年规划》中提出"打造区域创新高地",遵循创新区域高度聚集规律,结合区域创新发展需求,引导高端创新要素围绕区域生产力布局加速流动和聚集,以国家自主创新示范区和高新区为基础,区域创新中心和跨区域创新平台为龙头,推动优势区域打造具有重大引领作用和全球影响力的创新高地,形成区域创新发展梯次布局,带动区域创新水平整体提升。

按照创新型国家建设的总体部署,发挥地方主体作用,加强中央和地方协同共建,有效集聚各方科技资源和创新力量,加快推进创新型省份和创新型城市建设。依托大科学装置集中的地区建设国家综合性科学中心,形成一批具有全国乃至全球影响力的科学技术重要发源地和新兴产业策源地。根据各地资源禀赋、产业特征、区位优势、发展水平等基础条件,突出优势特色,探索各具特色的创新驱动发展模式,打造形成若干具有强大带动力的区域创新中心,辐射带动周边区域创新发展。

六、青岛加快建设国际先进的海洋发展中心

青岛市委市政府提出在"十三五"期间着力打造国家东部沿海重要的创新中心、国内重要的区域性服务中心、国际先进的海洋发展中心和具有国际竞争力的先进制造业基地,基本建成具有国际影响力的区域性经济中心城市。首次提出实施"海洋+"发展规划,推进蓝色跨越,建设海洋强市,更好地服务和引领全国海洋经济发展,争取为国家海洋强国战略的实施作出更大贡献。

在区域功能布局上,青岛重点建设"一谷两区"三大核心功能区。蓝色硅谷核心区加快集聚创新要素,整合创新资源,提高海洋科技研发、成果孵化和产业化能力,打造中国蓝谷。西海岸新区培育壮大港口物流、船舶和海工装备等海洋优势产业集群,打造海洋高端产业集聚区。红岛经济区加快建设蓝色生物医药孵化中心、国家海洋技术转移中心和国家大学科技园等创新平台,打造海洋新兴产业孵化区。

在海洋科技创新方面,青岛继续瞄准海洋科技前沿,发挥青岛海洋科学与技术国家实验室、国家深海基地等高端平台的支撑作用,增强协同创新和集成创新能力,努力在海洋基础研究和关键核心技术领域取得突破,抢占海

洋科技制高点。在海洋产业方面,青岛加快海洋特色产业园建设,壮大海洋生物、海洋新材料、海水综合利用等新兴产业,培育海洋信息服务、海洋文化体验、海洋休闲旅游等新兴业态。

七、青岛蓝谷进入国家发展战略

2011年,青岛市围绕助推国家海洋强国战略,抢占全球海洋科技制高点,提高区域海洋科研承载能力,率先做出全力打造中国蓝色硅谷、建设蓝色经济领军城市的战略部署。2012年2月17日,青岛市政府发布《青岛蓝色硅谷发展规划》,确立"中国蓝色硅谷、海洋科技新城"的发展定位和建设"五大中心"的发展目标。

2012年9月,"青岛蓝色硅谷"被写入国务院《全国海洋经济发展规划(2011～2015年)》,《规划》明确提出规划建设青岛蓝色硅谷海洋科技自主创新示范区,这标志着蓝色硅谷上升为国家海洋发展战略的组成部分。

2013年12月31日,国家科技部同意在蓝色硅谷核心区开展国家海洋科技自主创新先行先试工作。

2014年12月,《青岛蓝色硅谷发展规划》获国家发展和改革委员会、教育部、科技部、工业和信息化部、国家海洋局5部委联合批复,蓝色硅谷将建设成为海洋科技自主创新高地、海洋文化教育先行区、海洋新兴产业引领区、滨海生态科技新城。

2016年3月,"青岛蓝谷"被写入《国民经济和社会发展第十三个五年规划》,成为国家重点发展的海洋经济发展示范区。

综合来看,建设蓝色硅谷,对进一步增强我国海洋科技创新能力,提高山东半岛蓝色经济区建设水平,提升青岛城市竞争力,建设宜居幸福的现代化国际城市,具有重大而深远的意义。一是通过蓝色硅谷建设,进一步提升我国在海洋基础性、前瞻性、战略性、关键性技术等领域的科技创新能力,加快推进海洋发展由近浅海向深远海、由传统海洋产业向新兴海洋产业、由粗放用海向集约用海的战略转型,使我国海洋科技水平进入世界前列,更好地开发利用海洋资源、保护海洋生态环境,坚决维护国家海洋权益。二是蓝色硅谷将为山东半岛蓝色经济区的建设提供重要科技支撑,通过建设蓝色硅谷,突破一批重大共性关键技术和核心技术,形成一批具有自主知识产权、国际领先的科技成果,培育一批海洋高新技术企业,增强自主创新能力,以高端技术、高端产品、高端产业引领蓝色经济发展,带动山东半岛蓝色经济区进入发展的快车道。三是通过建设蓝色硅谷,加快集聚海洋高端创新资源,完善区域创新创业体系,进一步释放海洋科技创新优势和潜力,带动城市空间布局优化,产业体系转型升级,推动供给侧结构性改革,构筑青岛未来发展的新空间、新动能,担负起示范引领国家海洋科技创新与海洋经济发展的责任与使命。

第二节　理论溯源

创新高地是一个中国特色的新概念,最早见于 2012 年天津滨海新区构筑自主创新高地的一组研究(孙彤,2011;孙彤等,2012;魏亚平等,2012)。该研究从区域创新系统特性与构成、区域创新动力机制、产业集群特性及促进区域发展方式、"创新极"性质与功能等方面梳理了创新高地的理论基础,提出创新高地的内涵包括开放的边界、广泛的参与主体、"极化"驱动、政策机制引导、创新的综合性、契合国家创新战略等 6 个方面。

本研究在此基础上,将创新高地的理论来源按照空间结构、全球结构、系统结构的划分进一步扩展和梳理。

一、创新的空间结构——中心与外围

1. 创新极

"创新极"(innovation pole)的概念来源于法国经济学家弗朗索瓦•佩鲁(F. Perroux)的"增长极"(growth pole)概念。所谓"创新极"指由于某些创新部门或者有创新能力的行业在一些区域聚集,从而形成一种创新要素高度集中,具有显著的知识外部性,创新能力强,并且能对周围区域产生辐射推动作用的区域。创新极处于国家或地区创新水平的高端"极"点位置,带动国家或地区创新能力发展。

"增长极"解释的则是经济的非均衡发展现象,它描述了空间集聚的经济部门在国家、地区经济增长中的作用。

创新极扮演了带动区域创新能力发展的角色,构成了区域创新系统的主要创新绩效,代表了区域创新系统的未来演化方向。创新极的主要功能表现在以下三个方面:一是极化功能,使区域的中心与外围创新能力呈现差异,使中心与外围在创新能力上形成梯度差,在此基础上,中心和外围在创新过程上逐渐产生分工;二是知识扩散功能,创新极内主体之间保持高度联系与交流,随着创新主体的沟通与交流,知识扩散顺利进行,并伴随着不断的加工、整理与再创新,整个过程动态上升,最终提升区域整体创新能力;三是辐射带动功能,创新极的创新能力、创新绩效和技术水平与周边区域形成级差,在垂直方向上形成分工,带动区域创新绩效提升。

创新极具有其时间和空间特性。从时间上说,创新极是区域创新系统在演化的中期阶段出现的一种产物,其在创新系统内发挥着重要的创新引擎作用,多个创新极共同影响和决定着区域创新系统的绩效和演化方向。从空间上说,创新极是具有一定根植性的区域产业创新网络,其存在需要一定的空间,并且结构不尽相同,具有客观存在性。

2. 创新集群

产业集群(cluster)是指集中于一定区域内特定产业的众多具有分工合作关系的不同规模等级的企业与其发展有关的各种机构、组织等行为主体,通过纵横交错的网络关系紧密联系在一起的空间积聚体,代表着介于市场和等级制之间的一种新的空间经济组织形式。经过多年发展,产业集群的发展已经趋于成熟,正面临升级问题,创新集群被认为是传统产业集群升级的方向和目标。

利扬纳吉(Shantha Liyanage)认为创新集群是研究机构和产业界之间从事创新活动形成的技术网络和联系,反映了合作研究的发展。斯皮尔凯普和沃普尔(Alfred Spielkamp & Katrin Vopel)认为,创新集群是一种多元构成的创新系统,能对企业的创新行为和创新战略提供有效的背景信息。布鲁尔斯玛(Lourens Broersma)认为,创新集群是一种关系或联系,界定创新集群的关键是理解产业之间和创新过程之间的创新联系。博塔戈瑞(Isabel Bortagaray)认为,创新集群的要义是一些新的、基于新技术商业化的企业家事业,创新集群能使企业(特别是中小型企业)快速成长。蒙新春(Hsien-Chun Meng)认为,可从动态性、国际化、科学与技术紧密联系、网络化、集群成员创新紧密联系等方面去界定创新集群;创新集群的目标是在技术浪潮影响时期增强创新能力和推动技术成果商业化。孔瑞里(Kongrae Lee)认为,创新集群正成为发展国家经济或区域经济应关注的重要问题,创新集群是不同功能企业在垂直、水平和地理的集聚,以分享知识和使新产品增值。

2001年,OECD出版了研究报告《创新集群:国家创新体系的推动力》。OECD吸收了波特的思想,认为集群是企业通过相互作用逐步聚合以提高竞争力的经济现象。OECD并没有直接界定"创新集群",但从研究报告论述中可看出,OECD对"创新集群"有新的理解。OECD彻底背离了早期创新的直线式概念,即那种认为"创新是基础科学研究进步过程的结果",强调应从产业集群理论中培育创新理念,创新直接地来源于科研、商业、教育和公共管理机构不断的相互作用;创新集群可被视为一种简化的国家创新体系,其最关键和最实用的系统要素有助于促进一个国家国民经济各领域的创新。

OECD 认为,集群是国家和部门间有效的分析层面,因为对大部分企业和其他相关者来说,集群在知识基础设施中被公认为"我们运营的空间"的一个层面。OECD 在对"创新"和"集群"重新解释的基础上,对"创新集群"的理解,已超越传统概念关于"创新成群出现"或"创新集中分布"的理解。

创新集群是由企业、研究机构、大学、风险投资机构、中介服务组织等构成,通过产业链、价值链和知识链形成战略联盟或各种合作,具有集聚经济和大量知识溢出特征的技术—经济网络。创新集群概念包含四层含义:第一,创新集群的构成要素是多元的,从事创新活动的参与者也是多元的;第二,创新集群的内部结构主要是创新活动参与者之间的战略联盟和合作关系;第三,创新集群的外部功能是一种通过自主创新,形成具有竞争优势的产业集群;第四,创新集群是一种创新系统或创新体系。

创新集群概念继承了从马歇尔到德布瑞森关于"创新成群出现"或"创新集中分布"的思想。在创新集群中,"创新成群出现"或"创新集中分布"表现为大量知识溢出,即专利和新产品的不断涌现。创新集群概念认可波特等对"集群"的解释,并扩展了"集群"的外延,强调"集群"是一种通过创新形成竞争优势的集聚经济。但创新集群概念吸收了当代创新研究的重要成果(肖广岭,2003),如新增长理论基于对新技术和人力资本的投资,强调增加知识积累和回报的重要性;进化和产业经济学关于知识积累过程具有路径依赖,"技术的轨道",是非线性的;制度经济学认为,由于增长导致任务和生产工具专业化的增强,需要企业进行内部组织创新和政府进行合理的制度设计安排和政策协调;创新社会学强调"信任"可减少寻求创新合作者支付的交易费用等。显然,创新集群概念包含的许多新内涵,超越了传统认识,因而具有较强的理论解释功能。

3. 创新中心

2000 年,美国《连线》杂志提出了"全球技术创新中心"的概念,认为构成全球技术创新中心的要素有:地区高等院校和研究机构创造新技术和培训技术工人的能力、能带来专门知识的老牌公司和跨国公司的影响、创办新企业的积极性、获得风险资本以确保好点子成功进入市场的可能性。

世界银行专家在 2001 年《人类发展报告》中提出了"技术成长中心"的概念,认为技术成长中心就是将众多研究机构、创新型企业和风险投资集聚在一起的地方。

国内一些学者提出了国际产业研发中心、国际研发中心、科技创新城市等概念。这些概念侧重技术创新层面,强调企业的技术创新能力和创新氛围对区域技术发展和产业发展的影响。从严格意义上讲,这些概念与全球科技创新中心的内涵虽然存在一定差别,但均反映出了全球创新活动发展的空间异质性特征和新趋势。

杜德彬(2015)提出全球科技创新中心的本质是指全球科技创新资源密集、科技创新活动集中、科技创新实力雄厚、科技成果辐射范围广大,从而在全球价值网格中发挥显著增值功能并占据领导和支配地位的城市或地区。

通过对不同时期世界范围处于科技引领地位的国家和地区特征进行总结,可以看出科技创新中心具有以下共性:地区经济实力雄厚,创新资源集聚;占领前瞻性科技领域,创新实力强大;占据创新网络的核心地位;具有吸引科技资源集聚的环境。

2014年,北京市提出建设全国科技创新中心。2016年9月国务院印发的《北京加强全国科技创新中心建设总体方案》明确了北京全国科技创新中心的定位是全球科技创新引领者、高端经济增长极、创新人才首选地、文化创新先行区和生态建设示范城。

2015年上海市提出加快建设具有全球影响力的科技创新中心。2016年4月,国务院批准《上海系统推进全面创新改革试验加快建设具有全球影响力的科技创新中心方案》。

"十三五"国家科技创新规划中,再次明确支持北京、上海建设具有全球影响力的科技创新中心。支持北京发挥高水平大学和科研机构、高端科研成果、高层次人才密集的优势,建设具有强大引领作用的全国科技创新中心。支持上海发挥科技、资本、市场等资源优势和国际化程度高的开放优势,建设具有全球影响力的科技创新中心。

二、创新的全球结构——网络与尖峰

1. 创新网络

创新网络研究最早出现在国外。Lundwall(1988)认为创新参与者之间通过各种途径联系在一起形成不同网络,创新网络就是创新参与者在创新过程中通过相互联结所产生的联网行为,创新网络会影响创新活动开展。"创新网络"概念源自于创新研究领域重要期刊 *Research Policy* 中关于"创新者网络"研究专集。在该期导论文章和弗里曼总结性论文中,作者完全等价交替使用"创新者网络"、"创新网络"等概念,并将创新过程中企业联网行为比作"创新联网"。弗里曼(1991)引证并接受 Imai 和 Baba 对创新网络的定义,认为创新网络是应付系统性创新的一种基本制度安排,网络架构主要联结机制是企业间创新合作关系,并进一步把创新网络类型分为:合资企业和研究公司、合作 R&D 协议、技术交流协议、直接投资、许可证协议、分包、生产分工和供应商网络、研究协会、政府资助的联合研究项目等。Jones（2001）等认为创新网络是组织间网络，在很多情形下，虽然具有多元化产业的组织可能内化产业间网络，但是产业间网络必然意味着组织间网络，这些组织间网络包括技术合作、合资企业、战略联盟、联合体等。

创新网络中存在着多个主体，包括企业、高等院校、科研院所、政府、金融机构和中介组织等。各创新主体在创新网络中共享资源、知识和技术，最终实现知识和技术价值增值。在创新网络系统中，企业主体通常处于主导地位。这是因为：第一，合作创新需求通常由企业提出；第二，合作创新机制通常由企业主导建立；第三，相对于其他合作创新主体，企业承担了更多将技术市场转化的责任；第四，企业通过市场拓展提升创新成果价值。因此，重点研究创新网络中企业主体具有重要意义，现有研究主要从以下几个方面来对企业主体进行研究：企业在网络中的中心地位和中间人角色；核心企业影响力和竞争力；企业自主创新能力提升和合作方式选择；企业网络权力和网络能力。

创新网络是一个不断进化的有机体，创新网络中各行为主体，各主体之间的关系、能力和资源等都处于不断动态变化中。作为创新网络中重要主体的企业，其自身战略、组织、管理和财务等内部要素也随外部环境变化而不断进行调整。这些因素动态变化推动了创新网络发展和演化。沈必扬和池仁勇（2005）认为，创新模式演变先后经历了线性模式、耦合模式、整合模式、系统模式和网络模式，创新模式演变是企业创新网络概念提出的背景。

2. 创新尖峰

《硅谷指数（2007）》提出，人才、创意、风险投资是衡量地区能否保持持续创新和领先于世界的三大核心要素，各地区应由自身相对强势和弱势形成专业化和比较优势，在平的世界上创造出"尖峰"，并绘制了全球创新尖峰底图。

创新尖峰即全球创新网络中集聚了资金、技术、人才、信息等大量创新资源的节点，此类节点创新能力突出，在全球创新网络中处于关键位置，且具有强大影响力，因此被称为"创新尖峰"。

"创新尖峰"的创新活力蕴藏在区域创新网络当中。区域创新网络是市场发育的创新要素生态系统，市场化程度越高，区域创新网络就越发达、复杂和多样化，区域创新能力就越强。这些区域创新网络包括了各类参与主体，如企业、大学和研究机构、中介服务组织及政府。政府在营造创新环境中发挥着重要作用。创新最大的成本并不是来自于土地、资源等有形实体，而是各类创新资源不断碰撞、直至产生创新所需要的机会成本。在区域创新网络中,当一种新的思想、新的技术、新的信息产生后,会在网络内部迅速流动开来,并且在网络中快速传递、频繁反馈,在反复的碰撞和振荡中,孕育着创新。

三、创新的系统观

1. 国家创新体系

1987年,英国学者弗里曼(Freeman)率先使用"国家创新系统"(national innovation systems)概念。之后,国内外学者对此进行了广泛的研究。20世纪90年代以后,"国家创新体系"已经成为一个新的研究领域,更成为各国推进科技进步、经济与社会全面发展的政策工具。美国科学院将"国家创新体系"编入词汇,并用此分析美国的科学技术政策。经济合作与发展组织(OECD)1997年的《国家创新体系》报告指出:"创新是不同主体和机构间复杂的互相作用的结果。技术变革并不以一个完美的线性方式出现,而是系统内部各要素之间的互相作用和反馈的结果。这一系统的核心是企业,是企业组织生产和创新、获取外部知识的方式。外部知识的主要来源则是别的企业、公共或私有的研究机构、大学和中介组织。"国家创新体系是由科研机构、大学、企业及政府等组成的网络,它能够更加有效地提升创新能力和创新效率,使科学技术与社会经济融为一体,协调发展。

国家创新体系是指一个国家所有创新要素有机联系、相互作用所构成的社会网络系统。我国新时期国家创新体系主要体现为,在国家层次上推动持续创新、提升国际竞争力的组织与制度。国家创新体系中"创新"的概念,主要包含了科学发现和创造、技术发明和商业价值实现的一系列活动,即科学创新、技术创新。

国家创新体系内在构成要素主要包括:研究机构(包括企业研究机构)、大学、企业、政府、各类行业、产业集群及中介机构等。各构成要素在一定的市场、法律法规、教育、创新文化等创新环境中,借助于信息、资源、中介服务等支撑性因素相互作用形成知识产生、传播、应用环流。知识产生、传播、应用环流的产生,是创新网络化的核心问题。

2. 区域创新体系

区域创新体系(RISS)于1992年由英国加的夫(Cardiff)大学的库克教授最早提出并进行较为深入的研究,他发表的《区域创新体系:新欧洲的竞争规则》受到学术界的重视与研究。区域创新体系是指一个区域内有特色的、与地区资源相关联的、推进创新的制度组织网络,其目的是推动区域内新技术或新知识的产生、流动、更新和转化。区域创新体系由主体要素(包括区域内的企业、大学、科研机构、中介服务机构和地方政府)、功能要素(包括区域内的制度创新、技术创新、管理创新和服务创新)、环境要素(包括体制、机制、政府或法制调控、基础设施建设和保障条件等)三个部分构成,具有输出技术知识、物质产品和效益三种功能。区域创新定义强调一个区域的制度和文化环境怎么与影响创新过程的公司活动相互作用。它强调区域的创新过程的相互作用、社会性和学习性,强调区域的制度性结构。区域创新概念有广义和狭义之分,广义是指整个区域文化、社会、经济发展创新,狭义仅指与区域新技术、新知识创造、产生、流动、应用有关的过程,即熊彼特所指的创新,世界上绝大部分国家的区域创新概念都在狭义上进行定义。为了实现区域经济增长,提高区域经济在全球经济中的竞争力,20世纪90年代末以来,发达国家纷纷实施区域创新战略,构建区域创新体系。一些国家已明确地制定了自己的创新战略,如美国、加拿大、英国、澳大利亚等。欧盟在1996年启动了"欧洲创新行动计划",在2000年启动了"里斯本战略"(创新是此战略的基础),按照此战略设置了"欧洲创新趋势图",按一定指标每年给欧洲每个国家打分,以进行创新比较和评估。欧盟内部不同国家的城市之间,如意大利的米兰、德国的不来梅、奥地利的上奥地利开展了跨区域创新研究项目。北爱尔兰亦制订了区域创新战略和行动计划。在我国,按照科教兴国战略,提出了建立国家创新体系,许多省也开始研究建立自己的区域创新体系计划。在这一轮区域创新体系研究与建设中,它体现了世界对创新意义的认识,对通过创新提高区域经济增长活力,提高企业竞争力的认识。

3. 区域创新三螺旋理论

美国斯坦福大学亨瑞·埃茨科威兹等在美国"斯坦福大学——硅谷"和"麻省理工学院——128号公路"的基于知识的创新经济发展实践中提出了区域创新三螺旋模式,其关注焦点在于知识在创新中的重要作用和如何依靠知识创新实现区域产业升级。格兰特等从中微观层面也纷纷指出知识具有构建组织动态能力的战略性地位,在区域创新过程中,知识成为了关键性资产,是区域创新内在持续动力所在。区域创新三螺旋模式的突出之处在于强调大学院所—产业—政府三方都可以是区域创新主体(actor)、组织者(organizer)和发动者(initiator)。实际上三者的作用有强有弱,保持相对独立但和谐地相互作用,形成一幅螺旋上升的画面。它遵从开放创新(open innovation)理念,强调3个主要机构范围保持相对独立并以功能互补、利益互惠、成果共享为原则互动。只要互动得好,就有望实现以知识为基础的区域快速持续的增长,典型的像美国的硅谷、128号公路、英国的剑桥地区等。

2010年,随着创新三螺旋的动力研究逐渐深入、延伸,劳埃特·雷迭斯多夫等指出除了结构关系动力模型外,创新三螺旋存在由3种选择环境作用而形成的进化动力作用,指出知识经济条件下,三螺旋创新模式中的知识生产功能将与市场交换、政治控制功能发挥重要作用,形成区域创新的复杂进化动力。

三螺旋创新理论本身来自美国的新经济发展背景,不可避免的具有美国当时的经济、科技、教育等历史烙印。中国的国情以及发展历史决定,中国政府的力量应该在区域三螺旋创新体系中发挥更加重要的作用,而不是同等作用。这与三螺旋创新理论的内涵也是不矛盾的。其次,区域创新三螺旋是官产学研合作思想的进一步提升。从合作和网络关系到相互作用形成创新动力机制和成效是三螺旋模式的新特征。而产学研合作更多集中于具体项目的实施,三螺旋在于大学—产业—政府在区域/产业层次上的互动合作,为以知识为基础的区域创新驱动发展提供体制机制保障。

最后,三大创新主体的交互区域称之为"混序空间/混成组织"。混成组织应具有政府、产业、高校院所3个区域创新主体共有的一些属性和特点,体现了三者各自的一些角色与作用。目前,我国各类科技园区就是政府、产业、高校院所在空间上相互作用和合作,形成的一种混成组织。由于各种历史、现实原因,各类科技园区"硬件"建设良好,"软件"有所缺位,导致混成组织在区域创新体系中没有完全体现应发挥的角色与作用。

4. 区域创新生态体系

伴随着人类创新实践的发展,人们对"创新生态"的认识不断深入。从20世纪初熊彼特提出"创新"概念,到20世纪80年代后期学术界对国家创新系统的关注,逐渐突出创新是一个系统的概念。美国竞争力委员会在《创新美国:在挑战和变化世界中保持繁荣》一文中指出,把创新看作是经济和社会的许多方面具有多面性并不断相互作用的生态系统。之后,美国学者杰克逊将创新生态系统与生物学生态系统进行类比,认为"创新的生态体系由各种社群的人组合而成,科学家、政府官员、企业界领袖、工程师、作家、教育家、医疗保健专业人士等角色都有一席之地"。

与此同时,国内学者对创新生态的认识也在逐步深入,从较早的路甬祥主编的《创新与未来:面向知识经济的国家创新体系》,到2011年相关部委联合主办的"创新生态系统"专题会议,以及2012年浦江论坛聚焦的"产业变革与创新生态主体"专题讨论。这些研究围绕实现创新驱动发展战略,对如何营造良好外部环境、不同创新主体之间协同发展提出各自观点,进一步丰富了"创新生态"的内涵和特征。

引入"生态"概念是在创新系统理论的基础上有选择性地融入了生态

思想,将创新看作是内容更为丰富、要素间联系更为紧密、内部结构更为复杂、整体更为优化的自动系统。创新生态理念改变了过去只注重创新活动本身的狭隘观点,它更加突出创新主体之间的互动性,以及与外部环境之间的依存性,而彼此之间关系的融洽程度可能会影响甚至决定着区域系统创新的成败。因此,加快创新生态体系建设不仅要培育相对齐备、有机联系、依存共生的创新主体,还应围绕创新链的各环节构建开放、多元、共生的体制机制。

四、小结

创新的中心外围理论与创新的网络理论从不同的视角出发为我们刻画了不同的创新世界观。

通过对中心外围理论的梳理,我们看到了这样的世界:创新部门和创新要素的集聚使创新活动和知识创造向一个"中心"集中,随之产生的极化效应使"中心"与"外围"之间的梯度越来越大,借由这种不对称所产生的梯度,新的知识与技术就从"中心"向"外围"溢出和扩散,在无数个"中心"与"外围"拼接起的版图上,"中心"与"外围"在空间或产业链上应当是接近的,它们之间存在着垂直的分工。

随着经济全球化和互联网的兴起,我们又看到一个新的世界:有形和无形的网络将空间或产业上并不接近的不同"中心"逐渐联系在一起,不同"中心"间越来越频繁、越来越快速的创新要素流动逐步超越了"中心"与"外围"之间的要素流动,新知识、新技术逐步跨越了"中心"与"外围"间的梯度,通过创新网络更快的溢出和扩散,"中心"与"外围"间原有的联系和分工模式慢慢被打破,有些甚至是颠覆性的,"节点"和"尖峰"慢慢形成,网络的"层级"也随之出现,"尖峰"之间主要是水平分工,垂直分工更多地存在于不同的网络"层级"之间。

当我们把观察的视野从创新部门和创新要素的尺度扩展到一个更大的范围时,制度、文化、环境的一些要素也进入到这个视野中来,一个关于创新如何产生的系统观念随之产生。在新的维度上,我们关注的视角从创新的梯度、层级转化到了创新的不同群体、群体的功能以及群体间的交互是如何影响创新上来。

至此,通过上述理论的梳理,基本建立了本研究对创新高地的认识框架和逻辑基础。

从中心与外围的范式看,创新高地是"中心","高地"意味着突出其在区域和部门上的"极化"与"扩散"作用。从创新网络的范式看,创新高地是"尖峰"和"枢纽","高地"意味着突出其在创新网络中的"聚合"与"配置"

作用。从创新系统与演化的范式看,创新高地是持续演化升级的创新生态系统,"高地"意味着突出其在演化中的"源头"与"驱动"作用。

第三节　典型案例与经验借鉴

青岛蓝色硅谷作为一个远离城区的科技新城,拥有海洋科学与技术国家实验室等核心型研究机构。本研究从上述典型特征出发,分别选择了具有相似性与代表性的案例。

一、美国北卡三角科学园

1. 三角科学园产业集群的基本情况

北卡的三角科学园(RTP)坐落于美国的东海岸,在纽约和亚特兰大之间的中间位置,是美国公认最好的科学园区之一,园区产值居全美科技园区第二位,仅次于加州"硅谷"。它是政府催生形成的产业集群,其成功是市场拉动和政府推动的结果。目前,园区占地约 7 000 公顷,有 170 多个与研究和发展(R & D)有关的公司或机构,包括国家环境健康科学研究所、国家统计科学研究所等,雇用员工五万多人,为北卡的重要经济地区。由于园区中有 98 个机构以研发工作为主,因此被称为以研发为导向的智能型工业园区。

十八世纪末叶,北卡是最初北美 13 个英国殖民地之一,在美国历史的早期是个农业州,其经济基本上依靠烟草和棉花种植。20 世纪 50 年代中期,北卡只有烟草、纺织和家具工业,每个产业都雇用低技能的工人。而且,每个产业还都在下滑,家具业扩散到了美国东北部,烟草业因为人们对健康的关注度提高而萎缩,同时传统产业纺织业因为世界范围内的产业转换,纺织业开始转移到海外。当时北卡的人均收入实际上是全美最低的,1950 年在全美 50 个州中排名第 45 位,1952 年排名第 48 位,虽然北卡州有三所很强的研究型大学(杜克大学、北卡大学和北卡州立大学),但几乎没有什么工业 R & D 活动。北卡面临着严重的人才流失,在本州上学的毕业生都到外面找工作,而到外州上学的毕业生都不回来。

基于当时的困境,北卡在教育界、工业界和政府部门的一批有识之士开始描绘一幅蓝图,他们认为,本地的三所研究型大学应该像磁石一样,能够吸引企业、特别是 R & D 企业到北卡来发展;应该有一个地方,可以促进教育者、研究人员和企业家成为合作伙伴,通过持续的科技发展和经济社会发展,为全北卡人创造一个更好的生活。1954年北卡成立调研委员会,1955年1月提交了一份10页的报告,1956年9月成立由政府、大学和企业组成的三角科学园委员会(Research Triangle Committee, Inc.),到1959年1月才从全州850多个捐资者手中筹集到142.5万美元,并成立了新的非营利组织三角科学园基金会(Research Triangle Foundation)来负责管理这个园区。所筹集到的钱用于:购买土地;建立三角科学园研究所(RTI),为工商企业、工业和政府开展合同研究(contract research);为研究所和基金会在园区中央建造一座大楼。

通过50年的快速与持续发展,园区目前已经发展与形成了典型的高新技术产业集群,其主导产业涉及生物技术、生物制药、计算机硬件和软件、化学、环境科学、信息技术、仪器仪表、材料科学、微电子、统计和电信等技术领域,在制药/健康/医疗设备产业,聚集了Glaxo Smith Kline、BD Technologies、United Therapeutics Corporation,在IT/普适计算/电信产业,聚集了IBM、Nortel Networks和Cisco Systems等跨国公司;我国联想集团的北美总部也坐落在这里。

目前美国最重要的科学研究项目有24%是在三角园研究成功的,每年世界上最重要的学术刊物发表的科研论文有21%是三角园科学家撰写的,三角园科学家每年获得的技术专利约占全美29%。三角园区为刚起步的创新企业提供孵化器服务。此外,园区设有"北卡生物科技中心"与"北卡超级计算机中心",前者由北卡州成立,对园区内生物科技相关厂商提供庞大的、创造性服务。州政府和地方政府一般不对项目进行直接投资或管理,而是委托资信等级高的专业机构进行运作。在研究三角园区,有大量的非盈利组织活跃于其间。这些非盈利机构大多拥有高素质的专业人才,成为盈利组织、科技团体与政府之间不可缺少的桥梁。非营利机构"研究三角基金会"就是其中之一。基金会则由政府、学校、企业等各方代表11人组成理事会。基金会负责管理和指导三角研究园的建设和规划,对园区内各单位的内部事务无权干预。该基金一个重要角色即是代理政府手中的土地,将其三通一平,生地变熟地之后,卖给有潜力的用户供其建造新工厂。

2. 三角科学园产业集群形成的关键因素

三角科学园产业集群是由企业、大学和科研机构、政府、金融机构和中介机构所组成的有机系统;三角科学园集群内主要从事生物技术、信息技术、材料科学、环境保护及医药等领域研究与开发工作。三角科学园高科技产业集群成长的驱动因素可归纳为以下四大方面:投资因素、科研因素、产业因素和环境因素。其中每种驱动因素都包含一系列具体子因素,这些子因素可以分为两大类:一是操作性因素,即产业集群的经营管理者可以直接进行控制和影响的因素;二是外部性因素,即由区域历史、文化、社会经济等背景所决定,无法在中短期内加以改变的因素。研究者对三角科学园的集群成长的经验进行了深入的分析与总结,研究表明:能够成功建立科研园的地区需要具备以下一些要素:① 已有的科研和高科技实践基础;② 若干科研院所、医学院或工学院;③ 良好的基础设施:如完善的航空服务、完善的基础设施和商务服务网络、大型的信息传播中心;④ 集群内需要有大量富有远见的、高效的政界、学术界和商界领袖。

二、法国布雷斯特

布雷斯特市位于法国西北部沿海布列塔尼大区菲尼斯泰尔省,是法国重要的军港和商港,也是著名的海洋科研和帆船运动城市。人口 38 万(含周边地区)。布雷斯特经济主要以国防、造船(修船)、通讯、精密仪器(机械工程)、食品加工、生态科技、海洋科技、电子设备为主。布雷斯特在高科技研究及开发方面实力强、主要涉及电子及信息技术、国防工业及研究、造船业、电子、工业自动化、信息技术、通讯(设有法国国家通讯研究中心)。位于布雷斯特市的法国海洋科研中心,集中了法国 50% 以上的海洋科研人员和机构,有 1 800 位研究员,研究内容包括军舰制造和维修、空运和水下防御系统、海洋学、海岸带和环境管理、水下声学、海洋技术以及生物技术。高等教育方面,主要有西布列塔尼大学,另有 10 所商业学校及工程院校。

布列塔尼大区拥有一个法国独一无二的研发(R&D)系统:有 5 个高新技术区,设有国家电信研究中心、电视电信联合研究中心等著名研究中心;有 15 个新技术转化中心,分别从事饲料、信息、电子、生物医疗工程等方面的研发。该区的研究人员占区人口总数的 4.5%。每年,企业在新产品的研究和开发上的投入超过 6 亿欧元。

法国布列塔尼海洋园区是法国的两大海洋园区之一,主要活动领域包括沿海安全与保障、航海与水上运作、海洋、化石和可更新能源资源、海洋生物技术、捕鱼与水上养殖和沿海环境与治理。一共有 319 个参与机构,包括 55 家大型企业、163 家中小型企业、57 个研究机构和 44 个相关行政区域。法国不列塔尼半岛地区(不列塔尼大区)在 2004 年开始了以"竞争力极点"计划为标志的半岛海洋产业集群建设。该极点项目旨在使法国在海洋领域的开发和发展上,成为欧洲之首。该项目由泰雷兹集团作为牵头单位,企业、实验室以及院校共同参与,政府对获得"竞争力极点"标签的项目给予有关优惠条件,同时进行个性化跟踪评估。

三、广东的海洋科技战略

广东于 2014 年提出"深蓝科技计划",旨在助推海洋强省建设。"深蓝科技计划"是一项具有重要战略意义的海洋高技术研究发展中长期计划,着重解决事关广东海洋经济长远发展的战略性、前沿性和前瞻性高技术问题,涵盖体制创新、源头技术创新、技术集成与应用示范、产业带动、成果转化、平台搭建、金融支持等主体内容,着力增强广东在深海高技术领域的自主创新能力和成果高效转化能力,培育海洋新兴产业生长点,发挥海洋高技术引领未来发展的先导作用。

"深蓝科技计划"提出要抓住全球深海资源勘探开发日益增长的装备需求契机,结合南海深海特点,加快研发深海海洋工程装备制造技术,带动广东海洋工程装备制造业发展。抓住国家推进南海深海油气资源开发的契机,加快研发南海油气天然气资源勘探技术,加快发展油气资源勘探、开发、储备和综合加工利用技术及产业,培育壮大海洋油气业。利用热带海洋药用生物资源丰富的优势,加快研究南海生物资源开发技术,大力发展最具市场潜力的海洋医药产业。针对广东沿海地区用水紧张的实际情况,加快研发海水淡化及综合利用技术,培育壮大海水综合利用业。加快研发海洋新能源开发技术,培育壮大海洋新能源产业。加快研发海洋污染防治与生态保护技术,培育壮大海洋环境保护产业。

"深蓝科技计划"将实施六大机制:

——创新体制机制,促进海洋科技创新活力释放与创新动力提升。构建政府—企业—高校—科研院所—金融机构结合、海陆统筹、区域合作的科技兴海模式,切实解决广东海洋科技"资源分散"瓶颈,形成促进海洋科技发展的合力。营造良好的海洋创新文化环境,建立科学合理的海洋科技创新评价与考核体系。创新海洋科技项目遴选制度,制定完善海洋科技财税激励政策。率先制定促进海洋科技创新的知识产权保护政策,切实保护海洋科技自主创新成果。

——构建深海与近海高技术研发互补联动体系,建立海陆产业科技一体化的良性机制。促进海陆通用技术的相互移植、海域水产养殖与陆域水产品加工、流通的相互配套,滨海与陆域交通、旅游的相互协调。

——加强深蓝科技创新载体和成果转化平台建设,整合利用全球海洋创新资源。充分利用国家、部门、省市县的涉海科技基础条件平台,结合企业的科技开发基地和试验场,建设一批工程技术研究中心。建立粤港澳台海洋科技合作新机制,粤港澳联手打造"深蓝科技创新合作试验区"。积极融入全球海洋科技创新分工体系,在更大范围、更广领域整合利用全球海洋高技术创新资源。

——推动金融、深蓝科技与产业紧密结合,打造三链融合的海洋"创新生态链"。加快组建"深蓝科技创业投资基金",积极探索并大胆先行先试海洋科技与金融资源全面结合的新机制与新模式,引导社会资本加大对广东海洋高技术研发及海洋新兴产业的投资。鼓励银行等金融机构加大对"深蓝科技计划"重点领域、重点项目、重点企业的信贷资金投放力度。打造"创新链"、"产业链"与"资本链"三链融合的海洋"创新生态链",加速海洋科技创新成果转化,为培育壮大战略性海洋新兴产业提供技术引领和支撑。

——培育壮大深蓝科技领军企业,引领海洋高技术产业集群。在财政投入、能源及土地供应、上市融资、人才引进等方面制定激励政策,引导培育一批符合海洋高科技发展方向、具有核心竞争力的领军企业。结合广东海洋新兴产业发展重点,在海洋产业集聚区,重点安排深海海洋工程装备等一批带动性强的深蓝科技产业化项目,培育一批高水平的海洋工程技术中心和产业化示范基地以及深蓝科技示范园区,形成具有深蓝特色的海洋新兴产业优势集群。

——实施"人才强海"工程。以多种方式引进培养一批具有国际领先水平的创新型海洋学科带头人,组建海洋科技创新团队。支持中山大学、广东海洋大学等高校加快海洋重点学科、海洋重点实验室及优势专业建设,加强高层次人才培养。加强海洋类职业院校和专业建设,培养海洋类应用型和技能型人才,鼓励企业设立海洋科技人才培养基地。建立健全海洋科技人才培养、使用、评价激励机制,优化人才发展环境。

四、经验借鉴和启示

1. 顶层设计与规划先行

广东的"深蓝科技计划",通过布局一批深海海洋科技重大研发平台,建设一批海洋科技成果高效转化基地,率先在深海资源开发利用技术领域取得突破并带动近岸海洋技术的发展,为国家促进海洋科技创新和成果高效转化率先探路示范,并为建设海洋经济强省、加快广东转型升级提供有力抓手。

2. 有效整合高端创新资源

高端创新资源的集聚和整合有助于增强区域创新实力,促进创新合作,优化创新资源配置,提升区域创新能力。北卡三角科学园企业与高校的市场化合作非常紧密,主要包括课题委托和技术顾问等方式。大学研究课题除了少量来自政府基金资助外,基本上来自企业;大部分与产业相关的高校教师从事企业技术项目的研究,或者为企业担任技术顾问,帮助企业制订研发计划,诊断技术问题,改进生产工艺等。

3. 部署完善创新创业的公共服务平台

创新公共服务平台的最大作用是帮助新建的企业获得市场机会和投资,为企业提供专业化、质优价廉的技术、投资、管理等服务,可以有效地降低高新技术企业成长初期的竞争风险,促进企业的健康成长。例如北卡的三角科学园通过创新公共服务平台,组织合作研究为企业和政府服务而不是为了研究而研究;建立各种专业化服务机构,建立各种设施的共享机制,为北卡的三角科学园企业服务,等等。因此,要以政府决定建立科技资源中心为契机,加快建设研究与开发、资源共享、科技成果转化、综合业务服务等四大科技创新服务平台,为创新型企业提供各方面的服务。

4. 优化创新创业的政策环境

科技政策是政府协调科技与经济、社会发展关系的重要手段,既影响区域科技创新和产业的发展方向,又影响科技和产业结合的方式。政府整体的、统一的科技支持政策,包括综合的税赋减免和财政资金、科技金融支持、成果转化机制、人才政策等方面的支持政策,能够有效促进区域创新系统构建,优化创新创业环境,形成有利于创新的文化环境,并鼓励敢冒风险、富于进取的企业家精神和容忍善待失败的宽容精神,激励科技和产业发展。

5. 注重发挥社会组织的服务功能

各类社会组织是介于政府和产业部门之间的一类功能性组织,不同的社会组织有着多元化的作用。社会组织从不同的角度为当地的科技创新、创业及产业发展提供服务,它们可以协助政府完善规划与政策,促进新技术的宣传推广,为科技企业融资,帮助企业开拓全球市场,促进中小科技企业发展从而促进就业,开展知识产权保护,帮助引进新的高技术企业,帮助发展社区及运作廉租房等。引导社会组织从事政府导向的工作,可以有效协调政府和产业之间的关系,弥补政府服务功能的缺失和市场机制的失灵。

第四节　现状与问题

青岛市作为我国著名的海洋科技城和山东半岛蓝色经济区龙头城市,在科研机构、人才队伍、产业发展等方面总体上处于全国领先水平,海洋科技在蓝色经济升级发展中发挥了日益重要的引领和支撑作用。2011 年,随着山东半岛蓝色经济区上升为国家战略,青岛围绕助推国家海洋强国战略,最大限度地发挥青岛涉海机构集中、海洋研发人才密集的优势,抢占全球海洋科技制高点,提高区域海洋科研承载能力,率先做出全力打造中国蓝色硅谷、建设蓝色经济领军城市的战略部署。2012 年 1 月 31 日,蓝色硅谷核心区规划建设全面启动。2012 年 2 月 17 日,青岛市政府发布《青岛蓝色硅谷发展规划》,提出了"一区一带一园"总体布局,确立了"中国蓝色硅谷、海洋科技新城"的发展定位和建设"五大中心"的发展目标。2014 年 12 月,《青岛蓝色硅谷发展规划》获国家发展和改革委员会等 5 部委联合批复,蓝色硅谷将建设成为海洋科技自主创新高地、海洋文化教育先行区、海洋新兴产业引领区、滨海生态科技新城。目前,蓝色硅谷核心区已累计引进重大科研、产业及创新创业项目 210 余个、总投资约 2 422 亿元、总规划建筑面积 2 304 万平方米,已累计投入各类建设资金 537 亿元,开工建设面积达 700 万平方米。2015 年蓝色硅谷实现地区生产总值 63.2 亿元、增长 15.2%,完成地方公共财政预算收入 7.7 亿元、同比增长 48.1%,完成固定资产投资 227.5 亿元、同比增长 49.8%。区域承载海洋科技研发、海洋成果孵化、海洋科技人才等蓝色高端要素能力显著增强,但与国内外部分科技创新中心和高地相比,蓝色硅谷在高端创新资源、科技服务体系、创业投融资、新兴产业集群、创新生态环境等方面仍有不小的差距。

一、青岛海洋科技创新发展总体情况

1. 高端海洋科学研究机构

青岛拥有教育部中国海洋大学、中科院海洋研究所、农业部水科院黄海水产研究所、国家海洋局第一海洋研究所、国土资源部青岛海洋地质研究所等 31 家以海洋科研与教育为主的机构。近几年,一大批涉海高校科研院所和大型企业的研发机构落户青岛。青岛海洋科学与技术国家实验室获批建设并全面启动运行,国家深海基地投入使用,7 000 米载人深潜器"蛟龙"号正式入驻母港,成为世界第五大深海技术支撑基地。中科院、中船重工、中国电科、中海油、机械总院等 17 个国字号科研产业基地建成运营,西安交大、哈工大、天津大学、清华大学等 10 所重点高校先后在青岛建立研发机构,阿斯图中俄科技园、中乌特种船舶研究设计院等 8 个国际高端研发平台加快建设。

2. 海洋科学研究基础设施

青岛建有海洋科学观测台站 11 处,其中国家级 1 处,部委级 6 处;拥有各类海洋科学考察船 20 余艘,目前已有、在建的千吨级以上科考船达到了 14 艘,科考船数量和质量在国内首屈一指,其中"东方红 2"号海洋实习调查船、"科学"号海洋科学综合考察船被列入国家重大科技基础设施名录;建有科学数据库 12 个,种质资源库 5 个,样品标本馆(库、室)6 个;中科院海洋所建成了青岛市海洋科研领域首个 10 万亿次高性能计算平台,高性能计算能力大幅度提升。青岛已形成了较为完善的近岸、近海至深远海并辐射到极地的国内一流、国际先进的系统化海洋调查能力。

3. 涉海科技创新平台建设

青岛市通过推动重大海洋科技创新平台建设,整合和统领本地海洋科技资源和力量,组织和实施海洋重大科学任务和工程,促进多学科、多领域协同创新,提升海洋科技创新的基础能力和体系竞争力。青岛市有涉海领域科技创新载体 107 家,占全市创新载体总数的 1/5,其中国家级重点实验室 7 家、省部级以上重点实验室 28 家、市级重点实验室 13 家;有各类涉海工程技术中心 18 家,其中省级以上涉海工程技术中心 7 家,市级涉海工程技术中心 11 家;建立涉海产业技术创新战略联盟 4 家。

4. 海洋人才队伍

2016 年全市各类海洋人才达到 4.3 万人,其中,国家千人计划专家 28 人,两院院士 18 人、外聘院士 3 人,国家杰出青年科学基金获得者 26 人,长江学者 17 人,泰山学者 20 人,博导 364 人,享受国务院津贴人员 144 人;博士学位一级学科授予点 7 个,博士学位二级学科授予点 42 个,博士后流动站 8 个;国家级重点学科 5 个。根据综合 Web of Science 数据库 Incites 平台等研究筛选后,共得到国内涉海优秀人才 1 934 人,青岛涉海人才具有明显优势,占全部人数的比例高达 26%,其中在海洋基础科学研究人才分布方面,青岛具有明显优势,比例高达 34%,在海洋工程技术研究人才方面,青岛仍然保持领先位置,但比例仅为 15%。另据青岛市蓝色经济发展办公室对全市海洋领域人才调查数据显示,目前青岛市具备初级以上职称的海洋领域人才共 7 189 人,应用技术开发人才与基础研究人才的比例约为 2:1(工程技术研究人才 4 745 人、基础科学研究 2 444 人)。高级职称中基础研究人才比例高于应用技术开发人才,初中级职称中应用技术开发人才比例高于基础研究人才。

5. 海洋科技创新支撑服务体系建设

结合国家科技部科技创新服务体系建设试点工作,围绕海洋科技创新,优化科技创新服务体系结构,推动科技服务社会化,技术交易、知识产权、创业孵化、检验检测等科技创新支撑服务体系等专业化服务在海洋科技创新中发挥支撑作用。2014 年 10 月,科技部批复青岛市在国家高新区建设国家海洋技术转移中心,标志着青岛市成为国家海洋科技成果转化、技术转移的核心区。建成全国首个海洋专利数据库,内容包括了全球 102 个国家关于海洋方面的专利数据,涵盖了海洋新能源、海洋生物医药、船舶装备制造等,为青岛的相关企业和高校院所提供了海洋方面的科技创新、知识产权的信息检索和保护。孵化器工程累计开工 1 153 万平方米,竣工 1 001 万平方米,入驻企业超过 5 000 家,构建起以蓝色经济为核心,以新材料、新信息、新能源、新医药、先进制造、现代服务业为重点的孵化服务体系。浦发银行在国内银行业率先成立的首家蓝色经济金融服务中心落户青岛,在海洋能源、海洋生物、海洋装备制造、海洋科技、海洋物流、海洋环保等细分行业形成特色化产品体系和服务方案,积极支持海洋经济发展。国家海洋设备质量监督检验中心是由国家发改委、国家质检总局批准建设和成立的海洋设备检测机构,建设内容包括海洋设备综合检测实验室、水下设备检测实验室、海洋工程及船舶电缆和脐带电缆检测实验室等 8 个海洋设备专业实验室和 1 个综合科研及模拟训练实验室,将建成具有鲜明蓝色经济特色的检验检测技术服务平台体系,为山东半岛蓝色经济区和全国海洋装备制造企业的产品研发、质量保证和国内外市场准入提供权威检测和技术支持。

6. 海洋科技创新投入

为了支持青岛海洋经济创新发展,国家省市各级政府都加大了投入力度,带动海水养殖、海洋装备制造、海洋生物医药、海洋新材料等产业快速发展。2012 年按照财政部和国家海洋局的要求,青岛市开展了海洋经济创新发展区域示范试点工作,2012 至 2014 年连续三年,财政部、国家海洋局累计下达青岛市补助资金 2.3 亿元,支持项目 39 项(成果转化与产业化类 33 项,公共服务平台类 6 项)。2011 到 2014 年,海洋领域共承担国家、省级科技计划项目 34 项,包括 863 计划 16 项、省自主创新专项 15 项,国际科技合作、国家重点新产品和富民强县各 1 项,项目资金 2.43 亿元。2015 年,青岛市海洋领域共有 7 项入选省、市自主创新重大专项,共落实财政经费支持 2 700 万元,海洋科技成果转化基金完成投资 1 609.5 万元,带动社会投资 1.2 亿元,在水产种苗和水产品加工出口产业、海洋生物医药产业、海洋新材料产业、船舶和海工装备产业、海水淡化产业等方面组织实施一批关键技术攻关项目,提升了蓝色经济的质量和效益。

7. 海洋科技产出

青岛海洋科研的成果引领了我国海洋产业新方向,以"鱼、虾、贝、藻、参"为主的中国海水养殖 5 次产业浪潮均发源于青岛,带动了全国海洋水产业的发展。承担"十五"以来国家"863"、"973"计划55%和91%的海洋科研项目,荣获国家海洋创新成果奖占全国 50%。海洋科技专利授权量逐年提高。2010～2013 年青岛海洋专利申请量分别是 84、127、168、172 件,海洋专利授权量分别是 20、50、67、109 件。2013 年青岛市海洋科技专利授权量超过上海(101 件),跃居国内沿海城市第一位。2015 年仅中国科学院海洋研究所、中国水产科学研究院黄海水产研究所、山东省科学院海洋仪器仪表研究所、国家海洋局第一海洋研究所、山东省海水养殖研究所等 5 家驻青科研院所发明专利授权量就有 183 件。2015 年青岛市海洋领域技术成交额实现 4.32 亿元,同比增长 89.50%,占全市总技术交易额 4.82%。2016 年第一季度实现海洋技术交易 128 项,技术交易额 9 280.71 万元,占全市总技术交易额 4.43%,较 2015 年同期增长 66.92%,其中技术开发和技术转让为主要交易形式,占全市涉海技术交易的 75.321%,说明青岛海洋领域的企业与高校、科研院所以产学研结合等形式共建技术研发体系,技术创新能力较强,各交易主体参与技术交易的积极性和技术扩散能力比较高。

8. 海洋科技园区建设

在蓝色经济发展方面,突出功能区带动,优化蓝色经济布局,重点规划建设西海岸新区、红岛经济区和蓝色硅谷核心区三大海洋产业功能区,突出产业支撑,培育蓝色优势产业。实施蓝色跨越三年行动计划,打造了 14 个海洋特色产业园,滚动推进了一批海洋经济重点项目建设。西海岸新区,青岛市政府下放市级经济管理权限,统筹实施陆海统筹综合改革试验、土地管理综合改革试点等 29 项改革试点,着力打造蓝色高端新兴产业聚集区,一批过百亿元的项目加快推进。红岛经济区则着力打造滨海科技人文生态新城,规划建设海洋装备产业园,海洋生物医药产业获批国家级产业基地,其中"国家青岛海洋生物医药特色产业基地"2014 年年底已被科技部正式获批建设。蓝色硅谷核心区 2014 年年底成为国家科技兴海产业示范基地,已经集聚了国家海洋实验室、国家深海基地等 12 家"国字号"项目,山东大学青岛校区等高等院校达到 8 家。

9. 涉海创新政策体系

为了支持海洋科技创新发展,青岛市已形成了"科技专项资金与计划项目管理、科技奖励与科技成果转移转化、创新人才引进与培养、创新载体建设、创业与科技型中小企业培育、战略性新兴产业、高新技术产业与园区、知识产权、科技金融"等九个方面为主的科技创新政策体系,先后发布和出台了《关于大力实施创新驱动发展战略的意见》、《关于实施"千帆计划"加快推进科技型中小企业发展的意见》、《关于加快众创空间建设支持创客发展的实施意见》、《创业青岛千帆启航工程实施方案》、《青岛市科学技术局高端研发机构引进管理暂行办法》等地方政策,为促进科技型中小企业发展、孵化器转型升级、提质增效、推动众创空间科学构建、健康发展、创新载体建设、建设知识产权强市等提供了有力支撑。

2014 年度青岛市组织开展了"蓝色小巨人计划"(创新型中小企业培育计划)项目申报工作,向从事高新技术产品研发、生产、服务的中小微企业提供贷款贴息或无偿补助,根据企业申报的项目给予 20 万元到 50 万元不等的资金支持。2014 年 11 月设立了青岛市海洋科技成果转化基金,这是全国首支海洋科技成果转化基金,也是全国第一个专项用于科技成果转化的基金,主要为活跃技术交易市场交易活动,具有研发投资资本化、项目选择市场化、基金管理专业化的特点。

10. 海洋经济发展状况

"十二五"时期,青岛实施蓝色跨越 3 年行动计划,海洋生物医药、海洋新材料、海洋工程等海洋产业蓬勃发展,占 GDP 比重逐年提高。2015 年,全市实现海洋生产总值 2 093.4 亿元,同比增长 15.1%。海洋经济占 GDP 比重突破 22%。其中,滨海旅游业、海洋交通运输业、海洋设备制造业和涉海产品及材料制造业四个主导产业增加值总量达到 1 305 亿元,占海洋经济比重达到 62.3%。新兴海洋产业发展迅速,以海洋生物医药、海洋新材料、海水利用、海洋科研教育和海洋金融服务业等为主的新兴海洋产业增加值突破 250 亿元,达到 256.8 亿元,同比增长 15.5%,增速较全市海洋经济快 0.4%;占海洋经济比重达到 12.3%。

11. 海洋国际科技合作

青岛海洋国际科技合作基础雄厚,与国际海洋城市的交往十分广泛,先后举办过许多高层次、大规模的国际、国内海洋高峰论坛、海洋科技学术会议、展会等活动,政府、高校、科研机构和企业与国外开展了多层次的交往和合作。

"中国·青岛海洋国际高峰论坛"自 2009 年以来已经举办了五届,论坛由山东省政府联合国家发展改革委等 12 个部委共同发起,致力于利用科技进步支撑海洋发展,为建设"海洋强国"建言献策。2016 年青岛海洋国际高峰论坛东亚海洋合作平台黄岛论坛,开启了东盟 10 国与中、日、韩海上互联互通新时代,共同探讨海洋科技如何推进海洋强国和"一带一路"战略实施。自 2014 年开始,青岛连续两年举行国际技术转移大会,通过论坛研讨、推介竞秀、项目对接、技术成果展示等多种形式,推动国内外企业、高校、科研院所和技术转移机构开展国际创新合作与跨国技术转移对接。中俄工科大学联盟(英文简称"ASRTU",中文简称"阿斯图")由哈尔滨工业大学和莫斯科国立鲍曼技术大学共同发起,汇集了中俄工科精英大学 50 个,推进了中俄人才交流与科技合作,总部设在蓝色硅谷。

青岛海洋国家实验室坚持走对外开放、国际合作的道路,通过组建国际化的学术委员会、发起国际科技合作计划等形式,构建链接全球的海洋科技合作网络,先后与美国伍兹霍尔海洋研究所、斯克瑞普斯海洋研究所等国际知名海洋研究机构建立密切合作联系,同时与英国国家海洋研究中心、英国欧洲海洋能中心、俄罗斯希尔绍夫海洋研究所签订了合作协议,与德国、加拿大、澳大利亚和韩国也建立了合作关系。

中科院海洋所有 29 人次在重要国际学术组织中任职,先后主持召开了第十一届国际海藻学术大会、第五届国际藻类学术大会、第四届亚洲海洋地质学大会等重要的国际会议,开展了中日东海物质通量合作研究、中美南黄海环流与沉积等近 50 项国际合作研究项目。中国海洋大学、国家海洋局一所、青岛农业大学等相继在东南亚、非洲和俄罗斯等国家和地区,建立了海洋观测数据共享平台和联合研发中心,科研辐射范围不断扩大。在中国国家海洋局和韩国海洋水产部等有关部门指导下,1995 年 5 月海洋科学合作与开发机构——中韩海洋科学共同研究中心在青岛成立,推动了 60 多个合作项目的开展,促成了中韩涉海单位签署了十多个合作谅解备忘录和 2 000 多名中韩涉海专家之间的交流。山东省科学院海洋仪器仪表研究所先后与白俄罗斯国家科学院斯捷潘诺夫物理研究所共建"中白海洋光电和激光技术联合实验室",与乌克兰马卡罗夫国立船舶设计大学签署合作协议,成立了青岛中乌特种船舶研究设计院。

二、蓝色硅谷现状

1. 发展历程

2011 年 1 月,国务院批复了《山东半岛蓝色经济区发展规划》,标志着山东半岛蓝色经济区建设上升为国家战略。随后,青岛市委、市政府主动承担国家历史使命,围绕助推国家海洋强国战略,抢占全球海洋科技制高点,提高区域海洋科研承载能力,率先做出全力打造中国蓝色硅谷、建设蓝色经济领军城市的战略部署。

2012 年 1 月,青岛蓝色硅谷核心区工作委员会、青岛蓝色硅谷核心区管理委员会正式成立,蓝色硅谷核心区规划建设全面启动。

2012 年 2 月,青岛市发布《青岛蓝色硅谷发展规划》,明确提出要将蓝色硅谷打造为全国海洋科技自主创新示范区、国际海洋科技教育中心核心区、全国海洋高端新兴产业发展引领区、全国滨海科技生态文化新城示范区。

2012年9月,"青岛蓝色硅谷"被正式写入国务院《全国海洋经济发展规划(2011～2015年)》,《规划》明确提出规划建设青岛蓝色硅谷海洋科技自主创新示范区,这标志着蓝色硅谷上升为国家海洋发展战略的组成部分。

2013年12月,科技部下发通知,明确提出支持蓝色硅谷开展国家海洋科技自主创新先行先试,对海洋科技研发、海洋科技成果转化、海洋新兴产业培育等方面给予重点支持。

2014年9月,蓝色硅谷核心区通过国家海洋局的专家评审,成为全国第五个国家科技兴海产业示范基地,与前面几个国家科技兴海产业示范基地专注于海洋生物育种与养殖、海洋生物制品等领域不同,蓝色硅谷坚持错位发展原则,定位于打造国家海洋高技术集聚区,将更有利于推进产学研合作创新,促进海洋高新技术和战略性新兴产业发展,为推动海洋经济发展方式转变提供有力支撑。

2014年12月,《青岛蓝色硅谷发展规划》获国家发展和改革委员会、教育部、科技部、工业和信息化部、国家海洋局5部委联合批复,青岛蓝色硅谷正式上升为国家战略。

2015年12月,青岛市政府颁布《青岛蓝色硅谷核心区管理暂行办法》,设立青岛蓝色硅谷核心区管理局,通过体制机制创新,激发青岛蓝色硅谷核心区发展活力。

2016年3月,国家《国民经济和社会发展第十三个五年规划纲要》明确提出"建设青岛蓝谷等海洋经济发展示范区",蓝色硅谷成为国家重点发展的海洋经济发展示范区。

2. 建设情况

蓝色硅谷核心区规划总面积443平方千米,其中陆域面积218平方千米(可供开发面积97平方千米),海域面积225平方千米,含即墨市鳌山卫、温泉两个镇。蓝色硅谷定位于海洋生物医药、海洋装备制造、海水综合利用、海洋新能源、海洋新材料等涉海产业的培育与发展,是国家生物产业基地、船舶与海洋工程装备产业示范基地、海洋新药及海洋生化制品研发和生产基地,海水综合利用走在国内城市前列,海洋防腐、生物质纤维等新材料产业初具规模。

（1）总体概况。

目前,蓝色硅谷核心区已累计引进重大科研、产业及创新创业项目210余个、总投资约2 422亿元、总规划建筑面积2 304万平方米,已累计投入各类建设资金537亿元,开工建设面积达700万平方米。2015年蓝色硅谷实现地区生产总值63.2亿元、增长15.2%,完成地方公共财政预算收入7.7亿元、同比增长 48.1%，完成固定资产投资 227.5 亿元、同比增长 49.8%。区域承载海洋科技研发、海洋成果孵化、海洋科技人才等蓝色高端要素能力显著增强。

（2）高端机构。

蓝色硅谷核心区内拥有青岛海洋科学与技术国家实验室、国家深海基地、国家海洋设备质量监督检验中心、国家海洋局第一海洋研究所蓝色硅谷研究院、国土资源部青岛海洋地质研究所、山东大学青岛校区、哈工大青岛科技园、天津大学青岛海洋技术研究院等机构。其中，"国字号"重点项目 14 个、高等院校设立校区或研究院 16 个，科技型企业 110 余个，具备了发展海洋科技、开展创新服务的独特条件和优势。

海洋科学与技术国家实验室、国家深海基地等 6 个项目已基本建成并投入使用，山东大学青岛校区、国家海洋设备质量监督检验中心、国土部青岛海洋地质研究所等 45 个项目正加快建设，中央美院青岛大学生艺术创业园、国家水下文化遗产保护基地等 20 余个项目正在加紧建设前期工作。

（3）孵化体系。

蓝色硅谷核心区内科技类项目已落实孵化器 418 万平方米，累计开工建设 165 万平方米，竣工 80 万平方米。其中，15.8 万平方米的蓝色硅谷创业中心已正式投入使用，引进了天津大学青岛海洋工程研究院、青岛贝尔特生物科技有限公司总部及研发中心、山东半岛蓝色经济区海洋生物产业联盟、深蓝创客空间、熔钻创客空间等 40 余家科技型企业和创新团队。

（4）人才引进。

蓝色硅谷通过项目带动已引进各类涉蓝人才 3.9 万人，其中硕士或副高以上高端人才 1.6 万人。引进全职与柔性人才共计 3 200 余人，其中博士715 人、硕士 679 人、本科 1 158 人，"两院"院士、国家"千人计划"专家、"长江学者""泰山学者"等高层次人才 300 余人，海外人才 52 人（其中外籍专家37 人）。

（5）管理体制。

蓝色硅谷成立之初，组建了青岛蓝色硅谷核心区工作委员会和青岛蓝色硅谷核心区管理委员会，由即墨市管辖，采取属地化管理方式，青岛市政府下放了 121 项市级经济管理权限。其中，核心区管委会下设科技与人力资源部、经济发展与投资促进部、规划建设部、财务审计部、综合事务部、科技创业综合服务中心六个部门。

为建立决策权、执行权、监督权充分衔接、有效制衡的法人治理结构，2015 年 12 月，青岛市政府正式设立青岛蓝色硅谷核心区理事会（以下简称蓝谷理事会）、青岛蓝色硅谷核心区管理局（以下简称蓝谷管理局）、青岛蓝色硅谷核心区监事会（以下简称蓝谷监事会）。

蓝谷理事会是核心区的最高决策机构，负责研究确定核心区的发展战略规划，行使重大事项决策权。理事会主席由市政府分管负责人担任，成员由市政府相关部门、相关区市政府、驻区重点科研机构和企业的主要负责人以及执行机构、监督机构负责人组成。

蓝谷管理局是依法承担公共事务管理和公共服务职能，实行企业化管理但不以营利为目的，具有独立法人地位的法定机构，负责核心区的开发建设、运营管理、招商引资、制度创新、综合协调等工作，其用人机制灵活，现有机关事业单位抽调人员在过渡期内按照双向选择的原则确定岗位。即墨市政府可以将规划、建设和土地审批管理权限依法赋予蓝谷管理局。土地规划修改、农用地转用和土地征收等报批事项，由即墨市国土资源局配合蓝谷管理局上报。蓝谷管理局的经费来源采取政府资助和自筹资金等多种形式。运行初期经费来源以财政拨款为主，逐步推向市场，形成市场化运作体制优势。财政拨款主要来源于核心区各项财政收入扣除上缴中央、省、市的部分。

蓝谷监事会对蓝谷管理局开发、建设、运营和管理活动进行监督，可接受具有监督、监察、国有资产监管等职责的单位委托，行使相应职权，设主席、副主席，由蓝谷理事会提名，按规定程序任命。

（6）现有政策。

围绕"三创"战略的推进，青岛蓝色硅谷核心区推出了一揽子扶持创业政策，努力为海洋领域创业者打造"宜业"的创业环境，一个汇聚"工作科研生活"于一体的环境体系正加快成型。为了帮助这些创客空间尽快做强做大做出成果，蓝色硅谷核心区专门出台了相应的扶持政策，如设立1亿元的创新创业发展专项资金，为相关创新创业项目提供免费研发用房、创业资金扶持，在落户、子女就学、人才公寓购买等方面也给予充分的照顾和帮助。同时，出台奖补政策鼓励多元化主体投资建设孵化器。2014年11月，青岛蓝色硅谷核心区管理委员会印发《青岛蓝色硅谷核心区扶持创新创业暂行办法》，支持孵化器等创新创业载体建设、科技型中小企业培育和创新创业人才引进。

（7）配套设施。

在交通建设方面，目前启动区科技路、创业路、凤凰山路等12条市政道路已完工通车；中央商务区沙滩一路、沙滩二路等6条道路及综合配套工程完成道路沥青下面层铺设和市政管线敷设，具备通车条件；蓝谷城际轨道交通正在进行"U"型梁施工和轨道铺设。

在公共设施方面,已建成临时公交枢纽站,先期开通7条公交线路和4条定制公交,实现与青岛、即墨市区的公共交通无缝衔接;首座5A级城市综合体青岛蓝色中心一期工程已主体封顶,正在进行内部装修和设备安装,计划2016年9月投入使用。

在教育配套方面,青岛十九中主体工程已完工,正在进行内外环境营造,2016年秋季正式投入使用;山东大学附属学校已正式启动建设,将于2016年秋季与山东大学青岛校区同步启用,有效解决蓝谷区域内九年义务教育入学问题。

在医疗卫生方面,在蓝谷区域周边建设山东省立医院青岛分院,作为青岛北部首家三级甲等医院,将于2017年正式投入使用,为蓝谷、即墨及胶东半岛居民提供完善的健康保障服务。

在环境治理方面,陆续开展河道整治、海岸线景观的建设工程,目前温泉河、南泊河景观整治工程已竣工并正式对外开放,新民河、尼姑山河景观工程正在加快推进,滨海主题公园一期工程将于近期开放;同时对鳌山湾部分岸线进行护岸、园林景观及景观桥梁等工程建设,绿化、景观平台及桥梁等正顺利推进。

3. 问题与差距

(1)政策体系存在短板。

一是需求侧政策支持力度不足。目前蓝色硅谷各类支持、扶持政策绝大部分属于供给侧政策,而政府采购、商业化前期引导、技术标准等典型的需求侧政策尚为空白,急需配套需求侧扶持政策,加速引导、启动市场需求。二是国际人才吸引力度不够。外籍科研人员来青工作的年龄、居留年限、签证类型和期限等方面尚有诸多限制,外籍留学生毕业后留青就业、创业政策不衔接、不顺畅。三是缺乏财政与金融政策支持。智库基金、专利运营基金、成果转化基金、孵化基金、天使投资基金、产业投资基金等投融资领域尚未出台具体政策,科技金融服务体系尚未健全。

(2)高端创新资源紧缺。

蓝色硅谷聚集了一批国内高端海洋科研与创新机构,但其平台设施与涉海人才无论从数量还是质量上与国际先进地区和机构还有一定差距。一是在海洋科考基础设施方面,仅美国伍兹霍尔海洋研究所一家机构就拥有4艘海洋科学考察船,能够在全球范围内执行海洋科学综合考察任务,尤其是远洋考察任务。而目前青岛涉海高校院所拥有的、也是我国最为先进的5 000吨级左右的海洋科学综合考察船仅有2艘,即"向阳红01"和"大洋一号",数量差距明显;二是在大洋深海钻探设施方面,美国拥有"挑战者"号

（1.05万吨级）和"决心"号（1.86万吨级）两艘大洋钻探船，日本拥有"地球"号（5.75万吨级）大洋钻探船，可开展深海科学钻探研究，是深海科研核心装备，而我国大洋钻探船尚在研制中；三是在海洋数据处理能力方面，美国斯克里普斯海洋研究所、法国国家海洋开发研究院均拥有海洋超级计算平台，而我国海洋超级计算平台尚在筹建中；四是在高端人才方面，美国斯克里普斯海洋学研究所自建所以来获得了3次诺贝尔奖，国内在这方面的差距较大，仅物理海洋等个别涉海学科拥有国际高层次科学家。因此，蓝色硅谷急需布局5 000吨级以上深远海综合科考船、万吨级大洋钻探船、深海空间站等具有国家战略意义的重大海洋科研基础设施集群，并汇聚全球顶尖海洋科研领军人物和团队，以打造具有国际影响力与竞争力的世界一流海洋科研机构和创新平台。

（3）创新创业能力不足。

一是机构创新创业能力不足以支撑产业发展。2015年，蓝色硅谷核心区高新技术企业达70家（青岛市崂山区167家）、发明专利申请3 670件（青岛市黄岛区12 708件）、发明专利授权260件（青岛市黄岛区1 294件）、技术合同交易额6.34亿元（青岛市崂山区22.88亿元）、千帆计划入库企业75家（青岛市高新区235家），以上指标在青岛十个区（市）中排名靠后。蓝色硅谷虽聚集了一批创新创业型机构，但创新体量、创新水平、创新产出整体不高，涉及领域分散且产业化能力不足，对区域创新与产业带动尚不能形成有力支撑。二是创新创业服务机构数量少、层次低。蓝色硅谷经过几年的启动建设，大量的孵化和创业载体已开始逐步投入运行，虽然已建、在建和已投入使用的孵化器面积与青岛其他区市相比优势明显，但孵化器级别与数量、入孵与在孵企业数量均排名最后。2015年蓝色硅谷核心区仅有2家孵化器，在孵企业30家，而青岛市市北区则拥有各类孵化器18家，其中国家级12家，在孵企业538家，核心区急需导入各类创新创业服务机构，尤其是国家级孵化机构来带动创业团队和企业入驻。另外，区内创新创业服务机构多是提供法律、财务、税务、知识产权、市场推广等一般性服务，而研发、检验检测、试产试制等专业性服务供给不足。三是技术交易市场体系不健全。目前蓝色硅谷核心区技术交易服务平台等交易市场服务体系尚在规划建设中，造成中介服务机构提供的服务信息创业者难获取、难甄别，创业者的需求信息服务机构不了解、不掌握，以及双方历史信用等信息不透明等此类情况广泛存在，造成供需双方信息不对称，增加科技成果转移转化的交易成本。

（4）公共设施配套滞后。

一是在公共服务体系建设中市场配置资源的决定性作用发挥不足。政府资源为一些孵化、创业服务载体的项目建设提供了有力支撑,但在转入运行和运营期后政府退出不及时,继续充当市场参与者,未能充分发挥专营机构市场化主体的作用,可能影响相关服务市场的正常发育。二是生活配套设施不完善。居住、生活、通勤、医疗、教育等生活配套设施建设滞后于创新创业载体建设,影响了创新人才、机构的导入,在一些载体中已经出现了签约但不能迁入的情况。三是交通基础设施不完善。蓝色硅谷核心区与西海岸新区、红岛经济区等重点功能区之间以及与半岛蓝色经济区其他地市间直接联系的公共交通体系发展滞后,直接通勤不便捷。人才在跨区通勤时需要经由主城区、老城区进行中转,无法实现直达,一定程度上影响了创新人才、机构的导入和蓝谷辐射带动作用的发挥。

(5)科技金融亟须加强。

一是政府与社会资金对科技金融的支持力度不够。山东省和青岛市都建立了针对蓝色产业的投资基金,青岛市 2015 年设立了海洋科技成果转化基金,首期出资 2 000 万元,但与海洋科技成果转化市场对资金的需求量相比,投资仍显得杯水车薪,且投资资金来源单一,主要为政府注资,而社会资金注入不足,参与度不高。二是金融服务资源分布不均衡。青岛蓝谷科技创新孵化带紧邻青岛市财富管理金融综合改革试验区,金融资源较为集中。与其相比,蓝色硅谷核心区在金融服务资源聚集上还有较大差距。三是尚未形成完善的科技金融组织体系和服务平台,投融资新模式探索乏力,金融供给和支撑有限,PPP 模式未得到深化推广。

(6)体制机制有待完善。

按照青岛市委关于研究试点推行法定机构管理制度的要求,青岛市人大常委会作出了关于青岛蓝色硅谷核心区开展法定机构试点工作的决定,对核心区管理机构的职能范围、法人治理结构、法定图则编制等事项作出了规定,对于理顺核心区行政管理体制机制,推动核心区建设与发展发挥了重要作用。《青岛蓝色硅谷核心区管理暂行办法》已于 2015 年 11 月 11 日经市十五届人民政府第 89 次常务会议审议通过,现予公布,自 2016 年 2 月 1 日施行。《暂行办法》对蓝色硅谷核心区的管理体制、综合管理、产业促进、经费模式和投融资管理、公共服务等给出了明确规定。存在问题:一是以市政府令形式颁布的《青岛蓝色硅谷核心区管理暂行办法》是暂时性行为规范,对于蓝色硅谷长期有效持续发展缺乏法律保证。北京、湖北等省市人大先后出台了《中关村科技园区条例》、《中关村自主创新示范区条例》、《武汉光谷自主创新示范区条例》,从地方立法层面对中关村、光谷科技园区的管理体制、科技创新、产业发展、公共服务等给予法律保障。二是青岛蓝色硅谷核心区理事会是核心区的最高决策机构,负责研究确定核心区的发展战略规划,行使重大事项决策权。蓝谷理事会主席可以由市政府分管负责人担任,成员由市政府相关部门、相关区市政府、驻区重点科研机构和企业的主要负责人以及执行机构、监督机构负责人组成。而中关村管委会主任由北京市市长担任,成员由国家有关部委、北京市部分组成,武汉东湖高新区管委会是湖北省委、省政府派出机构,享受武汉市市级经济社会管理权限,蓝谷理事会成员的级别不够高。三是核心区管理局是市人大常委会以《开展试点工作的决定》赋予市政府开展法定机构试点,按照法定机构"一机构一规章"或"一机构一法规"要求,目前市人大尚未出台专门针对核心区管理局的地方法规,对机构的设立、职责任务、管理运作、监督机制等进行细化规定,作为法定机构设立、运作的基础和依据。四是市级行政权下放,尚不具体,科技、财政、金融、土地、规划、海域、城建、环保、工商等行政审批事项和行政事业性收费减免、缓征事项急需进一步放权。

第五节　内涵与特征

一、创新高地的概念

创新高地,是以科技创新为核心功能的城市区域,它的概念与创新极、创新集群、创新网络、创新体系等创新地理与创新系统概念的新发展一脉相承。创新高地所刻画的城市区域,创新资源富集,集群优势显著,在极化效应(polarization)与邻近效应(proximity)的推动下,各类创新主体和创新社群构成完善的科技创新生态体系,持续催生新思想、新发现、新理论、新技术。创新高地所刻画的城市区域,开放创新的特征明显,深度嵌入全球创新网络与全球生产者网络,要素配置能力突出,在关联效应(correlation)与扩散效应(diffusion)的作用下,各类网络主体交织成庞大的网络创新共同体,持续引领新工艺、新产品、新模式和新产业迭代更新。

创新高地,又是在践行创新驱动发展中走在前列的区域,它的概念绝不仅仅局限在学术理论上,更透射出国家高举创新驱动发展战略的时代背景与目标导向。创新高地所指的城市区域,在科技的重点领域和关键环节上具备原始创新、源头创新、集成创新的强大实力与导引能力,能够推动区域和行业领域整体创新能力的持续跃升。创新高地所指的城市区域,在经济的动能转换和结构优化上发挥先行先试、示范引领、辐射带动的关键作用,能够带动区域和行业领域协调与持续发展。

二、蓝色硅谷全球海洋创新高地的内涵

"蓝色硅谷全球海洋创新高地",关键词有四个:"蓝色硅谷"、"全球"、"海洋"和"创新高地"。其中,"蓝色硅谷"指其地域的高技术属性,"全球"指其能力与作用的空间范围,"海洋"指其行业领域特色,"创新高地"则是其本质。综合来看,"蓝色硅谷全球海洋创新高地"指的是蓝色硅谷在海洋领域具备国际一流的科技原创力、资源配置力、战略支撑力,在若干海洋科技领域处于世界前沿,主要海洋产业居于全球价值链中高端,能够带动国家海洋科技创新能力与海洋产业竞争实力持续跃升,成为建设海洋强国的关键支点、全球海洋科技创新的引领者、海洋创新网络的关键枢纽和享誉世界的"蓝谷"。

全球一流的海洋科技原创力指的是拥有若干重大海洋科技基础设施与科技创新基地,形成一支规模宏大、结构合理、衔接有序的创新型科技人才队伍,在海洋科学前沿、关键共性以及变革性技术的研究和开发中形成持续性的原创能力,能够不断衍生新的前沿方向,拥有一批对世界海洋科技发展产生重要影响的创新成果,成为海洋科技的重要发源地。

全球一流的海洋创新资源配置力指的是具备先进的海洋科技体制机制与多元包容的创新文化,区域海洋创新生态体系开放完善,形成持续稳定、国际领先的海洋科技创新要素投入机制,持续影响国际海洋创新要素配置方向,成为海洋创新要素全球流动中的关键枢纽。

全球一流的海洋科技战略支撑力指的是组织实施关系国家海洋全局与长远发展的重大科技项目,具备完善的支撑现代和新兴海洋产业发展、支撑海岸带区域民生改善和可持续发展、保障国家海洋安全和战略利益的技术与成果体系,培育出具有国际竞争力的创新型领军企业,引领海洋产业高端化发展,成为海洋新兴产业策源地和海洋强国的关键支点。

三、蓝色硅谷全球海洋创新高地的特征

1. 密集性

密集性,指的是蓝色硅谷在海洋创新创业的各领域、各维度、各环节中都呈现出时间、空间上高密度、高热度、高集中的特征。

主要体现为设施密集、要素密集、投入密集、活动密集、服务密集和成果密集。

设施密集指的是在蓝色硅谷有限的空间资源上集中了国际一流的海洋科技基础设施、仪器设备、教育教学、社交生活等设施;

要素密集指的是蓝色硅谷集中了国际一流的海洋高端人才、技术、信息数据、风险投资、商务、服务等要素；

投入密集指的是蓝色硅谷在海洋创新创业的人才、资金、服务等要素的投入强度和比例上处于国际一流水准；

活动密集指的是蓝色硅谷海洋创新创业的活跃和繁荣程度处于国际一流水准；

服务密集指的是蓝色硅谷可以为海洋创新创业提供国际一流标准的高端服务，各类服务供给充分、覆盖全面；

成果密集指的是蓝色硅谷在海洋原始创新、前沿创新、系统创新等方面持续涌现大量国际一流的研究成果。

2. 联通性

联通性，指的是蓝色硅谷内部各领域、各维度、各环节间，及其与外部的关系均呈现出开放、联合、通达、衔接的特征。

主要体现为设施联通、渠道联通、愿景联通、行动联通、制度联通。

设施联通指的是蓝色硅谷有通达、立体的交通和互联网基础设施，海洋科技基础设施有效互联，科研、产业、生活、政务等基础设施有效衔接；

渠道联通指的是政产学研各主体所掌握的渠道和关系网络，不仅可以在蓝色硅谷内部相互交叉、合作，而且通过向外的横向、纵向延伸，形成跨国、跨领域、跨行业的联系；

愿景联通指的是在海洋科技创新和创业领域，蓝色硅谷可以为借由设施联通、渠道联通而相互关联起来的各方，形成共同的目标和愿景，以及可以产生出这些目标或愿景的土壤；

行动联通指的是在蓝色硅谷的引领和参与下，愿景联通的各方可以通过有效的规划和组织，采取相互协调的海洋科技创新和创业行动，包括实施具体的项目、计划、工程等；

制度联通指的是蓝色硅谷与愿景和行动联通的各方一道，探索建立起彼此关联、相互衔接的体制机制、政策、标准、规范等。

3. 共享性

共享性，指的是蓝色硅谷与其相互联通的各方，通过一定的制度安排，顺畅、高效的共建、共用、分享彼此拥有的能力、服务和产出。

主要体现为设施共享、信息共享、知识共享、技能共享。

设施共享指的是蓝色硅谷内部和外部的各方之间共享、分享彼此拥有的各类设施及其服务能力，包括但不限于，海洋科技基础设施，检验检测、试验试制试产设施，教育教学设施，商务、生活、社交设施与空间，通用服务设

施等;

信息共享指的是蓝色硅谷内部和外部的各方之间共享、分享彼此拥有的各类信息、数据及其来源,包括但不限于,海洋科研信息与数据,实验数据,海洋科技与产业情报,商务与社交信息等;

知识共享指的是蓝色硅谷内部和外部的各方之间共享、分享彼此拥有的各类显性和隐性知识,包括但不限于,学术研究与教育教学资料,管理与运营经验等;

技能共享指的是蓝色硅谷内部和外部的各方之间共享、分享彼此拥有的各类专业或通用技能、能力,包括但不限于,各类专业或通用技能的交流与学习,利用彼此人力资源的技能进行直接合作等。

4. 包容性

包容性,指的是蓝色硅谷表现出在创新创业的制度环境上相对宽松,在文化氛围上突出兼容并蓄,推动包容性创新等特征。

主要体现为对多样性的包容,对试错的包容和包容性创新。

对多样性的包容指的是蓝色硅谷能够包容多样化的创新创业人员团队、思想理念、技术方法、工艺产品、路径模式,并为来源或背景迥异的人群、机构、组织提供公平、宽松的人文环境;

对试错的包容指的是蓝色硅谷围绕海洋科技创新和创业,能够形成鼓励创新,宽容失败,允许试错,鼓励"寻对"的制度环境和文化氛围,鼓励自由探索、鼓励先行先试;

包容性创新指的是蓝色硅谷能够吸纳更多本地社群和 BOP（bottom of the pyramid）社群参与创新,能够通过制度建设保障创新创业成果在本地应用,能够更多的惠及本地发展。

5. 生态性

生态性,指的是蓝色硅谷海洋科技创新创业整体上呈现出自组织的、生态的、演化的特征,其技术与产业创新的发展方向呈现出生态友好的特征,整个城市环境呈现出生态优美、宜居宜业的特征。

主要体现为形成完整的城市创新创业生态系统,生态优美的城市环境和坚持生态友好的技术创新。

完整的城市创新创业生态系统指的是蓝色硅谷拥有集基础研究、技术研发、试验、应用、孵化和产业化一体的海洋创新创业生态系统,具有科技创新、创业、产业培育、生活、教育、休闲等完整的城市功能;

生态优美的城市环境指的是蓝色硅谷在整体开发过程中,在创新创业和城市公共服务设施的建设过程中,坚持统筹规划,加强生态环境保护,塑

造生态环境优美的现代化生态科技新城;

生态友好的技术创新指的是蓝色硅谷在海洋科技创新和新兴产业的培育过程中,始终坚持生态友好、低碳环保的技术方向,坚持可持续的发展模式。

第六节　功能定位与发展目标

围绕全球海洋创新高地这一战略定位,以国际标准提升蓝色硅谷建设和发展水平,突出密集、联通、共享、包容和生态特征,在研发水平、成果转化、产业培育、人才集聚、人文生态等方面达到国际领先水平。到2030年,蓝色硅谷努力建设成为国际海洋科技研发中心、国际海洋科技成果交易中心、国际海洋新兴产业培育中心、国际海洋高端人才集聚中心和滨海科技生态新城。

建成国际海洋科技研发中心,实现海洋科技创新能力的大幅提升。建设一批国家重大科技基础设施群,建设一批国际先进的海洋研发平台,引进集聚一批国内外知名研发机构和行业组织,引领国际海洋前沿科学与应用技术研究。

建成国际海洋科技成果交易中心,实现海洋科技成果转移转化能力显著增强。引进国际知名的知识产权服务中介机构,提升发明专利和国际专利产出水平,创新海洋技术成果转移转化模式,打造全球最大的海洋科技成果交易市场。

建成国际海洋新兴产业培育中心,实现海洋新兴产业培育能力持续加强。建设一批海洋专业孵化器和国际孵化器,完善企业孵化服务体系,加快科技金融高度融合,培育一批科技型中小企业、高新技术企业和具有国际竞争力的海洋领军企业,打造海洋新兴产业集群。

建成国际海洋高端人才集聚中心,实现海洋高端人才集聚能力明显提高。集聚一批具有国际影响力的科技创新人才和团队,培育一批高层次的科技创业人才,吸引一批高水平的科技投融资人才,逐步优化海洋人才结构,海洋人才资源总量大幅提高。

建成滨海科技生态新城,构建适应海洋创新的城市环境。全面完成重要基础设施建设,建成一批生态、文化和社会事业标志性项目,打造一批功能完善、宜居宜业、幸福和谐的新型生态社区,形成比较完备的城市功能和创新创业的良好环境。

第七节 发展路径

青岛蓝色硅谷建设全球海洋创新高地不可能一蹴而就，而必然是一个逐步发展、阶段演进的连续过程。以密集、联通、共享、包容、生态五大特征为统领，以世界眼光谋划蓝谷总体目标和功能定位，以国际标准提升蓝谷建设水平和发展水平，发挥本土优势、凝聚各方资源，采取分两步走的战略，努力实现蓝色硅谷跨越式发展。

一、2020年建成亚太地区领先的海洋创新高地

到2020年，蓝色硅谷成为我国海洋创新的领导者，成为山东半岛蓝色经济区的引擎和我国科学开发利用海洋资源、走向深海的桥头堡，成为亚太地区领先的海洋创新高地。同时，蓝色硅谷成为全球创新链上必不可少的环节，全球创新网络节点枢纽的主要功能板块基本具备。具体表现为：具有关键核心技术优势，创新创业生态系统活力显现，在世界原创技术领域具有一席之地；成为先进技术输出输入中心，建成全球最大的海洋技术交易平台；孵化培育一定数量的旗舰型科技型企业，成为知名企业研发中心的聚集地；人才蓄水池效应显现，对海洋领域的高端人才具有很强的吸引力；宜居宜业，形成海洋特色的城市人文生态。

1. 支持海洋科技研发

打造国家重大科技基础设施群。面向深水油气田开发、深海矿物开采与利用、海洋观测网络建设与运行维护等领域的要求，集中布局和规划建设大洋钻探船、深海空间站、高性能科学计算与系统仿真平台等一批国家重大海洋科技基础设施集群，形成具有世界领先水平的海洋科学研究实验基地。

打造海洋研发机构集聚基地。发挥海洋国家实验室创新引领作用，承接国家科技重大课题，主导或参与国际重大科技合作计划。支持国家深海基地建设多功能、全开放的国家级公共服务平台，打造国家大洋考察与深远海资源开发保障母港。推动山东大学海洋气候环境模拟试验室打造全球规模最大、国际影响力最深的海洋气候环境研究中心。加快国家海洋局第一海洋研究所、国土资源部青岛海洋地质研究所、国家海洋设备质检中心、中科院海洋研究所等重大"国字号"研发机构建设。支持社会化新型研发机构创新发展，探索产业技术研发体制机制创新。鼓励科研机构、企业自建或共建涉海

研发中心、工程（技术）研究中心和重点（工程）实验室等研发平台建设，提升海洋自主创新能力。

组织开展多学科交叉前沿研究。面向建设海洋强国的重大战略需求和世界海洋科技发展前沿，组织开展海洋动力过程与气候变化、海洋生命过程与资源利用、海底过程与油气资源、海洋生态环境演变与保护、远海和极地极端环境与战略资源等前沿研究，引领全球海洋科技发展趋势。

2. 完善海洋科技成果交易体系

建立国家海洋技术交易市场和一批海洋专业领域技术转移中心，扶持社会化技术转移机构，融合技术市场各方资源，整合技术转移环节，集聚海洋技术转移各方资源，搭建全球化的海洋技术第四方交易平台。创新知识产权交易模式和手段，通过合同科研、专利使用许可、衍生公司、概念证明中心、创新集群、与企业／大学的战略合作等途径实施科技成果转移转化，积极探索基于互联网的在线技术交易模式，研究推进科技成果成熟度评价和价值评估在技术交易中的应用和推广。开展全球海洋技术转让、技术许可、技术入股、联合开发、融资并购。建立海洋科技成果挂牌交易规则和机制，加快海洋科技成果商品化、资本化和证券化，打造海洋知识产权示范区。

充分利用国家、省、市级科技成果转化引导基金，通过补助、奖励、股权投资等方式，带动多元化资本投入，支持产业集群中重大科技成果转化。

3. 培育海洋新兴产业

借鉴国内外孵化器运营管理模式和产业培育先进理念，突出海洋科技创新和科技成果孵化，在蓝谷建设海洋专业孵化园。选择合适区域集中建设产业园区，引导产业集聚发展。建设国际联合产业创新园，打造与国际接轨的产业发展集聚区。建立完善科技型中小企业政策支持体系，通过降低创业门槛、提供资金保障、强化创业指导等措施，支持孵化器和孵化性产业园发展，打造海洋高技术企业孵化基地。

发挥国家海洋高技术产业基地、国家科技兴海产业示范基地品牌效应，大力发展海洋优势产业，重点培育和发展海洋生物医药、海洋新材料、海洋装备制造、高端养殖、海水资源综合利用、海洋可再生能源、海洋环保与防灾减灾等海洋高技术产业。围绕打造完整的海洋新兴产业链条，制定蓝色产业招商路线图，吸引相关企业落户。围绕海洋国家实验室、国家深海基地、国家海洋设备质检中心、国家海洋局一所等重大平台，引进上下游产业链涉海龙头项目，鼓励龙头企业主导产业技术产业联盟建设，培育涉海行业协会、产业联盟，推进产业集聚发展。

4. 集聚海洋高端创新人才

制定出台蓝谷高端人才引进培养政策,建立健全海洋特色鲜明、人才激励效果显著的蓝谷人才激励政策体系,为不同层次的人才提供完善的居留落户、子女就学、安家补贴、配偶安置、医疗养老等保障。设立蓝谷人才专项培养基金,以科技领军人才、创业人才、创新团队为重点,遴选培养科技领军人才或创业团队。实施人才安居工程,统筹规划建设不同层次的人才公寓,制定人才公寓管理办法,出台人才分层次租金补贴制度,不断优化配租模式。规划建设国际化学校,满足高端人才的子女就学需求。

强化"国字号"科研机构的人才培养功能,支持海洋国家实验室实施"鳌山人才计划",面向全球选聘海洋领域高端人才,培养国际级海洋科技领军人才和海洋领域国家级杰出青年学者。发挥区内科研机构、企业研发中心的引才主体作用,鼓励行业领军企业及产业技术联盟实施人才战略,支持通过举办高端学术会议、短期培训、创业大赛等活动,吸引各类人才入区工作交流。鼓励和支持有条件的科研院所、企业通过设立院士工作站、专家工作站与博士后科研工作(流动)站等载体引才引智。设立海外人才工作站和离岸创新创业基地,加大对海外高层次人才引进力度。坚持以用为本,通过才智并进、智力兼职、人才租赁等方式实施"柔性引才"。探索建立"政府部门 - 用人单位 - 高校机构"三方合作的模式,统筹推进海洋、金融、投资、商务等各类高层次人才引进。

5. 建设特色滨海新城

充分保护和发挥区域内山、海、泉等自然优势,加大城市绿化景观和生态保护投入,不断优化城市生态,切实提升城市品位和人居环境,打造以人为本的绿色低碳生态系统。创建以绿色交通体系为主导的交通发展模式,实现绿色交通系统与土地使用的紧密结合,提高公共交通和慢行交通的出行比例。加大政策扶持和引导,全面推广便民自行车,加大新能源汽车推广和应用力度,形成"自行车+公交+有轨+轻轨"的绿色出行模式。促进能源节约,提高能源利用效率,优化能源结构,大力发展清洁能源,禁止燃煤锅炉,推进实现天然气管线全覆盖,建立以天然气为主体,海水源、土壤源、风能、太阳能等清洁能源热源为补充的能源结构体系。

通过物联网、云计算、大数据等新一代信息技术的应用,以精细化管理提升现代化城市管理与服务水平。建立以城市居民和企业为对象、以互联网为基础、多种技术手段相结合的"一站式"电子政务公共服务体系。搭建成本集约、服务智能、管理高效的城市管理、城市安全和应急指挥等维护城市稳定的信息化平台。集成各种交通网络模式、服务提供商、车辆与用户,建立有效、实用的智能交通模式。

以蓝谷深厚的海洋历史文化底蕴为基础,在新城建设过程中突出海洋特色,弘扬海洋文化,彰显海纳百川、开放包容、勇立潮头、同舟共济的蓝谷人文精神。坚持以人为本,建立完善新型人文社区建设标准体系,科学规划社区布局,完善社区功能,提升生活品质。

二、2030 年建成全球领先的海洋创新高地

建成国家海洋科学中心,建设一批重大海洋科技基础设施和平台、形成基础性、战略性、前沿性和前瞻性等代表世界领先水平的海洋基础科学研究和重大技术研发的大型开放式研究基地。构建国际一流的体制机制,营造优良的创新生态环境,"蓝谷"品牌享誉世界。蓝色硅谷成为全球海洋创新链上的核心环节、海洋科技创新的全球引领者之一,对全球海洋创新格局产生颠覆性影响的人物、企业、机构出现,成为海洋原创技术的发源地和汇聚地。到 2030 年,蓝色硅谷建成全球知名的海洋科技新城,成为全球领先的海洋创新高地。

参考文献

[1] 刘洋,杨荫凯.国外海洋发展战略及其启示[J].宏观经济管理,2013(3):77-79.

[2] 殷克东,卫梦星,孟昭苏.世界主要海洋强国的发展战略与演变[J].经济师,2009(4):8-10.

[3] 冯琳.海洋强国发展模式国际比较及中国的战略选择[J].商业时代,2014(19):37-39.

[4] 刘笑阳.中国海洋强国的战略评估与框架设计[J].社会科学,2016(3):19-29.

[5] 刘佳,李双建.从海权战略向海洋战略的转变——20世纪50—90年代美国海洋战略评析[J].太平洋学报,2011,19(10):79-85.

[6] 高兰.日本海洋战略的发展及其国际影响[J].外交评论,2012,29(6):52-69.

[7] 杜德斌,段德忠.全球科技创新中心的空间分布、发展类型及演化趋势[J].上海城市规划,2015(1):76-81.

[8] 杜德斌,何舜辉.全球科技创新中心的内涵、功能与组织结构[J].中国科技论坛,2016(2):10-15.

[9] 杜德斌.上海建设全球科技创新中心的战略路径[J].科学发展,2015(1):93-97.

[10] 李嬛.全球科技创新中心的内涵、特征与实现路径[J].未来与发展,2015(9):2-6.

[11] 李海波,周春彦,等.国内区域创新三螺旋研究的国内热点与趋势探讨[C].//第七届中国科技政策与管理学术年会论文集.天津:[出版者不详],2011.

[12] 沈如茂,李海波,等.基于区域创新三螺旋的新型研究院发展战略研究[J].科技与管理,2012,14(6):1-5.

[13] 黄晓颖.基于三螺旋理论的区域创新模式研究[D].大连理工大学,2013.

[14] 吴敏.基于三螺旋模型理论的区域创新系统研究[J].中国科技论坛,2006(1):36-40.

[15] 胡小江. 区域技术创新体系动态演进一般性规律分析——基于三螺旋理论的视角 [J]. 科技管理研究, 2009 (12): 14-16.

[16] 周春彦, [美] 亨利·埃茨科威兹. 三螺旋创新模式的理论探讨 [J]. 东北大学学报, 2008, 10 (7): 300-304.

[17] 孙彤, 魏亚平, 李宁剑. 滨海新区构筑自主创新高地发展路径研究 [J]. 科技管理研究, 2012 (14): 1-4.

[18] 孙彤. 滨海新区构筑自主创新高地实现机制研究 [J]. 科技进步与对策, 2011, 28 (24): 34-38.

[19] 魏亚平, 孙彤, 李宁剑. 滨海新区自主创新高地内涵及特征的研究 [J]. 科技管理研究, 2012 (17): 10-13.

[20] 柴新淋. 产业集群及其升级研究综述 [J]. 经营与管理, 2014 (3): 82-84.

[21] 李子彪. 创新极及多创新极共生演化模型研究 [D]. 河北工业大学, 2007.

[22] 郭淑芬. 培育创新极集群: 欠发达地区创新系统生成之路 [J]. 科技管理研究, 2008 (2): 8-9.

[23] 韩宇. 独特的创新型城市发展道路——美国奥斯汀和北卡研究三角地区高技术转型研究 [J]. 世界历史, 2009 (2): 14-24+158.

[24] 张秀英. 美国三角研究园区 (RTP) 探讨未来科技园区发展路径 [J]. 中国科技产业, 2009 (6): 61.

[25] 段瑜, 马赤宇. 美国三角研究园区发展与规划研究 [J]. 国际城市规划, 2009, 24 (4): 105-109.

[26] 程琦. 北卡罗来纳的三角研究园 [J]. 中国高新区, 2005 (8): 52-53.

[27] 孔鹏, 赵河. 美国北卡三角科技园: 政府、大学、企业共同打造的世界级园区 [J]. 河南教育 (下旬), 2011 (11): 44-45.

[28] 李延. 北卡罗莱纳三角研究园 [J]. 科学与社会, 1995 (3): 45-51+32.

[29] 钟坚. 美国北卡罗来纳三角研究园的创办与建设 [J]. 特区经济, 2000 (3): 37-38.

[30] 青岛市外办. 与海洋密不可分的法国布雷斯特市 [J]. 走向世界, 2011 (5): 67-68.

[31] Labbey M, 孙建华. 布雷斯特——欧洲海洋科学与技术的中心 [J]. 技术经济与管理研究, 1997 (3): 19-20.

[32] 王云飞, 王淑玲, 厉娜. 沿海城市海洋科技创新能力评价研究初探 [J].

中国科技信息,2013(16):165-166.

[33] 向晓梅.加快制定"深蓝科技计划"创新引领海洋强省建设[J].广东经济,2013(11):60-63.

[34] 向晓梅.制定"深蓝科技计划"助推海洋强省建设[N].南方日报,2014-06-16F2.

[35] 汪科.宁波发展海洋新兴产业的现状与对策研究[J].经济丛刊,2012(4):26-29.

[36] 黄盛,姜文明.山东省海洋新兴产业发展状况与对策分析[J].中国海洋大学学报(社会科学版),2013(2):14-18.

[37] 胡婷,宁凌.我国海洋新兴产业发展现状、问题与对策[J].中国渔业经济,2013,31(6):100-107.

[38] 白福臣,毛小敏.科技引领海洋新兴产业发展的机制研究[J].科技管理研究,2013(23):36-40.

[39] 谢子远,鞠芳辉.技术创新对海洋产业结构的影响研究[J].浙江万里学院学报,2012,25(5):1-5.

[40] 李光全.中国新城新区行政管理体制创新面临的问题与破解对策——以青岛蓝色硅谷为例[J].城市,2015(6):48-51.

[41] 张童阳.中国"蓝色硅谷"功能定位与发展对策研究[D].中国海洋大学,2013.

[42] 刘文俭,李光全.青岛蓝色硅谷建设国家海洋科技自主创新示范区的战略研究[J].青岛科技大学学报(社会科学版),2012,28(4):74-78.

附件:蓝色硅谷重点机构简介

1. 青岛海洋科学与技术国家实验室

由国家科技部、农业部、教育部、国土资源部、国家海洋局、山东省政府和青岛市政府等9个单位和5家科研院所联合投资建设,项目总占地640亩,分东西两区,总建筑面积20万平方米,总投资30亿元。主要建设海洋药物及生物制品、海岸和近海工程、海洋地质等15个功能实验室,深海科研、大型仪器检测设备、资源样品库等5个重大平台和海水资源综合利用、海洋仪器仪表、海洋防腐防污等8个工程技术研究中心。项目全部建成后,将成为我国海洋领域最主要的科技资源共享平台、国内外优秀科学家汇聚地、国际学术交流中心、海洋科技创新成果基地以及高层次人才培养基地,成为国内第一、世界第七大的海洋科研机构。目前,项目主体基建部分已经完成,综合楼、高性能计算与仿真平台、深海研究中心等4个公共技术服务平台和海洋防腐防污等4个工程技术中心已竣工,支撑海洋创新研究的基础设施、研究平台、人才集聚环境及配套服务的格局已基本形成,2015年10月30日,海洋国家实验室已正式启用。

2. 国家深海基地

由国家发改委投资建设,项目总投资15亿元,规划港口灯塔导航区、大洋通讯岸台天线区、科学实验区、维修保障区等10个功能分区,主要建设280米工作母船码头、实验大楼、研发大楼、深海作业模拟实验室与科普展示大楼、交流中心与招待大楼、后勤保障中心及其他配套设施。项目建成后,将是全国唯一、世界第五个(继美国、俄罗斯、法国、日本之后)深海基地,我国"蛟龙"号深海载人潜水器和"科学"号海洋考察船将在此入驻,成为面向全国深海科学研究、海洋资源调查、深海装备研发和试验、海洋新兴产业服务的多功能、全开放的国家级公共服务平台。目前,项目一期投资5.1亿元,建筑面积9.36万平方米,主要建设科研办公、维修保障等陆域工程和科考船专用码头。

3. 国家海洋设备质量监督检验中心

由核心区管委和青岛市质监局投资建设,计划总投资5.85亿元,总建筑面积5万平方米。项目建成后将成为我国唯一的国家级、高水平海洋设备质量检验、计量检定校准专业机构,为全国海洋装备制造和国内外市场准入提供权威检测和技术支持。项目分二期建设,一期于 2013 年 6 月开工建设,投资 2.85 亿元,主要建设理化综合实验楼、水下设备检测实验楼、电磁兼容实验楼;二期工程投资 3 亿元,2014 年 1 月开工,主要建设电气检测试验楼、机械气候环境实验楼、材料防火实验楼、电缆检测实验楼、局放冲击实验楼。

4. 国土资源部青岛海洋地质研究所

计划总投资 10 亿元,总建筑面积 5 万平方米。项目分三期建设,主要建设天然气水合物开发利用与环境模拟实验基地、海岸带地质和大陆架地质调查研究中心、海洋油气资源数据处理解释中心、海洋地质实验检测中心等。该项目的建设承接了海地所的整体搬迁,建成后将具备海洋地质调查、天然气水合物开发利用、环境模拟实验等功能,成为专业特色、学科突出的北方海洋地质调查中心。2016 年 3 月,国土资源部中国地质调查局与青岛市人民政府在京签署战略合作协议,以青岛海洋地质研究所为依托,共建海洋地质调查研发平台,进一步放大海洋科研本土优势,提升我国海洋科学与技术自主创新能力和海洋技术装备水平。

5. 国家海洋局第一海洋研究所蓝色硅谷研究院

由国家海洋局第一海洋研究所投资建设,计划总投资 12 亿元,总建筑面积 7.5 万平方米,建成后将成为集涉海实验、海洋技术研发、技术成果转化功能为一体的涉海综合实验基地及国际交流合作基地。项目分二期建设,其中一期工程投资 1 亿元,主要建设海洋工程技术中心楼、海洋气候观测技术研发与产业孵化楼、中国海洋地质样品中心楼。二期工程投资 2.4 亿元,主要建设海洋环境科学研究中心楼、研究生教育中心楼、海洋水动力实验楼、可再生能源实验楼、海洋生物工程中心楼、专家公寓楼和研究生公寓楼、国际合作中心楼及附属用房、海上试验场。

6. 国家文物局水下文化遗产保护中心北海基地

基地采取国家、地方合作共建模式,统筹黄渤海海域兼顾东海部分海域水下文化遗产保护工作,同时承担并参与全国性的水下文化遗产保护项目。是集调查、勘探、发掘、保护、展示、研究、培训为一体的国家级水下文化遗产保护基地,填补我国北方文化遗产保护事业国家级公共技术支撑平台的空白。

7. 国家海洋技术转移中心

2014 年 11 月,国家科技部批复青岛建设国家海洋技术转移中心,明确了青岛是国家海洋科技成果转化、技术转移的唯一核心区。重点开展国家海洋技术交易市场、信息服务平台、共享数据中心、协作工作机制、国际转移平台、海洋科技成果转化基金、公共研发服务平台、海洋特色产业化基地等八个方面建设工作,全力打造国家级海洋技术转移交易平台。计划于 2020 年建成面向全球的国家海洋技术交易市场,集聚全国海洋科技成果,引进全球海洋技术,实现"5 个 100",即实现海洋技术合同年交易额达到 100 亿元,海洋科技成果年转化 100 项,海洋科技风险投资基金规模达到 100 亿元,培育海洋技术转移服务机构 100 家,海洋科技服务业收入达到 100 亿元。

8. 中船重工七二五所青岛海洋装备研究院

由中船重工七二五所投资建设,计划总投资 2 亿元,项目分二期建设,其中一期工程投资 1.3 亿元,主要建设海洋防腐防污新材料研发平台和青岛海洋环境试验站。二期工程计划投资 7 000 万元,主要建设海洋防腐防污新材料孵化器。项目建成后,将成为特色鲜明、国内领先、国际一流的腐蚀与防护研究试验中心、海洋生物材料研究中心、海洋装备环境适应性检测中心,为各类海洋工程装备的研制开发、产品定型、设计制造和试验检验、安全评估等提供技术支撑,为青岛及周边地区的海洋工程装备研究构建开放式试验研究平台,实现科技资源最大程度的利用和共享。

9. 山东大学青岛分校

山东大学青岛校区定位高端,项目计划总投资 63.86 亿元,总建筑面积 137 万平方米。建成后将成为以理工科为主的综合性大学校区,集聚 200 个左右的学术带头人,建成 3～5 个世界一流学科,打造一批高端学术和技术创新研究机构,构建与国家战略性新兴产业相匹配的协同创新平台,成为高端人才的聚集和培养基地、高端学术和应用技术研究基地、高新技术成果的孵化和产业化基地、高水准的国际学术交流基地,为蓝色硅谷核心区提供人才、技术、成果等全方位的支撑。全部工程分三期建设,一期工程总投资 35.44 亿元,2012 年启动,2015 年完工;二期工程总投资 17.82 亿元,2016 年启动,2018 年完工;三期工程总投资 10.6 亿元,2018 年启动,2020 年完工,在校生规模将达到 2.6 万人,教职工 6 000 人。

10. 哈工大青岛科技园

由哈工大青岛科技园投资建设有限公司投资建设,计划总投资 65 亿元,项目分二期建设,其中一期投资 30 亿元,主要建设国家重点实验室、国家工程技术研究中心、哈工大青岛科技园国际展示中心(中俄工科大学联盟 ASRTU)、国际会议中心、中俄(青岛)科技产业园、哈工大工业技术研究院等。项目二期投资 45 亿元,主要建设阿斯图联合研究生院、国际化国家大学科技园、高校联盟科技区、产业孵化基地、科技创新平台。项目建成后,将成为具有国际先进水平、引领蓝色经济创新发展的科技园区和区域协同创新平台,可充分发挥哈工大 8 大涉海国家级实验室及中俄 30 所工科高校的科研和技术优势,有效推动涉海应用技术的转化和孵化,有力提升青岛科技创新、产业升级和对外科技交流合作的层次与水平。

11. 天津大学青岛海洋工程研究院

12 个由院士、千人、长江、杰青等领军人才领衔的专业化研究所将入驻蓝色硅谷。研究院总体目标是打造海洋科技领域国际一流的科技平台,依托海洋工程装备、海水综合利用、海洋通信、海洋能源系统等 12 个方向,融合科研基地、重大项目、科技人才和技术转移四大要素,实现研究院的服务国家海洋战略、服务青岛海洋经济发展功能。

12. 大连理工大学青岛研发基地

由大连理工大学与青岛昌盛日电集团合作建立,将在立足双方先期合作的基础上,陆续在高端设备开发制造、资源再生利用、先进装备设计与 CAE 软件开发、船舶与海洋工程、精细化工、高端人才引进等领域进行合作,这是首个通过企业合作方式引入蓝色硅谷的国内著名高校研发机构。大连理工大学、青岛市科技局、即墨市政府、青岛昌盛日电集团四方还将共同出资,组建"青岛大工创新创业投资组合基金",为研发基地内的技术成果产业化提供资金支持。

13. 海洋科技自主创新示范园(孵化器)

总投资 36 亿元,总建筑面积约 76 万平方米。以科技研发、孵化为主体功能,包括海洋生物医药、海洋新材料、海洋工程装备与仪器仪表等,同时配套相应生活及商务服务功能,形成集科研、商务、展示、会议等功能为一体的综合性、花园式孵化园区。项目于 2013 年 5 月开工建设,一期计划投资 4 亿元,建筑面积 8.3 万平方米,可满足 2 000 余名科研人员进驻办公。园区配套人才公寓总投资 15 亿元,建筑面积 30 万平方米。

第三章

海洋创新高地集聚－配置创新资源机制设计与改革路径

第一节　创新资源集聚和配置机理

一、创新活动研究的理论进展

1. 创新概念缘起

"创新"的理论观点,最初是由美籍奥地利经济学家熊彼特(Joseph A. Schumpeter, 1883—1950)于 1912 年在其著作《经济发展理论》中提出来的。他将"创新"的内容概括为五个方面:引入新的产品;采用新的技术(含生产方法、工艺流程);开拓原材料的新供应源;开辟新的市场;采用新的组织、管理方式方法。继熊彼特之后,有不少经济学家对"创新"的概念又进行了解释,其中,中国科学学与科技政策研究会理事长冯之浚教授于 1999 年对"创新"的概念进行了较为全面的表述:创新是一个从新思想的产生到产品设计、试制、生产、营销和市场化的一系列的活动,也是知识的创造、转化和应用过程,其实质是新技术的产生和商业应用,它既包括技术创新、也包括管理创新、组织创新和服务领域的创新。但它不是一个简单的线性过程,而是企业内部的研究开发部门、生产部门和营销部门,以及企业与企业外的研究开发机构、高校及其他企业相互作用的结果。创新活动是一种社会化活动,需要以组织的形式进行,直接进行创新生产活动的组织机构包括具有新产品研究与开发能力的生产企业、具有创新人才培养能力的高等院校和具有创新技术研究与开发能力的独立研究与开发(R & D)机构,这些创新生产机构通过创新人才、技术、产品的交流形成较为紧密的创新关联。近年来,随着人们对创新活动认识的不断深入,对创新类型的划分也趋于细化,众多学者从创新的来源、创新的过程等不同角度出发,对创新活动加以研究,形成了包括自主创新(内生创新)与外生创新、激进创新与渐进创新等一系列创新分类形式。

2. 创新概念延展

(1) 自主(内生)创新与非自主(外生)创新。

所谓自主创新,即所谓的内生性创新,具有如下四个显著特征:第一,具有一定的获利预期;第二,创新主体可通过创新实现内生性增长;第三,主体中存在共同发明与共同演进行为;第四,属于熊彼特式的创新(creative destruction)(Sengupta et al 2014)。自主创新与非自主创新(或外生创新)在诸多方面存在显著差异。

表 3-1　自主创新与非自主创新表现对比

来　源 表　现	自主创新 (内生创新)	非自主创新 (外生创新)
激进创新 vs 渐进创新	自主激进创新 自主渐进创新	外生激进创新 外生渐进创新
闭门创新 vs 开放创新	自主闭门创新 自主开放创新	外生闭门创新 外生开放创新
个体创新 vs 集体创新	自主个体创新 自主集体创新	外生个体创新 外生集体创新
使用者引领创新 vs 兴趣驱动创新	自主发明者引领创新 自主使用者引领创新	外生发明者引领创新 外生使用者引领创新
独立创新 vs 合作(协同)创新	自主独立创新 自主协同创新	外生独立创新 外生协同创新

（2）激进式创新与渐进式创新。

从创新的具体表现形式来分,创新可分为激进式创新与渐进式创新。激进式创新(radical innovation)(Henderson et al 1990)又被称为突破创新(breakthrough innovation)(Tushman et al 1986)或者范式创新(paradigmatic innovation)(Hara, 2003),是指能够对已有知识或技术产生重大突破,形成前所未有的新的知识或技术的创新行为。与激进式创新不同,渐进式创新只是对原有知识或技术的逐步完善,如降低生产成本、提高产出效率、改进产品构成等,具有典型的组织性和社会性功能。以医药行业为例,由于医药行业是典型的以创新为主导的行业,激进式创新与渐进式创新在这一创新过程中共同出现。当某类新药物因为激进式创新行为而出现的时候,随着药物的使用,其副作用也会在一定程度上显现,而此时,人们既可以选择通过技术改进减少该药物的副作用,趋利避害(即所谓的渐进式创新),也可以选择通过科学研究创造出新的、能够替代原药物的新药物(即所谓的激进式创新)(Coccia 2012)。两种创新各有优劣,但对参与创新活动的劳动者的素质要求有所不同:渐进式创新强调劳动者需要拥有一定的特殊技能,因为熟练的技能能够在产品改进质量、适应市场、增加消费者满意度等过程中发挥重要作用,更有利于实现已有产品或技术的完善;相比而言,激进式创新要求劳动者拥有一般的技能,因为他们可以更好地适应不断变化的供需关系,适应产品市场战略的不断调整(Herrmann et al 2011)。

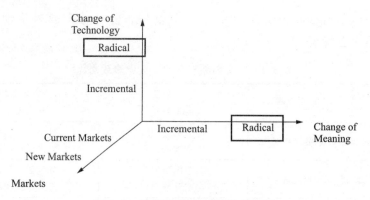

图 3-1　激进式创新与渐进式创新

　　现实中,与医药行业相类似,不同创新过程中渐进式创新与激进式创新均会发生,如何科学平衡两者之间的关系至关重要。有学者认为,应当采取四种方式以平衡渐进与激进创新的关系——创新平衡、间断平衡、专业化及有效的员工管理(Un et al 2010)。

　　(3)开放式创新与合作创新。

　　与前面两组创新类型不同,开放式创新与合作创新应该说并非是创新的两种对立类型,而是相互融合、相互依存的。当今社会的创新环境决定了闭门造车式的创新活动不可能跟上世界先进国家的创新步伐,包容、开放、相互协作成为必然要求。所谓开放式创新,是指创新主体可以并应当使用外部的创新观念及方法来提升自己的科技水平(Chesbrough 2003)。开放式创新对国家创新体系具有重要影响:首先,开放式创新可以进一步加强国家创新体系建设的重要性;其次,它能增强国家创新体系的有效性;第三,它可以实现创新网络的构建并使其呈现多样化特征(Wang et al 2012)。构建创新网络是实现开放式创新的重要手段(Van Der Duin 2014),而开放式创新的重要要求就是要实现创新主体相互间的合作共赢,即所谓的合作创新(cooperation innovation)。合作创新包括两种具体的合作方式——协作创新(cooperation)与协同创新(collaboration)。前者强调群体间的劳动力分工与知识共享,后者则更多强调不同主体之间的紧密连接。当然,不同合作主体之间也会出现竞争,竞合关系作为合作创新的一种特殊形式,为创新主体带来"挑战"的同时亦能够使参与合作的不同主体获益("challenging yet very helpful",Gnyawali et al 2011)。因此,很多世界级大企业之间并不排斥与竞争对手的相互合作。以韩国与日本的通讯业巨头三星与索尼为例,两者自2003年至今,进行了10年的合作创新,这非但没有影响两者的巨头地位,还实现了互利共赢。

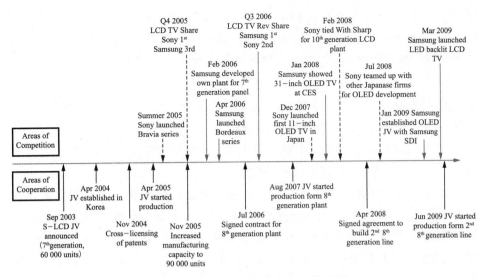

图 3-2　三星与索尼的竞争与合作创新

3. 创新过程解读

创新是相互协作的过程,需要形成一定的创新网络。在该网络成立初期,相互协作的两个个体简单连接,随着创新活动的深入,两者的联系日趋复杂,彼此之间的联系密度也有所增加,有更多的信息流彼此沟通,最终形成相互作用、相互影响的两个集合。正是由于网络内部每两个个体联系的逐步深入,才保证了创新网络整体的形成并不断加以稳定。

创新活动本身是复杂的、多变的,存在一定的偶然性,需要一定的假设,各创新主体在尝试的过程中不断相互交换创新信息,并以此实现最终目标,因此,创新是协作的、多主体相互作用的复杂过程。在这一过程中,不同创新主体由意见不统一向统一化逐步靠近,此过程是反复的、螺旋形的上升过程。

二、创新资源空间集聚及配置机理

1. 创新资源内涵

创新资源是国家、区域经济发展和创新的保证与基础,各国都在努力通过政策手段,对创新资源的配置与利用进行引导或干预,以提高其利用效率和配置效果。在分析创新资源之前,应当首先明确创新资源的内涵。

广义上来讲,创新是融合各类生产要素、经济要素、知识要素和技术要素的有机过程,包括企业创新、产业创新、地区创新和国家创新的不同层次,以及技术创新、制度创新、管理创新、组织创新、文化创新等不同领域。而无论是哪个层次、哪个领域的创新,都少不了创新资源的使用。创新资源包括了进行创新活动所需要和可利用的所有资源,各种创新资源的组合方式和结合效率决定了创新绩效(宁连举,2006)。创新资源包括人才资源、金融资源、信息资源、权威资源、人文资源和条件资源(基础设施)等(谭清美 2004)。它是创新经济要素、制度要素和社会要素的总和。陈宏愚(2003)认为:科技创新资源要素包括 5 大类、17 种,即:基本要素包括科学知识、技术、市场信息、政策信息、产业基础,主要要素包括企业家、技术专家(含技术工人)、政府、体制要素(包括制度、机制、法制)、投入要素(包括资金、设备、服务)、环境要素(包括市场环境、投资环境、文化环境)。

迄今为止,学者们并没有给出关于创新资源的统一概念。本研究将海洋创新资源分为以下几类:知识、技术、产业、人才、资金和政策支持 6 类。如果按照形态和数量的可度量性,可将其分为两大类,一类是软资源,包括知识、政策支撑。一类是硬资源,包括资金、人才、技术、产业。软资源不像硬资源那样容易被直接测算与度量,但是却潜在、长期地影响着创新。

表 3-2 海洋创新资源分类

类 型		特 点	使用范围
基础资源	知 识	科技创新的源头	在科技创新资源配置中具有基础性和前瞻性作用
	技 术	创新的"灵魂"	创新条件,也是创新成果
	产 业		创新条件
	人 才	主动、积极的要素,知识、技术的载体	整合所有创新资源
	资 金	创新中最关键要素	提供经济支撑条件
协作资源	创新环境	宏观保障	政府对科技创新的决策结构

如果按照在创新活动中发挥作用的环节不同,可以将这些创新资源分为基础资源和协作资源。在基础资源运作中,知识产生、技术研发、资金吸纳、人才汇聚、创新环境组成了基本的创新资源链。在基础资源中,知识是创新的源头,具有前瞻性和指导性。通过对知识生产,形成对社会发展具有操作性的实际技术。先进技术的聚集会促进高端产业的发展,进而有效吸纳各类资金,再配以具有创新能力的人才,同时依存于创新环境,最终形成创新的价值。当然,上述几项资源的运作并不具有严格的先后顺序,有些可以同步进行,有些可以调换顺序。通过资源配置主题对这些资源进行整合,最终形成创新价值。依据迈克尔·波

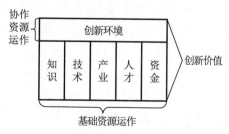

图 3-3 科技创新资源价值链

特的价值链分析工具,可将科技创新资源的配置组成一个完整的价值链体系。

2. 创新资源特征

创新资源是资源的一个子类,既具有资源稀缺性这个基本特点,又具有时效性、溢出性、竞争性、区域性以及流动性的特点。

(1)稀缺性。

创新资源数量有限,而且由于受到时间、资金、精力等方面的限制,区域内部主体不可能及时获得所需要的所有资源,对其而言,科技创新资源都具有稀缺性的特点,利用这些可获得的有限资源创造更多的价值成为各区域重要的战略任务。

(2)时效性。

科技创新资源具有时效性。在合适的时间把合适的资源放到合适的地方,是资源配置的基本思想。当前,科学技术日新月异,创新速度愈来愈快。如果不能够在较短的时间内合理地优化配置创新资源,使其产生实际效益,那么这些资源就可能失去存在的价值,变成"沉没资产"。

(3)溢出性。

创新资源是流行性的资源,"开放式"地使用创新资源,才能够使其真正发挥有效作用,并对其使用主体发挥巨大的溢出性。这种溢出性表现在能够改变使用主体原有的资源形态,并对其他主体产生影响。在合理有序的范围尺度内进行资源的转移和扩散,将有助于进一步推进创新活动的持续进行。例如,知识溢出将对知识创新主体周围的环境产生巨大影响,改变原来的知识形态。而技术的溢出将带来新的技术变革。智力资源的溢出,可以改变人们的思维和生活方式,带来社会领域深层次的创新变化。

(4)竞争性。

资源的稀缺性必然会导致资源的竞争性。科技创新资源中那些具有私人产品属性的资源,在使用过程中具有明显的竞争性和排他性。在竞争性市场中,通过独占某些资源,资源配置主体将会获得超额价值。而那些具有公共产品属性的创新资源,在配置中也将会产生竞争性,如果是公平合理的竞争,将有助于提高资源配置效率,同时还有助于实现公平配置。但如果是不公平竞争,则可能会导致"寻租"、"创租"的发生。因此资源的竞争性是一把"双刃剑"。

(5)区域性。

区域性是指科技创新资源具有区域特色,由于不同的区域,其区域科技创新活动依赖的经济基础、产业结构与特色、科技基础以及社会环境不同,它所积聚的科技创新资源也具有明显的区域特色。

（6）流动性。

流动性是指区域各类科技创新资源，会随着区域内部科技创新活动的开展，在区域内部各主体和不同单位之间流动以及向区域外部流动，同时，也会吸引外部科技创新资源的流入。科技创新资源在战略指导下的合理流动，有助于区域内经济、科技发展和环境的变化，将会对区域科技创新资源配置系统产生积极的影响。

3. 地方创新要素互动与全球创新资源流动

自 Owen-Smith 等（2002）在波士顿生物技术界的案例中使用 "pipelines" 来描述远距离的、非本地的信息相互结合的渠道以来，全球性渠道（global pipelines）的重要性越来越多地受到重视。Owen-Smith 等指出新知识的传输不仅仅是通过区域内部的相互接触，而是更多地依靠全球性的渠道和地方互动的形式。Bathelt 等（2004）提出地方互动，同时指出 "地方互动"（local buzz）和 "全球渠道"（global pipeline）之间的对应关系，即地方信息流交流不是仅仅通过地方内部互动的方式，而是通过地方互动和全球渠道的这种强化的方式。并且进一步指出集群中的企业所建立跨区域的信息流通渠道越多，流到区域内的市场和技术信息就越多。全球性渠道可以加强企业的凝聚力，有利于空间知识、创新的产生，进而不同类型知识的结合及信息的传输才能更好地解决科技、组织、商业等问题。强调不要忽视全球创新联系对于地方（国家）创新的重要性。

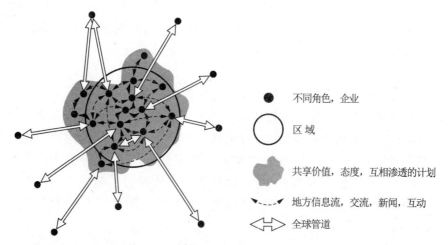

图 3-4　区域创新的全球性渠道与地方互动（Bathelt et al 2004）

4. 区域创新生态系与创新资源转换

日本学者 Arimoto（2006）从投入—产出的角度分析了创新的过程。列出了互动系统,在创新生态系统内部,知识创造和长期的基础研究作为创新的投入,在生态系统内与人力、资金相结合,形成良好的区域集群、产学协作等机制(包括管理机制和评价的标准),最后产出新产品/服务、开拓新市场、提供社会服务,从而增加企业盈利和社会福利。其中资金支持、人力资源培训以及公众的可接受性保障着创新生态系统的有序运行。

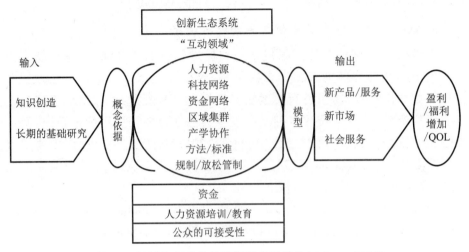

图 3-5　创新生态系统的资源投入及转换(Arimoto 2006)

从同样的角度出发阐释各个因素的作用机制,EIIR(2006)认为创新网络生态系统的成功主要归结为以下基础因素的有效结合:① 与商业有关的经历、技术、知识和专家意见(expertise);② 在商业管理、市场营销、技术和金融领域的企业网络(chain and cluster);③ 与其他企业家的工作网络和系统接触(outsourcing);④ 可供应的资源、企业的空间位置、基础的后勤服务(local services)。在研究过程中着重突出了孵化器在区域创新系统中的作用。从孵化的全过程看,在孵化前根据目标市场定位,对符合预定标准的企业进行培育、商业咨询、金融支持、技术支持等,以有效的金融措施、利害关系方目标、管理技巧和项目作为其投入的要素,通过与其他企业家的工作网络和系统接触,可供应的资源、企业的空间位置、基础的后勤服务相结合,在达到标准后离开孵化器进入市场,成为生态系统的产出。认为区域创新生态系统可以通过共享基础设施减少大量的资本支出,从而可以提高小企业早期发展阶段的生存概率,为将来的发展前景打下良好的基础;除了增加单个企业的盈利,创新生态系统也通过支持产业创新和新技术的商业化的途径对区域经济发展产生重要影响;另外还通过促进高增长潜力的创造性产业的发展提高产业多元性、就业和企业家能力。部分学者指出消费者或使用者对知识创造和创新活动的关键性作用,关注诸如健康产业、游戏、动漫产业等,特别是在知识和创新产出模型中使用者如何进行合作的问题,还对使用者和消费者做出了界定,对他们在空间和经济知识产生过程中的位置进行了定位(Uchida et al 2007)。并且探讨了使用者引领的创新和消费者的能力,指出消费者的行为对创新起着很重要的作用,包括不对称信息、新产品的不完全信息和科技路线、消费习惯等不同的需要促进了创新,进而通过中介机构可以将需求信息反馈给创新的发起者,从而产生新的科技(Malerba 2007)。

5. 全球知识循环与区域创新要素配置演化

随着对于全球特定地方因何产生和促进创新的研究深入,越来越多的学者尝试运用演化和博弈相结合的思路,分析其全球背景下特定地方创新强化的过程依赖性,指出创新要素随着逐步融合和提升,形成下一步创新升级的优势资源,而这一资源基础又会吸引其他地方要素引进和融合,从而形成强大的区域创新自组织效应。Rigby 等(2015)对于美国 20 世纪主要城市的创新演化,以及 Balland 等(2015)对于欧盟国家重点地区(包括瑞典南部地区)的实证研究证实了这一过程。

朴杉沃(Park, 2015)等提出基于全球知识循环(global knowledge circulation)的创新资源外部探索(exploration)和内部挖掘(exploitation)的双元性创新模式(innovation ambidexterity)[1],指出地方创新资源利用应该注重全球知识创新引进与自身创新优势资源培育,并及时输出具有竞争优势的创新活动,使其形成全球知识循环体系的重要节点,从而进一步提升地方在全球吸引所需创新资源的能力和吸引力,否则就会难以实现真正的创新资源引入而被边缘化。

6. 区域创新整合过程(regional innovation convergence process)

随着认为主导的创新集聚的各类园区的增多,区域创新整合或者融合问题已经成为区域创新研究的关键问题。Hacklin (2008)提出创新整合的管理问题,认为可以通过打破已经集聚的企业之间的边界,促进创新要素的跨界整合,区域多向性服务平台建设为企业甚至机构之间的创新要素融合提供了更大的可能[2]。作为我国家电领军企业精神领袖的张瑞敏在青岛东亚海洋

---

① 双元性(ambidexterity)一词来源于拉丁文,原意是指运动员的双手同样灵巧。20 世纪 70 年代,管理学者们就发现旨在开发利用现有能力的挖掘式创新(exploitative innovation)与旨在构建全新能力的探索式创新(exploratory innovation)方面左右为难。这种现象称为"组织生产率悖论"。Benner 和 Tushman (2002)通过考察流程管理实践在涂料和照相两个行业的推广效果,发现这些流程管理实践活动促进了组织基于现有知识的开发式创新,从而提高了这类活动在总体创新活动中的比例,但却排斥了探索式创新。
② Hacklin F. Management of convergence in innovation: strategies and capabilities for value creation beyond blurring industry boundaries[M]. Heidelberg: Physica-Verlag, 2010.

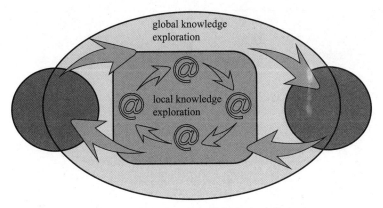

図 3-6　创新资源地方挖掘与全球获取

合作论坛(2016)上发言时更是指出,企业只有成为平台性企业,建立由客户通过需求反馈至企业"云平台",从而推动企业的产品与服务创新[①]。

第二节　创新要素集聚与配置的国内外经验借鉴

一、美国主要科技中心创新集聚与配置

1. 美国科技中心创新资源集聚特征对比

美国科技创新中心分布于全国各地,我们选取具有一定代表意义的旧金山硅谷、128号公路(波士顿)、休斯敦创新中心、北卡罗来纳创新三角等科技中心,分析其创新集聚与配置情况,供蓝色硅谷要素集聚与配置借鉴。

根据美国主要科技中心创新集聚与配置的分类,给出科技城市各类创新资源简况。

2. 美国科技中心创新资源集聚案例分析

(1)旧金山硅谷。

区位条件。硅谷位于旧金山市东南部,地理位置优越,环境优美,气候宜人;邻近旧金山航空港,有高速公路贯穿全境,交通便捷;美国国防部一直维持着对硅谷半导体元件稳定的订货量,著名的洛克希德导弹与航天公司就设在森尼维尔镇。

---

① 张瑞敏. 2016东亚海洋合作平台黄岛论坛主旨演讲,2016-07-26.

表3-3　美国海洋科技创新资源简表

区域	海洋创新城市	知识	技术	产业	人才	资金	支撑
美国	硅谷	斯坦福大学等世界一流大学、劳伦斯伯克利实验室等美国一流科研机构所在地	计算机硬件和存储设备、生物制药、信息服务业、多媒体、网络、商业服务等领域先发展	惠普、苹果等大型跨国企业集团均在此设厂;四大产业群协调发展,涉及产业领域众多	科学院士近千人,诺贝尔获得者30多人,员工学历高;世界人才的聚集地	300多家风险投资公司;风险投资来源广,占据全美风险投资额的1/3左右的份额	放宽创业政策、明确产权、允许技术入股、公共服务体系完善、企业发展的外部环境优越
	128号公路	哈佛大学、麻省理工等100多所大学;伍兹霍尔海洋研究所等2 700多家科研机构	生物技术、医疗、计算机、软件等领域	上千家技术型企业,逐渐形成具有全球竞争优势的地方创新集群	孵化器作用显著,科技企业的70%是由麻省理工的教授和学生创办	40余家专门从事高技术风险投资的公司,100多名天使投资人,超过10个天使投资联盟	10亿美元生物产业专项扶持资金;基础设施、税收优惠、发费用补助低息贷款等政策较多
	美国休斯敦创新中心	莱斯大学、德克萨斯A＆M大学等知名大学等海洋研究机构有一半在这里设立总部	国家级航天综合创新平台;世界级深海开发创新平台;世界石油开发及陆域加工和研究发展中心	以服务业为主体的产业结构;建筑业、能源与矿产开发依然具有相当大的比重	航天人才、深海能源人才、医疗人才	资金来源石油企业;航天技术和国家支持	跨行业技术孵化与商业化多行业企业;总部吸引城市及交通设施升级;医疗中心
	北卡罗来纳的创新三角	地处三所知名大学之间,拥有北卡罗来纳电子信息、生物技术中心等科研机构研究所	生物医学、农业科学、工程学、计算机科学等方面成就显著	基础设施完善;IBM、思科、索尼、爱立信公司和北电网络等众多	博士学位的人口比例最高;拥有大批高等技术人员,人力资源丰富	富达投资和瑞士信贷等金融企业在此设立	委托信等级高的专业机构运作;政府、大学、企业组成联合机构管理型模式

在知识创新资源方面,科研实力雄厚。硅谷附近有斯坦福大学等世界一流大学和斯坦福直线加速器中心、阿莫斯航天研究中心、劳伦斯伯克利实验室等美国一流科研机构。它以科研实力雄厚的斯坦福大学、加州大学伯克利分校等著名大学为依托,以数千家中小型高新技术企业为基础,将科学研究、技术开发与生产经营融为一体。

在技术创新资源方面,硅谷的计算机硬件和存储设备、生物制药、信息服务业、多媒体、网络、商业服务等行业处于世界领先地位。

在产业创新资源方面,硅谷产业集群协同发展。硅谷已经形成四大产业集群,即生物医药产业集群,半导体产业集群,软件产业集群和计算机系统产业集群[①],涉及计算机和通讯硬件制造、半导体及其设备制造、电子元器件制造、软件、生物医药等产业领域;思科、英特尔、惠普、苹果等大型跨国企业集团均在此设厂。

在人才创新资源方面,硅谷成为世界人才的聚集地。硅谷吸引了世界各国的科技人员达100多万,美国科学院院士近千人,诺贝尔获得者30多人。硅谷高学历的专业科技人员往往占公司员工80%以上。

在资金创新资源方面,硅谷拥有庞大的风险资金和成熟的风险投资机制。硅谷云集着300多家风险投资公司,每年投入近100亿美元的风险投资;80%以上的风险基金来源于私人的独立基金,多年来风险投资额始终占据全美风险投资额的1/3左右的份额。

在政策支撑创新资源方面,当地政府的制度为硅谷建设提供保障。政府通过放宽创业政策、明确产权、允许技术入股,为企业上市创造条件等政策,调动创业者的积极性,完善的公共服务体系,为硅谷的发展提供了公平竞争的市场环境。

(2)大波士顿128号公路。

美国大波士顿地区的128号公路沿线,是世界最知名大学如 Harvard,MIT 等所在地,其中 MIT 以海洋研究著称。离 Woods Hole 海洋中心较近,靠近欧洲殖民美洲的登陆点,现今重要远洋科考和运输港口,美国高端军事工业综合体所在地,距离波士顿海洋产业园也较近,拥有世界最知名海洋高端产业集群。

在知识创新资源方面,高技术企业集聚形成创新产业带。128号公路依托哈佛大学、MIT 等高校和伍兹霍尔海洋研究所等科研机构,得力于联邦及州政府的大力扶持,形成军民高度一体化的产－学－研综合体,与加州旧金山硅谷齐名。在技术创新资源方面,主要涉及生物技术、医疗、计算机、软件

---

① 付饶闻博. 中国光谷与美国硅谷的比较研究 [D]. 武汉理工大学,2013 年 5 月。

等领域。

在产业创新资源方面,形成具有全球竞争优势的地方创新集群。128 号公路地区经历了政府支持-银行金融资助-机构技术支持-大学人才供给等一系列正反馈持续积累过程,聚集了上千家技术型企业,依托相关大学和政府研究机构,成功拓展高端市场,并孵化成为高技术企业。

在人才创新资源方面,孵化器提供创新的动力。主要大学周边都建有各类孵化器,该区鼓励大学教授、研究人员、在校学生创办高科技企业。128 号公路高科技企业的 70%是由麻省理工的教授和学生创办。

在资金创新资源方面,风险资本高度集中。128 号公路地区聚集了 40余家专门从事高技术风险投资的公司,投资额居全美第二位。聚集了 100 多名天使投资人,超过 10 个天使投资联盟。

在政策支撑创新资源方面,各种优惠性政策提供保障。生物产业给予基础设施、税收优惠、研发费用补助等支持,设立 10 亿美元生物产业专项扶持资金;对高科技企业给予低息贷款、税收优惠支持,开展知识产权保护;引导各种非政府组织协助政府完善产业政策,促进新技术的宣传推广。

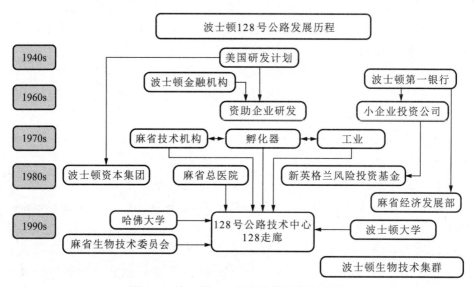

图 3-7　波士顿 128 号公路沿线创新历程

(3)休斯敦创新中心。

休斯敦位于美国墨西哥湾沿岸,是以能源(包括陆上和海洋石油开采及陆上石油化工)、航天工业和运河而著称的沿海城市;休斯敦港是世界第六大港口,美国最繁忙的港口,外轮吨位第一,不分国籍则居第二位;本市的财富 500 强总部仅次于纽约市。

在知识创新资源方面,产学研联系密切。本市拥有莱斯大学、德克萨斯A&M大学、休斯敦大学等知名学府,并与本土企业建立起密切的产学研合作关系。

在技术创新资源方面,平台提供创新的场所。第一,休斯敦市建设有国家级航天产业综合创新平台,服务于航天器组装及发射前系统集成过程。第二,休斯敦技术中心(Houston Technology Center),服务于创新企业的技术升级与商业化开发,力图实现深空探测技术与深海开发技术领域产业的融合。第三,该市还是全球深海能源、矿产企业聚集地,已经形成世界石油(尤其是深海石油)开发及陆域加工和研究发展中心,实现了本市作为世界级深海开发创新平台的目标。

图 3-8　休斯敦深海开发创新平台建设

在产业创新资源方面,形成以服务业为主体的产业结构。基于海陆联运体系的运输与贸易成为其第一大产业,专业及商业服务业(总部经济产业为主体)为其第二大产业,教育与医疗服务产业是第三大产业。当然,其制造业、建筑业、能源与矿产开发(主要是海洋石油开发)依然具有相当大的比重。

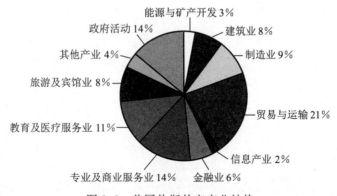

图 3-9　美国休斯敦市产业结构

在人才创新资源方面,主要是航天人才、深海能源人才以及医疗人才。

在资金创新资源方面,资金主要来源于石油企业以及国家支持,特别是航天技术。

在政策支撑创新资源方面,紧抓机遇,谋求发展。第一,本市利用陆海石油开发产业兴起的机遇,不断聚集和发展石油开发、加工和石化下游产业,形成集聚效应。第二,利用"二战"后国家航天战略发展与布局机遇,形成航天高技术应用与集成中心,构建巨大的商品物流中转基地。第三,作为节点城市的休斯敦市,积极做好跨行业总部经济聚集和跨阶段技术研究开发与产业化、商业化孵化工作,建立了规范化的区域创新孵化体系。

(4)北卡罗来纳创新三角。

地理区位条件。位于美国东南部大西洋沿岸,在1969年由企业界、学术界和工业界的领袖共同倡导举办,科研资源丰富;离东部海岸的威尔明顿和诺福克海港很近,有多条铁路、高速公路穿越其间或经过其旁边,地理位置优越,交通便利。

在知识创新资源方面,地处三角,科研实力雄厚。它之所以称为"三角",是因为处于杜克大学、北卡罗来纳州立大学、北卡罗来纳大学三个研究型大学之间。州政府相继成立了州科学和技术研究中心、北卡罗来纳电子中心、生物技术中心等科研机构,此外还有部分联邦政府,以及州政府与大学结合设立的科研机构。

在技术创新资源方面,领域众多,成就显著。该区在生物医学、农业科学、工程学、计算机科学等方面成就显著,涉及计算机、医药、电信、微电子、农业生物等10多个尖端学科。

在产业创新资源方面,基础设施完善,区域发展的引擎。研究园本身就在都市区,有完善的酒店、饮食、娱乐、健身、休闲、公共交通等配套设施,在三角都市区有高质量的生活、较低的房租和完好的教育体系,有各色餐饮服务、户外娱乐活动项目和良好的商业氛围[1]。现在的北卡三角研究园孕育了一批国际高新技术研究领域的巨人,是美国最大也是最成功的高科技园区之一。

在人才创新资源方面,人力资源丰富。这里是全国有博士学位的人口比例最高的地方,同时还有本地培养的大批中等技术人员,创新型企业可以毫不费力地找到合适的人才。

在资金创新资源方面,金融企业提供资金支持。富达投资和瑞士信贷等金融企业的进驻,不仅为自身发展提供了机会,也给研究三角园带来了实惠。

---

① 程琦. 北卡罗来纳的三角研究园 [J]. 中国高新区,2005(8):52—53.

在政策支撑创新资源方面,典型的政府、大学、企业组成联合机构管理型模式。北卡州政府一般不对项目进行直接投资,而是委托资信等级高的专业机构运作。政府主动与企业接触,为科研三角作宣传,并对企业的反应做出评估,以此为依据不断改进政府的策略,对科研三角进行调整。整个过程都以企业对投资环境的要求为行动导向[①]。

(5)洛杉矶硅滩(Silicon beach)。

美国加州洛杉矶是美国集航空航天制造、影视传媒、国际物流与消费等于一体的美国第二大都市,其现代产业之间的相互渗透和平台复合,加上政府在创新业态方面的基础设施投入与平台性创新服务组织建设,使得洛杉矶的新创企业(start-up)的形成与发展如雨后春笋,并且形成相互需求和互相促进的格局。比如,航天产业和娱乐产业、游戏产业和动画产业、内容产业开发与配送体系建设,形成一种自发和互相推动的创新格局[②]。

当然,雄厚的加州理工大学(Caltech)、南加州大学(SCU)、加州大学洛杉矶分校(UCLA)等大学的分工与竞争,以及加州系统大学的丰富人才供给,以及洛杉矶作为世界娱乐业之都和科技创新高地,对于全球各类人才的包容与吸引更是助推了洛杉矶的区域创新进程。

3. 小结

对上述五个美国科技创新中心的描述,可以看出其在区位选择、知识创新资源、产业创新资源、技术创新资源等方面具有一定的特征。美国科技中心创新资源集聚与配置情况,大致可分为以下几类。

第一类为多元化、高强度的风险投资推动创新资源的集聚与配置,以美国硅谷为代表。美国拥有完善高效的风险投资机制,使得风险投资成为科技研发的重要资金来源。硅谷风险投资的发展壮大离不开发达的Nasdaq市场、良好的投资环境和宽松的法律环境。硅谷的风险投资公司不仅仅提供资本,还对被投资的高科技企业提供各种各样的专业性服务,经常帮助这些企业制定重要经营策略、招聘关键管理者、寻找合作伙伴和客户等。

第二类为各个创新主体相互协调推动创新资源的集聚与配置,以北卡罗来纳州的三角研究园为代表。美国国家创新体系是官产学研的互动网络体系,政府为创新提供完善的制度和政策环境,企业的研发力度主要集中在顺应市场需求的科技产品,高校进行基础性研究。北卡创新三角地区由州政府牵头、以创立依托大学的智力资源优势的研究园区为手段、吸引高技术企

---

① 王江霞. 美国北卡罗来纳州的现代化及其对我国西部开发的启示[J]. 长江论坛, 2000(6):54-56.

② http://laedc. org/industries/overview/

业研发机构的做法,这是前所未有的制度创新,是典型的政府、大学、企业组成联合机构管理型模式。

第三类为产业集群与技术创新相互促进推动创新资源的集聚与配置,以美国休斯敦为代表。产业集群是在一定区域内众多具有分工合作关系的不同规模的企业联系在一起形成的空间集聚体,企业间的技术转让和技术模仿使得创新技术的扩散更容易被接受。美国休斯敦产业集群就是企业集聚和创新技术相互促进的典范,拥有许多实力雄厚的高科技公司,创新活跃。通过企业全球价值链延伸与治理,控制全球深海探测与开发中低端产业群,既是巨大的商品物流中转基地,也是石油、原材料等重型物资储运基地。

第四类成熟的创新环境推动创新资源的集聚与配置。美国资本市场成熟,为企业创新活动提供直接融资市场。被誉为"美国科技高速公路"的128号公路地区,聚集了2 700多家研究机构和技术型企业。主要大学周边都建有各类孵化器,创新基础设施完善,包括大型科研设施、网络基础设施、数据库等,为该区创新能力的发展提供了基础保障[①]。

蓝色硅谷与美国的硅谷相比,风险资金不足,风险投资机制不完善,没有形成产业集群,产业总产值规模较小。蓝色硅谷与128号公路相比,人才创新能力较低,产学研之间的联系不紧密,产业基础不足。蓝色硅谷与休斯敦创新中心相比,休斯敦主要集中于航天产业、深海石油的开发等领域,而蓝色硅谷则集中于海洋产业方面的科技创新。蓝色硅谷与北卡罗来纳的创新三角相比,相关的配套基础设施方面还不完善。总体来说,蓝色硅谷的发展与美国相比仍然有较大的差距,可以借鉴美国的相关经验,加快将海洋科技成果转化为新产品,促进青岛的跨越式发展。

二、国内自主创新示范区要素集聚与配置

1. 自主创新示范区创新资源分布特征

目前国内自主创新示范区有十一个,本书主要研究北京中关村、武汉东湖新技术产业开发区、上海张江高科技园区、深圳高新区、天津滨海新区、成都高新区、杭州高新区和苏州高新区的要素集聚与配置,这对蓝色硅谷建设全球海洋创新高地战略研究有重大意义。

根据创新资源的分类,给出国内自主创新示范区的创新资源简况。

---

① 杨东德,滕兴华. 美国国家创新体系及创新战略研究[J]. 北京行政学院学报,2012(6):77-82.

表 3-4　国内自主创新示范区创新资源简表

国内自主创新示范区	知识	技术	产业	人才	资金	支撑
北京中关村	北京大学、清华大学；中国科学院；41所高等院校；上百家科研机构	电子信息；生物医药；环境保护；新能源；现代农业；航空航天；专利申请量达到1.9万件	百度、京东等100余家大数据企业；大兴生物医药产业基地；"641"战略性新兴产业集群	高度密集的创新人才资源；众多的留学归国人员	政府投资；银行合作带来的资金；与高校合作带来的资金；海外资金的国际引入；资金的国际拓展	政府的支持；完善的基础设施；管理体系、体制创新、行政效率等优越的软件环境
武汉东湖新技术产业开发区	武汉大学、华中科技大学；中科院武汉分院	光通讯技术	光电产业；生物医药产业；新能源环保产业；现代装备制造；高技术服务业	光电子信息技术人才；高素质人才比重大	政府的资金支持；招商引资	武汉东湖新技术创业中心；优惠政策与补贴；优美的园区环境
上海张江高科技园区	复旦大学、上海科技大学；国家级大学科技园	集成电路制造与装备平台；数字内容与互联网技术；低碳技术、高端价值链	电子信息、生物医药、新材料、光机电一体化等高新技术产业	海内外大批优秀专业人才；高技术人才的集聚	科技金融；吸引民间资本投资、激活园内企业融资	优越的政策环境；浦东国际机场、外高桥港；完善的基础设施
深圳高新区	与内地高校合作；深圳虚拟大学园	技术密集的"专利高地"；通信设备制造；互联网；医药制品	电子信息产业群；光电一体化产业群；生物医药产业群；新材料产业群	吸引高层次人才的集聚	银行、证券、担保等成熟的多层次资本市场	改革开放"先行一步"政策；毗邻中国香港的区位优势；移民城市文化优势
天津滨海新区	天津大学、南开大学；塘沽海洋高新技术开发区	电子信息；生物技术与现代医药；航空航天；石油化工；海洋工程	海洋产业；电子信息产业；中石化；丰田汽车	大批的高素质技术人；高端人才快速聚集	地方政府债券；社会保障制度的闲置资金；产业基金	优越的政策环境；海、陆、空立体交通网络发达，如：滨海国际机场

续表

国内自主创新示范区	知识	技术	产业	人才	资金	支撑
成都高新区	园区一带被誉为四川地区乃至中国西部地区最大的智力集中区	专利申请量稳步增长，专利申请质量提高；通信技术；生物医药技术；航空电子	新一代信息技术；生物产业；高端装备制造产业；节能环保产业	引进高层次人才	政府资金的支持；大批中欧合作项目，利用外资；多层次的资本市场	政策支持与补贴；鼓励知名企业骨干人员创业；完善的基础设施
杭州高新区	与浙江大学等高等院校、中国科学院等科研院所建立了长期合作关系	信息技术	国家通信产业园；国家软件产业基地；国家集成电路设计产业化基地；国家动画产业基地	高层次人才集聚	引进领军企业和高成长性企业；大力培育引进创投、风投、天使基金等投资机构	一系列的产业扶持政策；环境优美；基础设施完善
苏州高新区	中科院苏州医工所；中国传媒大学苏州研究院；全国首家知识产权服务业集聚发展试验区	集成电路与软件；纳米技术；光电子；现代通讯	文化产业；新能源；医药工程；医疗器械；创业中心及服务外包等新兴产业基地	高技术人才	政府扶持；科技金融合作模式	国家优惠政策；生态工程，建设生态工程，风景优美；临近上海虹桥国际机场、上海港等

资料来源：孙兵兵. 中关村科技园园创新国际化模式与对策研究 [D]. 北京理工大学，2015；陈霞. 武汉东湖高新区二次创业能力研究 [D]. 武汉理工大学，2012；倪祥玉. 天津滨海高新区建设国家自主创新示范区研究 [J]. 港口经济，2014（12）：37—40.

2.自主创新示范区创新资源集聚案例分析

北京中关村：作为我国第一个国家级高新技术产业开发区,中关村科技园区无疑成为覆盖了科技、智力、人才和信息资源最密集的区域。在知识方面,中关村地区具有独特的科教智力资源优势,拥有以北京大学、清华大学为代表的高等院校近41所和上百家国家(市)科学院所等。在技术方面,示范区自主创新能力高,具有国际竞争力,主要涉及生物医药、电子信息、新能源、航空航天方面的技术创新[1]。在产业方面,"641"[2]战略性新兴产业集群的创新发展实力进一步增强,已成为中关村发展的新引擎。在人才方面,汇聚创新创业高素质人才,从业人员的整体学历较高,不断吸引众多留学归国人员。在资金方面,来源于政府的投资、银行信贷、高校投入和国外资金,逐步建立了适合中关村特色的针对不同发展阶段企业特点和融资需求的投融资体系。在支撑方面,政府对园区的大力支持,不断完善园区交通、科研产业基地、创新联盟、孵化器等基础设施和建立管理体系健全、体制创新等优越的软环境。

武汉东湖新技术产业开发区：在知识方面,区内高等院校和科研机构密集,有武汉大学、华中科技大学等58所高等院校和中科院武汉分院等71个国家级科研院所。在技术方面,最为突出的是具有先进的光通信技术,专利申请和授权总量大幅攀升。在产业方面,以"中国光谷"为载体,形成以光电子信息为龙头、生物工程与新医药、环保、机电一体化、高科技农业等高新技术产业竞相发展的产业格局。在人才方面,内部人才供给足,从业人员众多,高素质人才比重较大,主要是光电子信息人才。在资金方面,来源主要有企业资金、金融机构贷款、政府部门资金、项目支持资金等,示范区坚持特色招商理念,不断创新招商引资体制机制。在支撑方面,示范区市场底蕴足,武汉东湖新技术创业中心,首创性地提出了"孵化器产业化"的理念,成功建设了"武汉光谷创业街";武汉的交通网囊括了航空、铁路、公路、水运、电信、邮政等。

上海张江高科技园区：在知识方面,区内拥有充裕的高等院校和科研院所,包括上海科技大学、复旦大学、中国科学院上海各研究院以及国家级大学科学园等。在技术方面,具有较强的科研实力,积极引进国内外先进技术并结合园区内各企业和科研机构的协作进行技术吸收与创新。在产业方面,

---

[1] 孙兵兵. 中关村科技园创新国际化模式与对策研究 [D]. 北京理工大学,2015.
[2] 即支持移动互联网、节能环保、下一代互联网、生物、轨道交通、卫星及应用六大优势产业引领发展;推动新材料、高端装备制造、新能源、新能源汽车四大潜力产业跨越发展;促进现代服务业高端发展。

总部经济增速稳定,形成了集成电路、生物医药和软件三大主导产业,并且建立了文化科技创意、金融信息服务、光电子和信息安全四大关联产业。在人才方面,与国际化接轨,引进海外高水平人才,人才资源的集聚与产业规模化、专业化相结合。在资金方面,出台了多类优惠政策引进外资、激活园内企业融资,成立科技金融推进主体,加大对科技型企业的融资支撑,拓展市场直接融资渠道①。在支撑方面,具有优越的政策环境和浦东国际机场、外高桥港区等完善的基础设施。

深圳高新区:在知识方面,面临区域公共创新资源匮乏的瓶颈,创建了虚拟大学园,创办特色鲜明的国家大学科技园和国际科技商务平台,共建产学研协作创新基地。在技术方面,示范区创新应用能力水平不断提升,在通信设备制造,互联网,医药产品等方面具有先进技术水平。在产业方面,已形成电子信息产业群、光机电一体化产业群、生物医药产业群和新材料新能源产业群,区内拥有华为、中兴、腾讯、长城科技等著名企业。在人才方面,园区汇聚海内外高层次人才,科研团队整体水平高和年轻化。在资金方面,形成银行、证券、担保等成熟的多层次资本市场,聚集了上百家创业投资机构,拓宽了深圳高新区企业的融资渠道。在支撑方面,深圳高新区依托深圳经济特区改革开放先行一步形成的体制优势与毗邻中国香港的区位优势,大规模引进海内外创新资源②。基于移民城市的文化优势,激发移民群体创业热情,维持创新活力。

天津滨海新区:在知识方面,本土科研院校丰富,紧邻全国性研究机构、科研院所集中的北京,且寻求合作共赢,支持滨海新区的发展。在技术方面,涉及面广泛,拥有电子信息、生物技术与现代医药、航空航天、石油化工、海洋工程技术。在产业方面,发展海洋特色产业,研发转化基地丰富,现代制造业优势明显,形成以摩托罗拉、通用电器等为代表的电子信息产业群以及汽车及装备制造、石油和化工、航空航天等主导产业。在人才方面,培养了大批高素质技术工人,大力吸引国内外各类人才到新区就业和创业,形成了多层次的人才支撑。在资金方面,来源于政府、风险投资者、民间资本、社保基金等。在支撑方面,滨海新区具有优越的政策环境,在涉外经济、金融、科技等十个方面拥有先行试验重大改革的措施;海、陆、空立体交通网络发达,环渤海地区有着丰富的能源资源和重要的对内对外发展的地理区位优势。

成都高新区:在知识方面,园区一带以其研究和教育机构密集程度被誉

---

① 谢颖昶. 科技金融对企业创新的支持作用——以上海张江示范区为例 [J]. 技术经济,2014(2):83-88.

② 佚名,深圳高新区:聚集创新资源成就高端产业集群 [J]. 硅谷,2011(19):10017-10018.

为四川地区乃至中国西部地区最大的智力集中区,包括电子科技大学、四川大学等知名院校和研究院所。在技术方面,主要是通信技术、生物医药技术、航空电子。在产业方面,成都高新区确定了"4+1"主导产业①,聚集高新技术企业,大力扶持移动互联网产业的发展,战略性新兴产业集约集群发展态势明显。在人才方面,一直坚定实施"人才强区"战略,全力打造"西部人才特区",加大引进国内外人才,人才聚集呈现加速态势。在资金方面,资金流动性较强,金融机构数量、金融业务交易量居中国西部各城市首位,利用外资,形成多层次的资本市场。在支撑方面,国家实施"一带一路"战略、长江经济带建设、全面深化改革为成都高新区提供政策支持;教育、医疗、住宅小区、商贸、娱乐、休闲等配套齐全,高新区基础设施已达到全面现代化水平。

杭州高新区:在知识方面,高等院校、科研院所为杭州高新区提供智力支持,示范区探索国际科技合作新模式。在技术方面,主要是信息技术,一个集聚高新技术的类"硅谷"经济形态已经在园区崛起。在产业方面,高新产业集群发展,形成了以通讯、软件、集成电路等为特色的竞争力强、成长性好的高新技术产业体系,阿里巴巴、网易等众多自主创新企业集聚高新区。在人才方面,高层次人才集聚效应明显,已成为省内最主要海归基地。在资金方面,大力培育引进创投、风投、天使基金等投资机构,基本形成了多层次、多元化、多渠道的"梯形融资模式"新格局,并开展适合中小企业内部资源和经营发展特点的知识产权质押融资。在支撑方面,沿江依桥,交通便捷,靠近杭州萧山国际机场,园区环境优美,基础设施完善。

苏州高新区:在知识方面,产学研联系密切,已与100余所高校、科研院所建立合作关系,吸引70多家科研院所和研发机构入驻。在技术方面,主要是集成电路与软件、纳米技术、光电子与现代通讯。在产业方面,知识产权服务业的逐渐完善,加快发展战略性新兴产业,形成苏州高新区"5+2"②发展体系,其中新一代电子信息抢占经济科技制高点。在人才方面,苏州高新区在人才引进与服务上力度大,区内人才总量和高层次人才数量可观。在资金方面,来源于政府扶持资金、政府担保贷款、银行贷款以及引进外资、民资和其他各类社会资本。探索建立科技金融服务体系,全力打造"财富广场"股权投资与科技金融创新服务集聚发展区,积极推动知识产权质押融资。在支撑方面,积极建设生态工程,风景优美,交通便利,临近上海虹桥国际机场、

---

① "4"指4个战略性新兴产业,即新一代信息技术、生物产业、高端装备制造产业、节能环保产业;"1"指生产性服务业,即以金融业、商务服务业为重点的生产性服务业。

② 即新一代电子信息、医疗器械、新能源、轨道交通、地理信息和文化科技5大战略性新兴产业和电子信息、装备制造业2个主导产业。

上海港等。

3. 小结

中国近年来经济迅速发展的成功表明致力于对技术进行坚定不移的创新和投资的国家政策是经济增长和国家竞争优势的强有力措施[①]。同时应高度重视机构设立的重要性,协调在市场中减少国家干预的需求[②]。通过分别对上述八个国内自主创新示范区的分析可知,国内自主创新示范区的成功发展在知识、人才与国家政策方面有共同特征,而在技术、产业、资金与支撑方面也存在各地区的发展特点。根据创新要素的集聚与配置情况,将国内自主创新示范区的发展模式大致分为四类:

第一类为政府主导型发展模式,以北京中关村为代表。为了促进示范区高新技术产业的发展,北京市出台了一系列扶持高新技术产业发展的政策和措施,在全国具有先行先试的政策优势。依托于北大、清华等高等院校和国家级科研机构的智力支持,大力引进海外人才,支持人才创业,促进高素质、多种类型人才集聚。政府对中关村科技园区的交通网络建设进行了整体规划,便捷的交通贯穿整个园区,基础设施完备。总体来说,北京中关村的发展离不开政府的大力扶持,为政府要素密集型示范区。

第二类为市场主导型发展模式,以武汉东湖新技术产业开发区为代表。武汉东湖新技术产业开发区的发展得益于本土人才和市场底蕴的丰富。武汉东湖示范区依托于华中科技大学为主的众多高等院校和中科院等科研院所,内部人才供给足,并具有一定的辐射力。武汉具有深厚的市场底蕴和商业氛围,以张之洞为代表的洋务派在武汉相继建立汉阳铁厂、兵工厂、京汉铁路等,促进了中国近代工业的发展[③],新中国成立后武汉为华中的区域中心。总体来说武汉东湖示范区符合国家战略需求,拥有广泛的商脉和人脉,为市场要素密集型示范区。

第三类为总部经济聚集发展模式,以上海张江高科技园区为代表。上海张江国际要素集聚明显,大力引进外资,国际专利数量众多,拥有国际先进技术水平。各级政府积极推动体制机制创新,营造国际化、市场化、法治化经济环境,吸引跨国公司地区总部经济落沪,促进总部经济的发展与聚集。总体来说,上海张江高科技园区与国际接轨,以发展总部经济为推动力和产业

① Patrick Besha. National, Regional and Sectoral Innovation Systems in China: General Overview and Case Studies of Renewable Energy and Space Technology Sectors. 2013. 5.

② Anthony J. Howell. Inside China's "Growth Miracle: " A Structural Framework of Firm Concentration, Innovation and Performance with Policy Distortions. 2014.

③ 张睿. 武汉近代工业发展状态及设计研究 [D]. 武汉理工大学, 2013.

转型升级的方向。

　　第四类为优势资源导入发展模式,以深圳高新区为代表。深圳原来只有一所综合性大学——深圳大学,科技基础薄弱,为谋求高新技术产业的发展,创办了深圳高新区。通过改善投资、创业和居住环境,创办虚拟大学园等举措,吸引外来大学、科研机构和高素质人才集聚,弥补了深圳在智力资源方面的不足[1]。总体来说,深圳高新区创造条件谋取未来的优势,从而带动本地区的科技和经济发展。

　　蓝色硅谷与北京中关村相比,在科教智力、人才资源以及科研的综合实力水平具有一定的差距,而北京中关村作为第一个国家自主创新示范区在技术、产业、资金、政策环境等方面已经相当成熟。与武汉东湖高新技术开发区相比,市场底蕴和商业氛围不足,不具备武汉东湖高新区突出的产业优势。与深圳高新区相比,创新思想不足,不具有深圳高新区基于移民城市文化的思想开放和改革开放的先行先试政策优势。与天津滨海新区较为接近,同样处于环渤海经济圈,具有空间区位优势,海洋资源与能源丰富,滨海新区塘沽海洋高新技术开发区从其定位与发展状况来看,其海洋产业的优势与特点并不突出和明显。而蓝色硅谷定位着力发展海洋产业,需要吸取经验,正确看待竞合关系。总体来说,蓝色硅谷的发展既要借鉴这些国内自主创新示范区的成功经验,也要根据本地区的具体要素情况进行发展,尽快跨过要素如何集聚与配置的瓶颈期。

第三节　全球海洋科技创新高地创新资源特征

一、世界代表性海洋科技创新资源

1. 世界代表性海洋创新资源地区分布及特征

　　世界著名海洋科技创新高地主要集中在亚太与欧洲,其中较为代表性的地区涵盖美国波士顿地区、美国休斯敦地区、加拿大哈利法克斯地区、法国布雷斯特地区、英国的南安普顿地区、德国基尔地区、日本横滨地区以及澳大利亚的布里斯班地区等。

　　根据世界代表性海洋科技城市创新资源的分类,表3-1给出了其创新资源的特征。

---

① 冯雪东. 中关村科技园区发展模式研究 [D]. 首都经济贸易大学,2005.

表 3-4　世界典型海洋科技城市创新资源简表

区域	海洋创新城市	知识	技术	产业	人才	资金	支撑
北美	美国波士顿	哈佛大学、麻省理工、伍兹霍尔海洋研究所；100多所大学；2700多家研究机构	水下机器人；生物技术；医疗；计算机；软件	波士顿海洋产业园；海洋产业高端集群；美国128号公路；高端军事工业综合体；500多家生物研究机构	高度密集的创新人才资源；年轻人和受过高等教育人群比例位于全美前列	40余家高技术风险投资公司；超过10个天使投资联盟；10亿美元生物产业专项扶持资金	128号公路；政府主导型自主创新；税收优惠；研发补助；高技术低息贷款
北美	美国休斯敦	得克萨斯A&M大学；休斯敦大学；莱斯大学；70多家海洋研究机构有一半在这里设立总部	深海能源；海洋石油开采；陆上石油化工；航天技术；纳米；水下机器人	BP石油公司全球最大业务单元；Shell石油公司研发中心；埃克森美孚研发产业；国家级航天产业创新综合平台；美国国际海洋工程公司	航天人才；深海能源人才；医疗人才	资金来源石油企业、航天技术国家支持	跨行业技术孵化与商业化多行业企业总部；吸引全球一定地位的城市及交通设施升级；医疗中心
北美	加拿大哈利法克斯	贝德福德海洋学研究所；加拿大达尔豪西大学；加拿大国家研究理事会海洋生物科学研究所	深海机电；海洋探测技术；水下装备	中端水下设备；伯恩赛德(Burnside)生态工业园区；加拿大东部地区有80%以上的科技公司	集中了大量的高技术人才	近海勘探投资超过16亿美元	通过建设基于海洋探测高技术产业园的、临港海洋产业园，形成具有全球一定地位的海洋高技术装备产业基地
欧洲	法国布雷斯特	法国海洋开发研究院	卫星数据存储与处理中心；精密仪器；深海勘探；声学技术；深潜技术	布雷斯特高新技术园；半岛海洋产业集群	法国50%以上的海洋科研人员，法国之首，欧洲前列	企业投资与国家支持	创新项目享有免除利润税、职业税和地产税，为中小企业提供技术咨询服务
欧洲	德国基尔	基尔大学；基尔大学海洋科技研究中心	深海机器人；潜艇技术	德国最大的造船厂	高技术人才	企业投资与国家支持	通过运河建设和陆地交通实现陆海基础设施统筹

续表

区域	海洋创新城市	知识	技术	产业	人才	资金	支撑
欧洲	英国南安普顿	南安普顿大学;南安普顿海洋中心	海洋生物医药;海洋育种	大学科技园	高技术人才	企业投资与国家支持	南安普顿大学支持企业创新
亚太	澳大利亚布里斯班	昆士兰大学;昆士兰科技大学	深海矿产开采;深海工程	海洋和滨海产业园;引进了矿业开发公司鹦鹉螺公司	高技术人才	吸引国际高端深海开发企业入驻投资	注重政府、企业及研究机构的互动机制建设;建设优秀的商业环境
	日本横滨	科学研究事业发达;国家地球科学与海洋研究中心;横滨国立大学等17所大学	军舰整修;深海技术;生物技术;IT相关技术;工业设计	日本四大工业区之一—京滨工业区中心	高技术人才	企业投资	涉海产业与美国、欧洲国际化高端合作与对接

2. 世界主要海洋创新资源集聚地区分析

这些地区的共同特征是拥有顶尖的海洋学机构、先进的海洋技术与人才。不同之处在于由于区域、产业基础以及整体创新环境的不同,在海洋高端产业、资金来源、采取的措施方面各有异同。

（1）美国波士顿。

在知识创新资源方面,波士顿集聚 100 多所大学,被誉为"美国雅典",其中包括哈佛大学、麻省理工(MIT)等。此外汇集了大量著名的科研机构,如伍兹霍尔海洋研究所、国家航空与宇航局(NASA)电子研究中心等。在技术创新资源方面,主要是生物技术、医疗、计算机软件以及水下机器人。在产业创新资源方面,在被誉为"美国科技高速公路"的 128 号公路地区,聚集了 2 700 多家研究机构和技术型企业。聚集着 500 多家生物技术公司,全球新药的研发有近 1/10 来自该地区。此外,波士顿市政府投资 140 亿美元,建设了海洋产业园(The Boston Marine Industrial Park),已有包括涉海、滨海产业在内的产业进驻。此外,波士顿的大西洋海洋生物园是世界一流的海洋生物研究中心,为企业提供孵化器,同时也帮助研究人员转化科研成果,并建立起具有盈利能力的公司。在人才创新资源方面,属于高度密集的创新人才资源,波士顿的年轻人和受过高等教育人群比例位于全美前列。在资金创新资源方面,风险资本高度集中,聚集了 40 余家专门从事高技术风险投资的公司,投资额居全美第二位。聚集了 100 多名天使投资人,超过 10 个天使投资联盟。设立 10 亿美元生物产业专项扶持资金。在政策支撑创新资源方面,128 号公路属于政府主导型自主创新,对高科技企业给予低息贷款支持,并通过房地产税优惠等政策扶持中小企业发展。引导各种非政府组织协助政府完善产业政策,促进新技术的宣传推广,帮助企业开拓全球市场,开展知识产权保护,帮助引进新的高技术企业等。

（2）美国休斯敦。

休斯敦是著名的航天城,也是全球深海能源、矿产企业聚集地。在知识创新资源方面,休斯敦拥有莱斯大学、得克萨斯 A & M 大学、休斯敦大学等知名学府。在技术创新资源方面,主要是深海能源开发技术、海洋石油开采技术、陆上石油化工技术等工业的水下机器人。在产业创新资源方面,休斯敦是全球知名石油公司 BP 全球最大业务单元所在地,也是另一家知名企业 Shell 全球三大研发中心最大机构所在地,总部位于德克萨斯州本州的埃克森美孚(Exxon Mobil)也在休斯敦建立其研发产业园。美国国际海洋工程公司主要产业涉及各种类型的水下机器人。在人才创新资源方面,主要是航天人才、深海能源人才以及医疗人才。在资金创新资源方面,资金主要来源于石油企业以及国家支持,特别是航天技术。在政策支撑创新资源方面,休斯敦利用陆海石油开发产业兴起的机遇,不断聚集和发展石油开发、加工和石化下游产业,形成集聚效应;积极拓展与墨西哥湾和加勒比海国家(地区)的合作,形成巨大的商品物流中转基地,也形成石油、原材料等重型物资储运基地;积极拓展深海石油开发为先导的深海能源产业,不仅服务于中南美洲,而且通过企业全球价值链延伸与治理,控制全球深海探测与开发中低端产业群;作为节点城市的休斯敦市,则积极做好跨行业总部经济聚集和跨阶段技术研究开发与产业化、商业化孵化工作,建立宽松而规范的区域创新孵化体系;基于初期制造业基础的强大专业服务业和总部经济产业发展,使其成为具有全球竞争能力的国际化产业领军城市。

(3)加拿大哈利法克斯。

哈利法克斯是加拿大重要的港口、科技城市和东海岸经济中心。在知识创新资源方面,加拿大最大的海洋研究中心贝德福德海洋学研究所位于哈利法克斯卫星城,有600名来自不同专业的工作人员,研究领域涉及海洋物理学、海洋化学、海洋工程、海洋生态学等方面,为政府作决策提供建议和支持。加拿大达尔豪西大学海洋学院是世界级的海洋教育和科研中心,致力于海洋物理、海洋生物、海洋地质、海洋化学及海洋技术研究等方面的研究。此外,加拿大国家研究理事会海洋生物科学研究所(NRC-IMB)也位于哈利法克斯,是加拿大国家研究理事会(NRC)19个科研院所之一,致力于开发、研究海洋生物中的生物活性物质、天然毒素、功能性食品和保健品,也进行藻类生物燃料的研究。在技术创新资源方面,主要是深海机电、海洋探测技术以及水下装备。在产业创新资源方面,加拿大东部地区有80%以上的科技公司集中于此。哈利法克斯优势产业有高级制造业、航天科技、近海的外包服务、教育、能源、信息通讯技术、生命科学与生命科技、交通运输、物流及旅游业。哈利法克斯同时也是海洋高技术装备产业基地。尽管与美国、挪威、法国和英国等相比,其产业的高附加值部分尚需要引进或者合作,但是不影响其顽强的发展和国际竞争。当今已经形成具有一定全球价值链分工与合作竞争力的中端水下设备(部件)提供商。在人才创新资源方面,集中了大量的高技术人才。在资金创新资源方面,金海勘探投资额超过16亿美元。在政策支撑创新资源方面,通过建设基于海洋探测高技术产业发展的临港海洋产业园,形成具有全球一定地位的海洋高技术装备产业基地。

(4)法国布雷斯特。

布雷斯特是一个具有150年悠久历史的法国海军军港及法国海军军事中心,布雷斯特是"二战"时期盟国军事后勤补给登陆桥头堡,曾经制造过戴高乐航母,为法国第二大军港,是当今欧洲的海军军事技术研究中心。在知识创新资源方面,集中了法国 50% 以上的海洋科研机构,其中布雷斯特是法国海洋开发研究院(Ifremer)核心基地。此外,法国国家海洋研究院与欧空局在布雷斯特合建卫星数据存储与处理中心。在技术创新资源方面,主要涉及卫星数据存储与处理、精密仪器、深海勘探、声学技术以及深潜技术。布雷斯特在 1988 年成立了布雷斯特高新技术园(Technopole Brest-Iroise Science Park),拥有涉及科研机构,高等院校,企业等各个领域的世界 200 家会员。在产业创新资源方面,布雷斯特侧重海洋科技研发和产业化,是重要的国际典范。布雷斯特海洋产业园占地 107 公顷,集中了近百家企业。法国政府将海洋产业园纳入国家科技竞争园区计划。在人才创新资源方面,海洋研究研发人员占全国一半以上。在政策支撑创新资源方面,布雷斯特所在的布列塔尼大区注重海洋-陆地环境一体化治理,尤其是浒苔治理卓有成效。布雷斯特在"竞争力极点"计划中提出,推动企业、教育和研究机构以合作伙伴的形式联合开发创新项目,享受免除利润税、职业税和地产税。大型企业可将免收税金中的 25% 用于扶植有创造力的中小型企业。企业委托研究机构进行的研究项目可获得免税。对参与国际合作项目的外方研发人员给予社会保险支出减免。针对中小型企业,设立各类技术移转中心、技术创新中心、技术资源中心,提供创新服务与信息交流。配置技术顾问,为中小企业提供技术咨询服务。此外,布雷斯特与青岛互为友好城市。

(5)德国基尔。

基尔是德国面向波罗的海的战略要地,基尔运河开通后又成为波罗的海国家联通大西洋的要冲。同时,基尔是德国传统军事重镇,是当今国家潜艇基地。在知识创新资源方面,基尔是德国海洋科技研究中心,基尔大学的海洋研究已经历了一百多年的历史。基尔大学海洋科学研究所(IFM-GEO-MAR)成立于 2004 年,是莱布尼兹基金会的成员,是欧洲规模最大的海洋综合研究机构。海洋科学研究所具有四艘研究船,并有先进的仪器设备如载人深潜器 JAGO、深海机器人 ROV KIEL6000 和 ABYSS 等。在技术创新资源方面,主要是深海机器人和潜艇。在产业创新资源方面,拥有德国最大的造船厂。在人才创新资源方面主要是高技术人才。在资金创新资源方面,主要是企业投资与国家支持。在政策支撑创新资源方面,基尔通过运河建设和陆地交通实现陆海基础设施统筹,同时基尔也是德国区域与城市规划一体化的典型案例。基尔市与青岛同为帆船之都,已经建立密切合作关系。中德海洋科学中心是由中国海洋大学和德国不莱梅大学、基尔大学、莱布尼茨海洋科学研究所以及莱布尼茨热带生态中心等 5 家科研教育机构联合成立的、获得两国政府支持的、在海洋科学领域进行高层次科教合作的平台。

（6）英国南安普顿。

南安普顿是英格兰南部的沿海港口城市，是英国最大的客运站、国际帆联总部所在地，距伦敦约 100 千米，有铁路与公路相连，起到伦敦外港的作用。在知识创新资源方面，南安普顿海洋中心（National Oceanography Centre, Southampton, NOCS）是世界上知名的海洋研究中心，由南安普顿大学和英国自然环境研究委员会于 2005 年 5 月联合成立，是英国唯一的国家海洋中心。此外，南安普顿大学是英国最重要的科学研究院校之一，英国常青藤大学之一，以电子工程、海商法、船舶工程、海洋科学、商科、金融等闻名，在海洋科研方面与中国海洋大学有着密切的合作，主要研究方向为海洋学和海洋生物学。在技术创新资源方面，拥有南安普顿科技园、SET squared 企业孵化中心和位于海洋谷的创新中心。在产业创新资源方面，南安普顿市具有航空航天、国防、船舶、汽车和商业服务等领域的产业集群，可再生能源领域和新兴的低碳领域是主要优势，周围地区还有许多世界研发能力较强的公司，如塞莱斯－伽利略公司（Selex Galileo）、ABP 海洋环境研究有限公司、荷兰 BMT ARGOSS 公司、欧洲阿斯特里姆公司（EADS Astrium）、西门子、IBM 英国等。在人才创新资源方面，全市近万人从事与海洋有关的行业，南安普顿市的海洋科研在英国乃至欧洲都占有举足轻重的地位，海洋工业在该市的经济发展中占有十分重要的地位。在政策支撑创新资源方面，南安普顿大学支持企业科技创新，自 2000 年以来，大学已经培育了 12 家公司；大学的 SET squared 企业孵化中心为企业提供技术、金融和其他方面的支持，已经帮助 30 多家企业顺利毕业；南安普顿大学科技园提供高品质的办公和实验室条件，占地 45 英亩，是 60 多家高技术企业的基地。

（7）澳大利亚布里斯班。

布里斯班市位于澳大利亚东北部沿海，是昆士兰州首府，其经济总量占澳大利亚近 10%（2011 年），其港口担负着澳洲与亚洲、太平洋市场联系的重任。在知识创新资源方面，拥有昆士兰大学、昆士兰科技大学以及格里菲斯大学。在技术创新资源方面，主要是深海矿产开采以及深海工程技术；在产业创新资源方面，大力兴建海洋或滨海产业园（Brisbane Marine Industrial Park），引进了矿业开发公司鹦鹉螺公司。在人才创新资源方面，集中了高技术创新人才。在资金创新资源方面，吸引了高级高端深海开发企业入驻投资。在政策支撑创新资源方面，该市注重政府、企业、研究及服务机构的互动机制建设，讲求海洋开发领域的应用与集成发展。

（8）日本横滨。

横滨是日本东京门户，是日本海洋开发和远洋运输的桥头堡，横须贺军港是美国太平洋舰队航母战斗群驻地。在创新资源方面,京滨工业地区的许多科研机关都设于此,因此横滨市的科学研究事业较为发达,横滨市内有横滨国立大学、横滨市立大学、神奈川大学等多所高等院校。日本海洋科学技术中心 JAMSTEC,目前拥有日本大部分的潜水器。其研制的 Kaiko 号无人缆控潜水器,最大下潜深度可达 11 000 m,是目前世界上下潜最深的潜水器,基本上可覆盖地球上所有的海洋内层空间。在技术创新资源方面,主要是军舰整修、深海技术以及生物科技等。横滨科技创新区 "Yokohama Science Frontier",以日本的高新技术研究机构 "理化学研究所" 为中心,积极推动生物技术等相关研究基地的集成和发展。在产业创新资源方面,横滨是日本四大工业区之一的京滨工业区中心,以钢铁、炼油、化工、造船业为主,全市有大小工厂 8 300 多家,工业生产总值居全国第三位,仅次于东京和大阪。在人才创新资源方面,主要是高技术人才。在资金创新资源方面,主要来自于企业投资。在政策创新资源方面,主要是涉海产业与美国、欧洲的国际化高端合作与对接;离岛及人工岸线规划建设、城市核心立体化多时段设计。

3. 小结

对上述八个地区进行综合分析,这些地区的共同特征是拥有顶尖的海洋学机构以及海洋人才,不同之处在于由于区域、产业基础以及整体创新环境的不同,在海洋优势技术领域、资金来源、创新政策支撑等方面各有异同。根据创新资源分布集中情况,大致可分为三类。

第一类为综合实力带动海洋创新资源的集聚,以美国波士顿地区为代表。美国波士顿地区的 128 号公路与加州旧金山硅谷齐名,是世界知名的高技术企业集聚的创新产业带,是政府主导型自主创新典范。波士顿地区主要包括生物技术、医疗、计算机、软件以及海洋等多个领域的创新资源,集聚了美国 100 多所大学,同时也是全美拥有高等教育人群比例最高的地区之一,并有大量专项资金的扶持。可以说波士顿海洋创新资源的集聚离不开波士顿整体创新环境。总体来说,这类地区创新资源的特征表现在良好的创新环境背景下,通过多个领域创新资源的相互影响与合作,促进海洋创新资源的集聚。

第二类为海洋特色主导的海洋创新资源集聚,以法国布雷斯特地区为代表。布雷斯特地区与波士顿地区不同,布雷斯特地区具有明显的海洋特色,法国 50% 以上的海洋科研人员都集中在该地区,并在卫星数据存储与处理、精密仪器、深海勘探、声学技术以及深潜技术等方面具有优势。总体来说,这类地区创新资源的特征表现在基于雄厚的海洋科研基础,侧重海洋科技研发和产业化,吸引海洋创新资源的集聚。

　　第三类为海洋产业引领创新资源集聚,以美国休斯敦为代表。休斯敦是全球深海能源、矿产企业聚集地。全球知名石油公司 BP、壳牌(Shell)、埃克森美孚(Exxon Mobil)都在休斯敦设有研发中心或产业园。休斯敦地区海洋创新资源主要是与海洋石油开发相关的资源,包括水下机器人、石油勘探技术等。此外,休斯敦抓住了国家发展航天战略的机遇,目前已经是航天高技术应用与集成中心。这类地区创新资源的特征表现在通过抓住相关产业兴起的机遇,不断地集聚中下游企业,同时进行产业拓展,促进海洋创新资源的集聚。总体来说,这类地区创新资源的特征表现在海洋特色产业基础雄厚,带动创新资源的集聚。

　　蓝色硅谷拥有建设海洋强国的国家战略机遇,且在创新资源方面拥有知识、人才和创新环境的优势。但同时蓝色硅谷面临着建立创新高地的挑战,蓝色硅谷在海洋技术创新资源以及海洋产业基础方面相对薄弱。蓝色硅谷与海洋创新高地波士顿地区相比,缺少综合实力较强的科研机构支撑,同时整个创新的环境差距较大。蓝色硅谷与海洋创新高地布雷斯特地区的情况较为接近,都属于海洋科研城,但布雷斯特的科研转化率以及产业化要优于青岛,此外布雷斯特技术创新资源主要是深海勘探、声学技术以及卫星数据处理技术,而青岛主要是水产、生物制药等。蓝色硅谷与休斯敦地区相比,青岛并不具有类似休斯敦在海洋石油开采领域的雄厚的产业基础,但都有着要满足国家战略需要的机遇,在国家引领方面创新资源集聚,蓝色硅谷可以借鉴休斯敦的相关经验。

　　总体上,针对蓝色硅谷的创新资源集聚－配置,需要根据目前发展水平,借鉴其他创新高地的经验,对创新资源进行引导或干预,以提高其利用效率和配置效果,达到海洋创新资源集聚目的。

二、世界主要海洋科技中心及其经验借鉴

1. 海洋科技中心创新集聚特征描述

（1）美国伍兹霍尔海洋研究所。

　　布局特征。美国伍兹霍尔海洋研究所(Woods Hole Oceanographic Institution, WHOI)是世界上最大的、非盈利的海洋工程教育研究机构。位于美国马萨诸塞州伍兹霍尔,紧靠美国经济中心纽约市,有良好的海陆运交通条件。临街对面是生活和商业区,内设有大型超市、ATM 银行机构、电影院、剧院、餐厅、宾馆等等,既能满足海洋研究所上班人员的生活方面所需,又能使海洋研究所与生活和商业区隔离开来,保持相对静谧的科研工作环境,自此提供一站式花园式服务。

研究领域。WHOI 致力于研究海洋科学与工程研究的各个领域,研究领域十分广泛,包括:地球深层的地质活动、动植物和微生物及其在海洋中的相互作用、海岸侵蚀、海洋洋流、海洋污染以及全球气候变化。

机构组成。WHOI 共设五个系,分别为:应用海洋物理及工程系、生物学系、地质和地球物理学系、海洋化学及地球化学系以及物理海洋学系。四个研究所包括:海岸海洋研究所、深海探索研究所、海洋和气候变化研究所以及海洋生物研究所。

人才培养。伍兹霍尔海洋研究所开设有海洋科学各个专业领域的硕士研究生和博士研究生课程,以及一些研究和实习项目。硕士学位还有与麻省理工大学合作的课程。2011 年 WHOI 全所固定人员为 800 多人,大量人才要素集聚,为该海洋中心的技术创新提供了条件。

经费运作。WHOI 的经费预算较多,资金来源渠道相对广泛。2011 年 WHOI 的全年经费预算约为 2.21 亿美元,其经费来源大部分来自于政府资金,还有一部分来源于私人资金,少量来自工业界资金[①]。

设施投入与使用。设施投入主要由联邦政府、州政府出资,由 WHOI 管理和操作,主要用于 WHOI 开展的大型研究和组项目。

对外合作及服务。目前在 WHOI 各个系的华裔有 50～60 名,华裔在博士后人数中超过 10%。客座访问研究人员和学生近年来也增加不少,而且持续不断。这些都是可喜的进步。但总的来讲亚裔科学家在美国海洋科技界中的比例远不如在物理、工程界中的比例高。

(2)美国斯克里普斯海洋研究所。

布局特征。斯克里普斯海洋研究所(Scripps Institution of Oceanography,SIO)是美国太平洋海岸的综合性海洋科学研究机构,位于美国西南部加利福尼亚州拉霍亚,临近太平洋,气候适宜。所处位置为科技发达区,地块相对完整,紧靠水文实验室、情报局等。该区交通发达,有多处公交站牌,但是没有较完善的生活和商业区,缺少超市、ATM 银行机构、电影院、剧院、餐厅等等。

机构组成。研究所下设海洋地质、海洋生物和大洋 3 个研究部,海洋物理、能见度和生理研究 3 个实验室,还有海岸研究中心,海洋生命研究组,以及供博士学位教学用的研究生院。

研究内容。该所距今已有 100 多年的历史,其科研范围逐步扩大,成果丰富。以地球为系统,涵盖生物学、物理学、地质学等研究。该所研究课题还

---

① 张灿影,冯志纲,吴钧. 斯克里普斯海洋研究所概况 [J]. 海洋信息,2015(1):16-20.
　闰佐鹏. 美国斯克里普斯海洋研究院 [J]. 地质地球化学,1982(9):59-61.

涉及海和气相互作用,深海多金属结核的形成及其开采等 200 多项。近年来还增加了天气预告、二氧化碳题目和空间海洋学的研究,在海洋科学各方面的研究中取得了很多成果。

人才培养。SIO 人才要素丰富,这与它的人才培养方式息息相关。斯克里普斯海洋研究所共拥有 2 101 名工作人员。SIO 为本科生开设 50 多门课程,教学最基本的任务主要是就通过设立加州大学船舶基金项目提供学生出海实习锻炼机会。该项目每年提供超过 100 多万美元的经费,支持本科生、研究生和博士后研究人员进行海上独立研究和实验。

经费运作。SIO 预算开支也比较大,但其资金来源渠道与 WHOI 略有不同。斯克里普斯海洋研究所年度支出约为 1.7 亿美元[①]。其经费来源大部分来自政府资金,少部分经费来源于私人资金。

设施投入与使用。SIO 拥有一个现代化的远航舰队,拥有科考船 5 只和 2 个海上平台归 SIO 管理与使用。其中设施投入大部分都有海军研究办公室(ONR)支持[②]。

对外合作及服务。SIO 与全球合作密切,其中 2006 年与中国科学院海洋研究所签署了全面合作协议,在全球变化、海洋观测等重点领域开展了合作研究,同时在人员交流、学术交流和研究生培养等方面也开展了更深层次的合作。这对全球环境问题的解决以及海洋探讨具有极大的促进作用。

(3)英国南安普顿国家海洋学中心。

布局特点。南安普顿国家海洋学中心(Southampton Oceanography Centre, SOC)是英国国家自然环境研究理事会和南安普顿大学共同建立的国家级海洋研究开发与培训中心。SOC 位于英国南部,伦敦以南,气候宜人。紧靠英吉利海峡,方便交通。SOC 面海而居,地块完整,核心研究区与生活和商业区被城市道路所隔离开来,保持相对安静的工作环境,又方便人们的生活。

人员构成。SOC 人才储备丰富,科研人员较多,部分研究生和本科生来自欧盟及海外。

研究内容。SOC 研究领域宽泛,涉及了海洋生物及生态、海洋工程、海洋地质、海洋物理、海洋化学和遥感等,某些研究领域在欧洲居于首位。

经费来源。SOC 的经费分别来自英国自然环境研究理事会和英格兰高教拨款委员会,具有英国典型的双轨制特色。

---

① 张灿影,冯志纲,吴钧.斯克里普斯海洋研究所概况[J].海洋信息,2015,01.
    闫佐鹏.美国斯克里普斯海洋研究院[J].地质地球化学,1982,09.
② 王淑玲,管泉,王云飞,王春玲,初志勇.全球著名海洋研究机构分布初探[J].中国科技信息,2012(16):56-58.

设施投入与使用。由英国环境调查委员会和南安普顿大学①共同负责管理英国调查船和主要设备的使用,支持中心在海洋和地球科学的科研和教学工作。

对外合作及服务。2011 年 3 月 SOC 代表团到中国海洋研究所进行学术访问。双方就物理海洋和海洋气候变化等议题进行了热烈的讨论并交换了意见,促进了双方的相互学习和交流,推动全球海洋创新的发展。

(4)法国 IFREMER 海洋开发研究院。

布局特点。IFREMER 位于法国西北海岸,属温带海洋性气候区,气候宜人。沿城市主要道路而建,交通发达。整个研究所绿化率较高,环境优美。靠近中央社会基金组织等机构,与繁杂的生活区隔离开,保持相对安静、舒适的工作环境。

机构组成。IFREMER 下设 5 个研究中心:布雷斯特中心(即布列塔尼海洋科学中心),滨海布洛涅中心(以水产研究为主),南特中心(即南特海洋渔业科学技术研究所),土伦中心(即地中海海洋科学基地),塔希提中心(即太平洋海洋科学中心),分别从事海洋科学和技术研究。有渔业和海洋生物、环境和海洋研究、海洋技术 3 个业务部门。②

研究内容。IFREMER 研究领域广泛,主要是通过科研活动促使海洋产品的应用,研究海洋及地球变迁,进行环境监测、研究与保护以及水下活动,安排国内、外海洋科学考察船并为其服务。

人才培养。IFREMER 人力资源丰富,院内共有员工 1 200 名,其中研究人员和技术人员占比最大。

经费运作。IFREMER 的经费 78.3% 来自国家资助,国家研技部纳入国家预算支出。17.1% 来自于 IFREMER 自筹基金。IFREMER 经费收入主要是政府补贴,其次是欧盟工贸交易盈利自筹。IFREMER 运营支出主要用于工作人员的薪金,其次是营业支出及船队的费用。

设施投入与使用。IFREMER 共有 8 条调查船和 2 艘载人潜器以及大量用于深海和浅海的观测仪器。这些设施由国家政府出资,IFREMER 负责管理和运营,主要进行环境监测和水下活动等。

对外合作及服务。近年来,IFREMER 在国内与多个单位进行合作研究,与全国科学研究中心及 16 个海洋研究单位合作,从事金属材料在海水中特性的研究;与蒙彼利埃大学合作,研究海洋物质的遗传学以及海水养殖中遗

① 王淑玲,管泉,王云飞,王春玲,初志勇. 全球著名海洋研究机构分布初探 [J]. 中国科技信息,2012,16.

② 吕蓓蕾. 法国海洋开发研究院 [J]. 中国科学基金,1991(1):81-82.
李桂香. 法国海洋开发研究院 [J]. 海洋信息,1995(9):29-30.

传学市场的发展；与 ORSTOM、BRGM 合作，开展洋脊研究计划。IFREMER 还与欧洲、亚洲、非洲、拉丁美洲等 30 多个沿海国家进行了学术交流与合作研究。IFREMER 与中国的一些单位建立了良好的合作关系，其中与国家海洋局和中国海洋大学，围绕 ERS-1 和 TOPEX/POSEIDON 卫星资料的应用，进行着广泛合作。

（5）俄罗斯希尔绍夫海洋研究所。

布局特点。希尔绍夫海洋研究所（P. P. Shirshov Institute of Oceanology）总部位于俄罗斯的首都莫斯科，拥有良好的经济和政策环境。紧靠城市主要道路，有多处公交站牌，交通发达，附近也有多处餐饮、购物场所，方便人们生活。

研究内容。希尔绍夫海洋研究所成立于 1946 年，是俄罗斯最大的综合性海洋研究所。该所致力于海洋学基础理论研究，在海洋动力学、生物结构、世界大洋水文学、世界大洋物理场等研究方向处于国际领先水平。

机构组成。希尔绍夫海洋研究所下设太平洋、大西洋、南方、北方 4 个分所。总部设在莫斯科。该所还下设有三大部，即科学部、考察部和行政事务部。其中科学部下有 10 个专业部，专业部中又有许多研究室。

人才培养。希尔绍夫海洋研究所采取产学研的培养方式，与俄罗斯领先的教育机构开展联合科研工作，定期举办科学研讨会。希尔绍夫海洋研究所现有职工总数 2 000 多人，高学历人才储备丰富。

经费运作。俄罗斯希尔绍夫海洋研究所的经费来源主要是靠政府投入，其他部分来自一些基金会。

设施投入与使用。希尔绍夫海洋研究所拥有庞大的海洋调查船队，大小船只 13 艘，其中 6 000 吨以上的有 6 艘。它还拥有许多先进的水下调查设备和装置。这些都由政府投资，由希尔绍夫海洋研究所管理与使用。

对外合作及服务。俄罗斯希尔绍夫海洋研究所与中国青岛海洋科学与技术国家实验室于 2015 年签署技术合作协议，通过人才交流、合作科研等建立全方位技术合作。本次合作进一步拓宽海洋国家实验室的国际合作领域，加快海洋国家实验室构建链接全球的海洋科技合作网络，助推海洋国家实验室成为与世界一流海洋科研机构比肩的世界第七大海洋科研中心。同时，与希尔绍夫海洋研究所建立合作关系，将对海洋国家实验室服务中国国家海洋强国和"一带一路"建设具有重要意义[1]。

（6）韩国海洋科学技术院。

布局特点。KIOST 本部在韩国京畿道安山市，位于韩国西海岸。距离

---

[1] http://news. cnr. cn/native/city/20150515/t20150515_518565136. shtml

首尔50千米、仁川港37千米,距仁川国际机场一个小时路程。紧靠城市主要道路,交通方便。附近拥有多处商业区,方便人们生活。

研究内容。KIOST主要进行国家海洋科学技术及海洋政策方面的研究。其中包括:海洋资源开发和海洋环境保护方面的研究;极地环境和资源调查及科研极地的管理;与国内外研究机构、产业部门、大学及专门组织的合作研究、技术交流及海洋专门人才的培训等。

机构组成。KIOST实行理事会领导下的所长负责制,下设计划管理委员会和研究审查委员会,以及计划部和行政部等管理部门。[①] 全所设置7个研究部,下属29个研究室。

经费运作。韩国政府非常重视发展海洋科学,它们把发展海洋科学事业作为国家在2000年进入科技先进国行列的一个重要方面来加以推进。经费主要来自政府资助,其他来自企业和有关研究机构资助。KIOST总共完成638个项目,经费345亿元,其中大部分与海洋资源、海洋政策、国防及交通研究有关。

设施投入与使用。KIOST拥有7艘不同级别的调查船和一艘潜水调查器。KIOST的设备由政府资助或企业投资,由KIOST海洋仪器室负责研制、调试海洋仪器,以及仪器的技术培训和教育工作。

对外合作及服务。KIOST同国内首尔、仁荷等大学合作外,还与国际间许多国家级国际机构进行合作。主要与美国伍兹霍尔海洋研究所(WHOI)、法国国立海洋研究所(IFREMER)、俄罗斯水文气象委员会等6个国家9个研究机构建立了合作关系。该所还积极参与国际南极科学研究委员会等国际组织的研究活动。

(7)日本海洋地球科技研究所。

布局特点。日本海洋地球科技研究所(Japan Agency for Marine-Earth Science and Technology,JAMSTEC)位于横须贺市,横须贺是东京的海上门户,也是美国在亚洲最大的海军基地所在地。从JAMSTEC乘坐列车不到一个小时就能到达东京,拥有发达的海陆运交通。附近有多处工厂和军事基地,地理位置优越,拥有得天独厚的办公条件。

研究内容。JAMSTEC主要负责探索未知的海洋、Hatsushima海底潜艇观测、执行21世纪深海钻探、以海洋解决全球环境变迁问题、出版《海洋与地球情报志》等出版物。

机构组成。JAMSTEC组织机构分为横须贺市研究本部、横滨研究所、陆

---

① 刘云起. 韩国海洋研究所 [J]. 海洋信息,1994(3):23-24.

　高洋. 韩国海洋开发研究所简介 [J]. 海洋信息,1997(12).

奥市研究所、东京联络所、驻华盛顿事务所、驻西雅图事务所。其中横须贺市研究本部分为：行政部、安全管理室、经理部、企划部、深海钻探计划部、深海研究部、深海技术部、海洋生态研究部、研究支付部。

人才培养。从 2004 年开始到 2015 年，日本海洋地球科技研究所人员总体是呈上升趋势，这与日本政府对海洋创新发展重视程度增加有很大关系。截止到 2015 年 4 月统计，日本海洋地球科技研究所共有 1 062 人，从人员构成比例来看，研究人员占比最大，符合创新高地高学历人才聚集较多的指向。

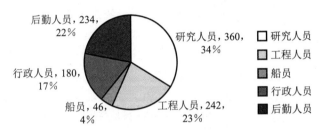

图 3-10　日本 2015 年海洋地球科技研究所人员结构图

（数据来源：日本海洋地球科技研究所官网）

资金运作。从 2004 年到 2015 年，日本海洋地球科技研究所的年度预算一直保持在较高水平上，大约为 4 000 亿日元，其中 2009 年受金融危机的影响，出现了超额开支。

设施投入与使用。JAMSTEC 成立之后，日本成立了赞助会，建立了会员制，扩大了民间资本的投入，为中心提供设施投入保障。而设施由共同利用设施运营委员会进行管理。中心主要进行海洋科技方面的试验、研究，向有关部门提供科技情报，培训研修人员，提供设备、仪器的共享，为社会服务。

对外合作及服务。2014 年中科院广州地球化学研究所与 JAMSTEC 续签了合作研究协议。双方拟在未来 3 年内继续开展合作研究，并采取多种合作形式。这一合作对双方密切往来，共同致力于世界海洋环境问题的解决迈出了新的一步。

（8）瑞典哥德堡大学海洋研究中心。

布局特点。瑞典哥德堡大学海洋研究中心（Goteborg University Marine Research Centre）位于瑞典南部卡特加特海峡，约塔运河畔，与丹麦北端隔海相望，是北欧的咽喉要道。拥有完整的地块，四周紧邻城市道路，保持相对安静的工作环境，周围又不缺乏日常所需的生活区。

研究领域。哥德堡大学海洋研究中心的研究领域主要是实施和协调海洋科学负责领域的研究工作；通报负责的海域状况；在若干层次上支持海洋科学教育;协助国家和地方政府检测海洋环境[①]。

人才培养。哥德堡大学海洋研究中心人才较多,在这个中心名下从事海洋研究的共有科学家 200 名、博士研究生 250 名。该中心还在渔业生态学、水产研制、生态毒物学和水生化学方面开设许多博士生课程。

资金运作。瑞典的科学研究工作在很大程度上是由科学团体发动和评价的。因而它的研究资金系统是一个多元化的系统。其资金一部分由政府拨款或由各种研究委员 UI 支持,一部分则由企业或民间私人基金提供。

设施投入与使用。在设施的投入上,瑞典专门设置了两项基金,即战略环境研究基金和战略研究基金。设施投入主要是通过这两项基金获得的。瑞典的哥德堡大学海洋中心 6 艘船只,归中心所有,由中心负责运营管理。

对外合作及服务。哥德堡大学海洋研究中心在研究工作中与其他波罗的海国家、美国、英国、德国以及澳大利亚等国的同行学者有着密切的合作。2007 年,瑞典哥德堡大学海洋研究中心还向中国科学院院士、中国科学技术协会副主席符淙斌授予名誉博士学位,从而促进了创新资源的互利共享。

2. 小结

对上述 8 个海洋科技研究中心,经过初步对比看出其在空间布局指向、内部资源整合机制、区域产学研合作模式、全球创新要素流动与吸引等方面具有一定特征。

根据其海洋创新资源集聚与配置情况,大致可分为三种模式。

第一种模式为综合实力带动海洋创新资源的集聚模式,其中以美国伍兹霍尔海洋研究所为代表。其主要特征为综合实力强,拥有雄厚的经济实力和技术支撑。位于发达的工业区,拥有丰富的创新资源,附近有多所高校聚集,例如麻省理工学院等。在良好的创新资源氛围下,有助于海洋创新资源的集聚。

第二种模式为政策引导的海洋创新资源集聚模式,其中以日本海洋地球科技研究所 JAMSTEC 为代表。其主要特征为靠近首都,拥有良好的政策和经济环境,海洋产业发达,同时借助军事基地发展海洋创新,带动了海洋创新资源的集聚。

第三种模式为科学团体引领创新资源集聚模式,其中以瑞典哥德堡大学海洋研究中心为代表。其主要特征为海洋资源丰富,海洋科技人才聚集,科学研究工作在很大程度上是由科学团体发动和评价的。

---

① 潘学良. 瑞典的海洋研究与技术开发 [J]. 海洋信息,1998(5):23-25.

表3-5　世界八大海洋科技中心一览表

海洋科技中心	布局特征	研究领域	机构组成	人才培养	资金来源	设施投入与使用	对外合作及服务
美国伍兹霍尔海洋研究所	交通便利，安静的工作环境，生活方便，商业区	研究领域广泛	设4个研究所5个系	人才集聚	政府、私人、工业界	政府出资，WHOI管理和操作	华裔较多
美国斯克里普斯海洋研究所	交通便利，安静的工作环境，缺少生活区	研究领域广泛	设3个研究部3个实验室	人才集聚，提供学生出海实习锻炼的机会	政府资金和私人资金		与中国科学院海洋研究所开展合作
英国南安普顿国家海洋中心	交通便利，安静的工作环境，生活方便，商业区	研究领域广泛		人才集聚，部分人才来自欧盟及海外	典型的双轨制特色	由英国环境调查委员会和南安普顿大学共同负责管理英国调查船和主要设备的使用	与中国科学院海洋研究所合作密切
法国IFREMER海洋开发研究院	交通便利，安静的工作环境	研究领域广泛	设5个研究中心3个业务部	人才集聚	国家资助和自筹资金	政府出资，IFREME管理	与中国国家海洋局和中国海洋大学合作密切
俄罗斯斯希绍夫海洋研究所	交通便利，生活方便的商业区	侧重海洋学基础理论研究	设4个分所3个部	产学研的培养方式	政府资助	政府出资，希尔绍夫海洋研究所管理和使用	与中国青岛海洋科学与技术国家实验室签署合作协议
韩国海洋科学技术院	交通便利，生活方便的商业区	研究领域广泛	设7个研究部29个研究室	人才集聚	政府资助企业和有关研究机构资助	政府成立企业投资，KIOST仪器室管理	与世界海洋单位合作密切
日本海洋地球科技研究所	交通便利，靠近工厂和军事基地，办公条件好	探索未知海洋以及大气问题	设6个所9个部	人才逐年增加，研究院占比最大	资金逐年增加	成立赞助会，提供设施投资	与中科院广州地球化学研究所签署合作协议
瑞典哥德堡大学海洋研究中心	交通便利，安静的工作环境，生活方便的商业区	研究海域状况，支持海洋科学教育		人才集聚	多元化的系统	专门设置两项基金，中心负责设施管理	

第四节　青岛蓝色硅谷要素集聚与配置现状评价

一、青岛蓝色硅谷发展定位与布局

1. 建设定位

2015 年以来,青岛蓝色硅谷按照"一谷两区"的战略部署,围绕打造"中国青岛蓝色硅谷、海洋科技新城"和建设世界知名、国内一流海洋科技研发中心、成果孵化中心、人才集聚中心、海洋新兴产业培育中心和海洋知识产权交易中心"五大中心"的目标定位,发挥蓝色经济发展的龙头作用,放大比较优势,加快推进"三创"高地和聚集区建设,青岛蓝色硅谷呈现出良好的发展态势。

蓝色硅谷是青岛市委、市政府着眼未来发展,突出发挥青岛在山东半岛蓝色经济区战略核心作用而设立的新区,对于推动山东半岛蓝色经济区建设意义重大。"蓝色硅谷"应充分运用青岛市海洋科研水平、海洋资源、海洋领域人力资源优势,以现有海洋科技为基础,举全国之力建设成一个享誉国内外、具有国际水平的高科技产业集聚区。

2. 总体布局

2012 年 2 月 17 日,青岛市政府发布了《青岛蓝色硅谷发展规划》,它的总体布局应是"一区一带一园"。"一区"是蓝色硅谷的建设重点,指蓝色硅谷核心区,东起鳌山湾,鳌山卫和温泉两镇包含在核心区内,陆域总面积 218平方千米,海域总面积 225 平方千米;"一带"由核心区向南扩展,沿着滨海大道至崂山科技园城,规划面积 50 平方千米;"一园"是指高新区胶州湾北部园区,规划面积 63 平方千米。

3. 基本功能规划

蓝色硅谷代表一种新的生命体,将会形成一个创新栖息地,这个新生力量有丰富的内涵、全方位的视角、较高的起点,蓝色硅谷体现出一个新的发展理念和一种创新的发展理念,它具有促进、聚集、整合、扩展、孵化等功能。

（1）促进功能:促进国内外海洋科技交流与合作。

利用蓝色硅谷独特的区位条件和资源优势,有力地推进山东半岛蓝色

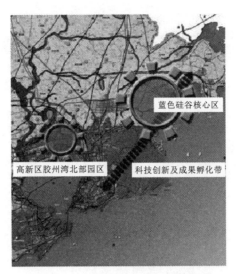

图 3-11　青岛市蓝色硅谷布局图

经济区之间的海洋科技合作交流,区域内各城市将会形成"功能互补、错位竞争、特色发展"的格局;密切与山东半岛蓝色经济区内各城市的科技分工与合作,加强半岛内部海洋科技项目研究;把蓝色硅谷作为合作交流的平台,加强青岛市与东部沿海各城市间的海洋产业联系。

引进先进的技术和优秀的人才,发挥各自资源、区位等优势,共同承接重大科技项目;以蓝色硅谷为纽带,推动国际海洋科技经济合作,建立与国外相关机构和企业长期稳定的合作关系,合作设立研究开发机构和产业化基地。

（2）聚集功能:聚集海洋类人才、技术、企业。

蓝色硅谷将为优秀科技人才施展才华提供更多的机会和更大的舞台,也会不断激活科技人才的创新潜能和活力,吸引高端海洋科技人才来这里安家创业,形成强大的人才凝合力。通过蓝色硅谷的建设,集聚更多的海洋高科技企业、海洋科教机构,致力于打造成为全国一流的海洋高科技产业聚集区。

（3）孵化功能:海洋高技术企业、人才和技术的"孵化器"。

蓝色硅谷不仅会促进原有海洋科技产业的稳固与发展,坚实传统产业的基础,也将带动海洋高新技术的发展,孵化出一支技术过硬的研发团队,创造大批海洋高新技术产品。加上蓝色基金对蓝色产业的扶持,也会孵化出大批海洋高科技产业。

（4）整合功能:整合区域内各种资源。

对资源的整合是一个知识再创造的过程,资源整合可以促使企业抓住发展先机,占领经济发展的制高点。运用蓝色硅谷灵活的机制,对区域资源进行优化配置,在更大空间范围内整合科技经济资源,力求获得整体的最优化,取得 $1+1>2$ 的效果。

(5)拓展功能:不断寻求空间和理念上的突破。

蓝色硅谷发展及功能释放要冲出地域边界对它的束缚,突破传统理念与制度的约束,打开地域边界和思维框架的制约,抛开有限的资源与不利环境的制约,逐步打造一片开放的蓝色天地。在发展理念上,要突破原有的政策与传统理念,创造出全新的发展模式;在人才机制上,要以积极心态对待人才流动,以全新方式吸引人才的加入;在投融资体制上,蓝色硅谷投资模式要赋予新的诠释,实现蓝色基金运作上的突破,使投资更加专业化、科学化和规模化[①]。

二、蓝色硅谷发展区域背景及基础

1. 青岛市地方协同创新环境

2015 年,青岛市实现海洋生产总值 2 093.4 亿元,同比增长 15.1%,占GDP 比重超过 22.5%,海洋第一、第二、第三产业比例为 4.6:49.3:46.1,二、三产业占明显主导地位。青岛海洋经济行业门类较为齐全,其中滨海旅游业、海洋交通运输业、海洋设备制造业和涉海产品及材料制造业 4 个主导产业增加值总量达 1 305 亿元,占海洋经济比重达 62.3%,拉动海洋经济增长7.6%。新兴海洋产业发展迅速,以海洋生物医药、海洋新材料、海水利用、海洋科研教育和海洋金融服务业等为主的新兴海洋产业增加值突破 250 亿元,达 256.8 亿元,同比增长 15.5%,占海洋经济比重达 12.3%。[②]

2. 蓝色硅谷建设已有基础

(1)"涉蓝"人才和高层次人才的引进。

蓝色硅谷不断加大对国内外领军人才的引进工作,先后引进"国家千人计划"、天津大学电信学院马建国院长领衔的海上通讯团队,泰山学者、澳大利亚国立大学信息工程学院副院长、博士生导师于长斌教授领衔的无人机研发团队,国家科技部"863 计划"专家库专家樊廷俊博士领衔的人工眼角膜内膜研发团队,归国人才周胜利教授领衔的胚胎干细胞研发团队等一批高端拔尖人才,并带动 48 家项目入驻蓝色硅谷创业中心。

蓝色硅谷核心区坚持人才引进和项目引进并举,以项目带人才,以人才

---

① 神瑞明."中国蓝色硅谷"重点产业选择及发展对策研究[D].中国海洋大学,2014.
② 2015 年青岛海洋生产总值同比增长 15.1%,中国海洋报,2016-04-05 第二版.

促项目,将人才引进与项目引进有机结合的新机制。蓝色硅谷核心区依托项目带动已引进各类"涉蓝"人才3.9万人,其中两院院士、国家千人计划、泰山学者等高层次人才300余人,硕士或副高以上高端人才1.6万人。人才储备充足为蓝色硅谷铺开创新创业蓝图奠定了坚实基础。

(2)逐步推进与青岛龙头产业的对接。

目前蓝色硅谷已进入快速发展轨道,三个主体功能区也正在展开布局。科技创新驱动区和科技创新综合服务区正在快速推进,"蓝色硅谷"重点产业项目建设取得明显进展,一批重点产业项目正在加快推进实施。

表3-6 蓝色硅谷重点产业发展现状表

产业类型	科技依托(研究机构/企业)	科研成果	发展现状/成就
海洋工程	天津大学	海洋工程装备海水综合利用	带动引进20余家企业入驻,加快成果转化和产业化发展,以每年10家以上的增速加强与企业的合作,共建校企联合研究中心,逐步吸引企业生产销售进驻青岛,带动相关产业发展
海洋新材料发展	中船重工725所海洋防腐蚀中心	远洋船舶压载水处理成套设备研发及产业化、船舶生活污水处理技术等关键技术和产品研发方面	青岛双瑞集团在腐蚀控制、电解制氯、船舶压载水、海水淡化等产业已达到国际领先水平。申请专利近100项,其中腐蚀控制行业达到相关国标、国军标和行业标准25项,是全球唯一一家获得世界七大主流船级社认证的供应商
海洋新能源	青岛威展海洋能源科技公司	波能引水及发电技术	威展海洋能源科技公司已取得美国、德国、日本等10个国家和地区的专利授权。该技术将有效解决我国在远离大陆地区进行深海和海岛开发过程中能源供应的瓶颈问题,应用前景广阔
海洋装备	青岛罗博飞海洋技术公司	物联网网箱远程监控系统	该公司打造的国内首套物联网网箱远程监控系统,已与大连獐子岛、青岛鲁海丰等企业合作开展试运行。该系统实现了养殖的全程自动化,还可以降低养殖成本

随着区域软硬件的逐渐完善,一大批海洋科研领域极具实力的高新企业正在蓝色硅谷落地生根。2015年以来,蓝色硅谷核心区充分发挥科技研发、成果孵化、产业培育集中集聚的独特优势,努力推动海洋工程、海洋新材料、海洋新能源、海洋装备等重点产业与青岛市龙头产业的对接,链条不断完善,发展规模日益壮大,形成"蓝色、新兴、高端"的蓝色产业体系。

三、蓝色硅谷要素集聚与配置制约因素评价

1.高端专业要素引入的层次和时序难以跨越

蓝色硅谷实现全球涉海领域创新高地的目标,客观需要吸引和集聚世

界领先水平的创新高端要素(尤其是涉海高级人才和技术),但是无论是传统创新集聚的理论探讨还是国际、国内实践证明,都基本上显示出高端创新要素不会独立和单纯地产生、集聚和发挥作用,确实需要中低层要素的基础铺垫和外围架构,形成一种创新要素层次"金字塔"结构,但即使有了上述条件也未必必然产生和吸引高端要素;创新中心发展的历史与国际经验表明,基于金字塔结构设计的创新要素集聚也还需要系统和持续的要素聚合与自我再繁殖的过程,当然这一过程也存在一定的成功概率,而非必然。

当今蓝色硅谷建设存在着重视基础与硬件的规划建设,属于搭建了一些基础要素,而忽视高端要素集聚与产生的"软组织"构建,这在一定程度上会阻碍高端要素的顺利聚集;同时,在建设过程中过于追求硬件规划的建设进度,对于适合鼓励高端要素的知识产权开发与保护、微观创新环境等方面,没有引起足够的重视。

2. 创新要素间的聚合与重组目标有待聚焦

国际创新高地(包括一般创新高地和涉海创新高地)的形成,主要是国家发展战略目标引导与市场化竞争与合作博弈的综合结果,对于后续的规划建设"全球创新高地"的任何计划,也必须综合考虑政府战略目标指引下的明确需求引导和持续稳定投入扶持,并鼓励和引导以企业和行业为载体的市场优势要素的介入。

蓝色硅谷现有的建设过程已经得到国家和地方政府的政策倾斜和大规模投入,但是体现国家和地方政府需求的引导力量显然不足,使得涉海基础研究和应邀研究、开发研究的导向不太清晰;同时,由于蓝色硅谷建设定位和青岛市涉海科技企业的相对缺失,或者说已有主流强势企业未能融入蓝色硅谷产业化开发的方向之中,使得政府推动的需求与企业(行业)需求目标没有实现深度或者正面"接轨",这会给创新要素的聚集和转化带来困难。

3. 创新要素流动的外部管道有待强化

全球不同行业的创新高地之间已经形成相对顺畅的全球知识循环体系(global knowledge circulation system),形成一种所谓创新活动的"关系邻近性"(relational proximity),而这种关系的维持需要全球创新远程管道(global pipeline)的铺陈与高效率运作。如果只注重全球创新要素的集聚方面的建设,而忽视全球创新要素流动性的渠道建设,首先就可能建不成要素集聚的国际创新高地,因为全球创新具有竞争性和趋优性,不会轻易选择非管道系统成员的地点聚集;其次,即使通过更大投入或者临时机遇吸引到高端要素集聚,也会使得上述要素因为脱离全球主流渠道而被边缘化,或者造成已集聚要素的"再流失"。

青岛蓝色硅谷已经开始着手与全球主要涉海研究机构（美国伍兹霍尔、斯可瑞普斯海洋研究所、俄罗斯希尔绍夫海洋研究所等）的战略合作渠道体系建设，也相互参与全球行业性创新活动，但是还缺乏在更广泛的创新中心和更深入的优势要素集聚中心的战略联盟与渠道化建设；也还缺乏与发展中国家和"一带一路"沿线国家的科技人才、技术流动（输出）渠道建设，其全球影响力会受到影响。

4. 创新要素流动的本地效应尚未引起重视

纵观全球创新高地的建设经验，除非原苏联时期的远东地域生产综合体（territorial production complex）模式的有限度成功之外，当今国际很少有成功的孤立"创新飞地"，即使有也需要强势和持续的远程高成本投入来维持，实际属于不得已而为之，不具备可开放和市场化背景下的"复制"意义，因此，与全球创新管道建设密切关联的就是创新"地方互动"（local buzz）。

青岛蓝色硅谷建设位于青岛市东部城区外围，虽然有着开发和生活成本较低的优势，但是也存在高端商务成本和创新要素软环境建设成本居高的缺憾，这在一定程度上加大了本地优势要素在蓝色硅谷集聚的难度（当然会随着基础设施改善而降低集聚壁垒）；同时，青岛西海岸国家级新区战略的实施，红岛经济区的涉海产业集群建设的进展，以及青岛东部沿海核心城区的城市更新，都会形成对于高端涉海要素的竞争，如何寻求蓝色硅谷的竞争优势和特色，是今后需要解决的要素集聚课题。

四、蓝色硅谷创新要素集聚–配置模式借鉴

1. 区域创新要素集聚–配置的系统框架

青岛蓝色硅谷的创新要素集聚–配置的系统框架，主要基于对接全球创新网络和搭建地方创新体系相结合的思想，结合青岛蓝色硅谷要素集聚与配置的可能过程。该框架的机理如下：

通过搭建具有全球创新网络联通渠道，形成具有全球知识循环的开放式结构，保障全球创新要素的流入和输出；

构建具有国家海洋战略目标导向的涉海主体机构（国家实验室、深海基地、涉海大学及研发机构、涉海服务机构等），通过创新支撑与中介服务机构实现创新沟通和协同；

通过政府主导的规划和先期基础设施投入作为支撑和推动，鼓励和引导市场化和专业性创新要素的外部流动与内部转换，尤其是强化创新要素的集聚、聚合、选择、匹配、融入、提升、新创等环节，实现创新要素的实际发挥作用，以达到要素集聚和配置的目标。

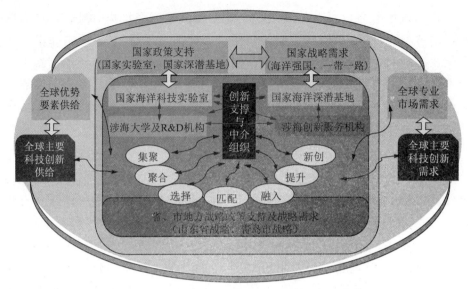

图 3-12　青岛蓝色硅谷创新要素集聚与配置框架

2. 全球创新要素集聚－配置模式选择

蓝色硅谷应该充分借鉴国际主要创新要素集聚与配置模式,以美国综合实力模式为建设目标,深入挖掘青岛市本土优势和创新底蕴,学习日本政府主导模式中有裨益的成分,争取国家政策优惠支持,借鉴法国和美国北卡三角模式,构建具有蓝色硅谷特色的创新科技城和科技协同创新园,借鉴瑞典模式夯实科研团队基础实力,借鉴美国休斯敦模式吸引和寻求挂靠国际和国家大型涉海产业集团,服务于国家重大海洋开发工程,推动创新要素强势集聚,借鉴美国硅谷市场竞争模式,培育和保护创新活动产权,吸引各类市场化要素向青岛蓝色硅谷集聚并实现本土化转化。

表 3-7　创新要素集聚－配置国际经典模式总结

基本模式	基本特征	代表地区 （城市、机构）
综合实力 集聚模式	雄厚的区域整体实力,丰富的高级创新资源供给;完善的创新基础设施平台及网络;政府－市场结合的创新规制体系;业已形成的全球化创新网络顶层地位	美国大波士顿地区（128 号公路、Woods Hole）
创新中心 集聚模式	规划推动海洋特色科研创新中心（Techno-pole）;营造密切而清晰的区域产学研合作区域网络;建立广泛而夯实的全球合作伙伴	法国布雷斯特
创新协同 集聚模式	州政府牵头创立依托大学的研究园区;吸引高技术企业研发机构入驻;构建城市间区域协同创新网络	美国北卡罗三角研究园
政府主导 集聚模式	靠近国家首都,基于国家战略支持;邻近太平洋港口,海洋产业发达;借助军事基地,服务其国家海洋战略	日本海洋地球科技研究所

基本模式	基本特征	代表地区 （城市、机构）
科研主导 集聚模式	海洋资源丰富，海洋科技人才聚集；科学研究由科学团体发动和评价	瑞典哥德堡大学 海洋研究中心
产业总部 引领模式	全球深海能源、矿产企业聚集地；航天高技术应用与集成中心；医疗卫生及生活环境优越	美国休斯敦
市场竞争 集聚模式	完善高效的风险投资机制，为研发提供资金来源；成熟而丰富的专业性创新服务群落；充分的国际人才要素竞争性流动	美国加州洛杉矶 都市区

当然，青岛蓝色硅谷还不完全具备适应上述创新要素全球配置的国际模式所需的基础条件和特色优势，但是可以初步确立借鉴不同国际模式的某些方面经验，形成基于不同阶段侧重参照不同重点模式的组合型全球创新要素配置模式（可以简称"蓝色硅谷模式"），即：初期以政府规划和先期投入为先导，着力建设以海洋科技创新核心团队和领域，以及对应的科技服务硬件设施为重点，逐步建立与国际、国内涉海创新机构和组织的协同创新关系，同时加大行业主流企业介入的力度，以及推动本区产品与服务参与国际高端竞争，最终达到具有全球综合竞争实力的阶段，具体表达如下：

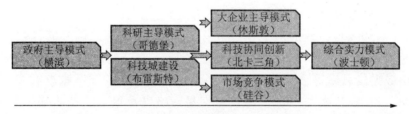

图 3-13　青岛蓝色硅谷全球要素配置模式（"蓝色硅谷模式"）组合示意图

第五节　面向全球网络的海洋创新资源全要素节点建设

一、海洋学术创新网络节点建设

海洋学术创新网络节点建设是蓝色硅谷创新要素全球节点建设的核心内容。需要以"蓝色硅谷模式"为基本依据，依托蓝色硅谷已有和在建知识密集型核心成员（以涉海大学、学院、涉海研究机构为主要载体），以已有的各单位国际学术联系为基础，整合和提升蓝色硅谷整体模式下的新型国际学术交流网络,搭建青岛(蓝色硅谷)-全球蓝色学术创新网络。初期建议与北美波士顿、圣迭戈、洛杉矶、休斯敦,加拿大布里斯班和帕斯,欧洲布雷斯特、基尔、汉堡、南安普顿、朴茨茅斯、伦敦,亚洲新加坡、釜山、横滨有关大学、研究机构和学术型组织等建立涉海学术网络。具体建设内容包括:

第一,围绕国家战略性海洋新兴产业对技术创新的需求,加快推进蓝色硅谷对于海洋战略新兴产业的支撑平台建设,强化国家和地方政府对于蓝色硅谷核心科研团队及成果的投入和开发促进,形成吸引和集聚国际对应涉海创新要素的基础吸引力量。

第二,加强已有创新集聚要素的创新融合和重组,形成更富国际吸引力的蓝色硅谷特色涉海科技研发群体,进一步促进和强化与全球涉海创新网络的交流和沟通,形成全球海洋科技研发品牌。

第三,引入涉海领军企业和金融组织机构,推动本区核心涉海科技产品和服务国际市场竞争,形成全要素全球流动与竞争性吸引的新格局。

二、海洋技术交易全球网络节点建设

借鉴美国硅谷、以及南加州硅滩等的科技与市场交易密切结合的经验,围绕加快推进青岛国家级海洋技术成果交易国际水准和国际兼容专业化市场建设,具体建设内容包括:

第一,加大地方政府对于蓝色硅谷的财政投入,参照国际海洋技术交易平台建设理念与规范,推动蓝色硅谷核心区在办公场所、信息网络平台、海洋科研成果信息库等公共基础设施建设方面,进一步向国际水准看齐。

第二,在积极参与全球涉海技术交易网络以及重点活动的基础上,进一步扩大海洋科技成果交流平台建设的国际宣传与推介,大力吸纳国内外各类优质海洋科技资源和海洋科技发展相关要素进入市场,以专业化市场引导区内海洋科技优质资源向涉海企业聚集,推动涉海重大科技计划项目及涉海行业共性技术、关键技术的转移和扩散。

第三,建立涉海技术交易的规则执行细则,强化专业化交易保障市场监管制度,保障国内外交易主体的权益和利益,加大打击对违规和非法型技术的交易行为。

三、海洋商业媒介网络节点建设

借鉴美国洛杉矶都市区产业创新经验,推动青岛市商业、传媒与海洋科技创新的战略对接,具体建设内容包括:

第一,利用新华社及所属国家及媒体的平台植入,依托本区国际化展览平台及组织,推动其他国际化媒体和国际商业集团介入,建设青岛蓝色国际高端论坛、中国－欧盟商贸国际合作论坛等品牌,推动蓝色硅谷的国际影响与交流能力提升。

第二,建立与欧盟为主体的涉海学术－商业联展网络联系,举办我国与欧盟国家的海洋综合性和专业性会展及学术研讨,建立蓝色硅谷特色品牌学术论坛和专业会展,争取后续邀请北美洲、美国、大洋洲,动员其他国家举办相关类型学术－商业一体化联展。

第三,强化与青岛市全球知名品牌的战略对接和直接引入,鼓励其发展涉海或对接海洋产品与服务的企业新业态,通过其已有渠道和新设渠道,加速进入国际涉海科技服务市场。

四、海洋金融资本网络节点建设

借助洛杉矶、旧金山等科技产业与金融一体化的国际先进经验,利用青岛金融改革试验区建设与蓝色硅谷战略融合机遇,提升本区蓝色国际融资能力,具体建设内容包括:

第一,建立与全球蓝色经济相关产业的融资支撑平台的联系,尤其是寻求与国际离岸金融中心、海洋科技创新风险投资中心的联系,寻求参与全球蓝色资金循环网络。

第二,积极引进国际产融一体化的集团参与蓝色硅谷核心区的软硬件设施建设,近期鼓励国际资本分支结构参与蓝色硅谷核心区的战略合作论坛。

第三,鼓励蓝色科技研发机构主动引入科技－金融跨级人才,建立科技、金融人才交流与合作团队,通过合作与交流推动海洋科技的金融市场融入。

五、海洋产业价值链网络节点建设

学习借鉴欧盟(法国、德国、荷兰等)、日本、美国等国家涉海产业与科技创新深度融合的经验,主动对接国家海洋强国战略对于战略新兴产业的需求,以及由其需求延伸出的海洋科技选题,融入国际海洋科技－产业一体化价值网络,具体建设内容包括:

第一,铺设海洋科技研发－产业化促进－海洋战略产业集成－国家海洋强国战略的导向体系,明确蓝色硅谷核心起始环节的重大意义和转导机制,实现青岛蓝色经济创新策源地的战略价值。

第二,强化政府服务职能,促进产业集群所必需的企业组织、技术和人力资源建设,降低创新活动的税负,加大对本地海洋高技术企业的培育扶持力度。

第四,鼓励和引导相关蓝色硅谷与涉海企业、金融机构战略联合背景下的产业国际渗入和转移,尤其是沿着"一带一路"中的"海上丝路"推进我国海洋科技产业的国际化。

第六节　海外蓝色创新人才引进与利用

一、全球创新人才集聚的主要模式

1. 创新人才集聚的模式

从创新人才集聚形成原因的角度来看,集聚的模式主要有以下三种:① 市场主导模式。在市场机制已经非常完善的发达国家,创新人才集聚的模式往往是自发的市场主导模式,人才集聚的形成和演化基本是在市场和人才互动过程中完成的,例如美国硅谷、128 号公路等。② 政府扶持模式。这种模式在一些新兴工业化国家应用较多,这是由于这些国家市场机制相对不完善,创新人才集聚自发作用较弱,短期很难形成特定的人才集聚,因此人才集聚的模式主要是政府扶持型。例如印度班加罗尔等[1]。③ 单一计划型模式。该种创新人才集聚模式是计划经济条件下所特有的人才集聚模式,根据国家的经济计划,集中全国力量迅速调集和选配创新人才,且绝大部分的人才流动是在国家统筹计划之下的。例如前苏联、我国改革开放前以及日本筑波科学城等[2]。

从影响创新人才集聚因素上看,有以下四种集聚模式:

(1)收益优势依傍型集聚模式。这里的收益是一个复合的指标,除了经济收益,还应当包括职业发展前景、工作生活条件与环境、地理与气候环境、社会文化氛围和精神追求等等。这是因为:获取更高的收入和个人发展前景或更多地发挥个人才能的条件和机会是高端人才流动的主要因素之一,人才流动的主要决策单位是家庭,人才倾向于选择有利于整个家庭生活的区域和环境,人才具有精神需求,往往喜欢寻找适合自己个性的文化氛围。相对于其他人才,高端人才流动空间要大得多,这是因为高端人才所拥有的知识、技能与能力是存在于人的头脑中的,是外力无法强制拥有和控制的。在那些能够为高端人才提供满意净收益的地区或组织内,高端人才集聚效果往往非

① 陈雁玲. 武汉东湖高新区自主创新对策研究 [D]. 华中科技大学,2007. 冯雪冬. 中关村科技园区发展模式研究 [D]. 首都经济贸易大学,2005.
② 张樨樨. 国外人才集聚模式的类型分析 [J]. 改革与战略,2010(7):175-177.

常好。

（2）产业集聚推动型人才集聚。研究发现,知识和技术密集型的产业集聚区往往靠近大学、科研机构,高新科技产业集聚基本上是脑力驱动或知识密集型的,可以从大学、科研机构得到满足该产业所需的管理、技术创新成果等,占据人才资源的优势,减少研发的时间和费用;大学和科研机构不仅可以得到一定的科研经费,也找到了一个很好的实践基地,促进了人才的培养和学校的发展。例如,美国的休斯敦、硅谷、中关村等。

（3）"领头羊"效应集聚模式。所谓羊群行为是指这样一种非理性行为:投资者在不确定信息环境下,行为会受到其他投资者的影响,如模仿他人决策,或过度依赖于舆论等。一方面,创新大师和学术大师会引来很多拥趸和学生,这会自发形成人才的集聚;另一方面,高端人才市场信息有时是不完全、不对称的,一部分高端人才会受"领头羊"影响做出流动的选择或选择流向地。

政府牵引型集聚模式。社会、制度是影响人才流动的主要因素之一。一个具有封闭和不鼓励创新制度的地区是无法吸引外界创新人才进入的。政府通过调整人才管理体系、改革人才管理制度、完善相关法律法规、出台人才激励政策等手段,使人才的成长、流动与经济发展战略相适应,以充分发挥人才的作用,促进经济的发展[①]。

世界上每个创新中心的人才集聚模式都不是单一的模式,一般分为两种情况:第一种情况是一种模式主导,几种模式为辅的情况。第二种情况是几种模式共同发挥作用的情况。例如,美国休斯敦,20世纪初,利用陆海石油开发产业兴起的机遇,不断聚集和发展石油开发、加工和石化下游产业,形成集聚效应,这时候的人才集聚模式主要是产业集聚推动型;而"二战"后,休斯敦利用国家航天战略新兴战略发展与布局机遇,形成国家航天科技与产业城市,形成航天高技术应用与集成中心,这时候政府牵引型人才集聚模式加入人才集聚的模式行列;当休斯敦逐渐成为墨西哥湾和加勒比海国家（地区）巨大的商品物流中转基地,也形成石油、原材料等重型物资储运基地,以及形成服务于中南美洲并控制全球深海探测与开发中低端产业群的时候,这明显是收益优势依傍型集聚模式的人才集聚。可以说,当今休斯敦的人才集聚是产业集聚推动型、政府牵引型和收益优势依傍型人才集聚模式共同作用形成的。

2. 创新人才集聚模式评价

世界上绝大多数科技创新中心的形成,以市场机制驱动的人才集聚"自

---

① 孙丽丽,陈学中. 高层次人才集聚模式与对策 [J]. 商业研究,2006（9）:131-134.

组织"模式（即自发演进形成）已成为主流，"自组织"模式是相对成功的主流模式。例如著名的硅谷和波士顿 128 号公路等。"自组织"模式主要包括上文所述的市场主导型人才集聚模式和收益优势依傍型集聚模式、产业集聚推动型人才集聚和"领头羊"效应集聚模式。这几种模式主要发生在市场机制比较完备的欧美发达国家。原因是：第一，欧美发达国家多数持有这样的制度设计理念——创新政策应倾向于自由主义经济，因而自发集聚的模式更受推崇，且在制定国家创新战略时强调（政府）资助基础研究，而让市场去决定哪些想法关键且可行，私人企业会将那些研究创新地转化为产品与服务。第二，多数科技创新中心的兴起并不依赖于政治或经济中心所制定的区域性规划政策，而是很大程度上依靠那些从事基础研究的高校和科研机构对专利许可或技术转移、合作研发的市场化转让政策。

与"自组织"形成的人才集聚模式不同，单纯"政府干预"形成模式相对来说成功率较低，这是因为：第一，经济系统是一个复杂的系统，政府不可能做到面面俱到，而政府忽略的很多方面正是导致创新要素相互联系和发生"反应"的重要因素。第二，一般政府的行政活动相对于市场活动反应较慢，一旦跟不上市场活动的变化，会成为制约创新的阻力，造成创新效率低下和影响未来发展。第三，政府干预不利于创新文化和氛围的形成，行政文化会对创新文化形成侵蚀，造成创新失去文化依托和一部分精神依托。例如，"政府干预"模式以日本的东京都地区为代表。日本政府通过五次"首都圈规划"将东京都市圈逐步打造成为以高端制造和现代服务相结合的、在亚洲地区首屈一指的科技创新中心。不过，也有相当的研究证据显示，经过（政府）刻意规划的区域性创新中心（如科技园区）建设不少都未能如愿。尽管这类区域拥有不少高端创新要素，以及具备高水平内部资源和能力的企业，但要素的"碰撞"却没能产生足够的"火花"，多数园区内创新主体（企业）之间合作与互动性学习的创新网络并未形成。这不仅仅发生在法国、日本以及中国台湾地区的一些科技园区内（其中多数区内企业间创新互动少，更多是与非本地的外部企业产生纵向转包关系），也同样发生在国内近些年大规模扩建的各类"科技园区"。即便在一些地区一段时间内在地方政府或公共部门的强势干预（如开放公共实验室、政府主导的产业技术联盟）下，形成了一定规模的创新网络。但因为缺少市场化激励机制，这类创新网络对促进本地产业的创新和竞争力提升（尤其是中小企业）作用十分有限，长期性"内生"的区域发展条件（市场导向的创新驱动方式）难以形成①。

---

① 熊鸿儒. 全球科技创新中心的形成与发展 [J]. 学习与探索, 2015（9）：112-116.

二、青岛蓝色硅谷高端人才海外吸引策略

1. 建设面向全球的海洋科技创新数据服务平台

以已经开展的全球海洋科技实验室(各个国家的海洋研究中心)领导人会晤机制为切入点,积极开展联合攻关和优势互补并重的国际高端合作,升级已有的全球海洋科技合作网络。依托伟东教育云研发基地,发挥国际大学创新联盟带动作用,携手联合国教科文组织、跨国机构及全球知名院校,建设大型专属教育云计算数据中心和互联网教育核心研发基地,打造覆盖全球、领先国际的互联网教育资源公共服务平台。

2. 开拓"一带一路"沿线海洋科技合作通道

加强与"一带一路"沿线各国间的海洋科技交流,加快东亚海洋合作平台建设,强化对东南亚、南亚、非洲、南欧乃至大洋洲国家的海洋科技项目服务和人才输出、培训支持,积极开展与上述海洋丝绸之路国家的海洋科技项目联合研究和学术交流。

3. 参与甚至主导全球及区域性海洋科技组织建设

强化蓝色硅谷与中韩海洋科学共同研究中心、联合国教科文组织政府间海洋学委员会海洋动力学与气候培训与研究中心(UNESCO/IOC-ODC)、中国东亚海环境管理伙伴关系计划(PEMSEA)中心、东南亚海洋预报与研究中心等的国际海洋科技合作平台的关系建设,支持爱尔兰丁达尔国家实验室、澳大利亚国立大学、斯威本科技大学等国际科研机构与区域内科研机构和企业建立跨境联合研发中心。充分发挥全球海洋峰会、气候变率及可预测性(CLIVAR)开放科学大会、中俄工科高校联盟(ASRTU)论坛年会、东亚海大会、政府间海洋学委员会西太平洋分委会海洋科学大会、海峡两岸气候变迁与能源可持续发展论坛等高端平台的功能,吸引世界著名科学家参会,增强国内外海洋领域科学家的交流。

4. 营销和品牌化蓝色硅谷的全球海洋科技中心地位

积极争办相关全球涉海会议和论坛,争取渗透和主导有关海洋科技及产业化话语权和产出知识产权,推动新华海洋科技指数建设成为蓝色硅谷科技创新知识产权品牌。发挥新媒体等手段在科学机构与大众之间的传播和积极影响作用,推动与商业机构、民间组织、国际机构的合作。对标博鳌论坛,聚焦服务国家"一带一路"倡议和海洋强国战略,全力打造中国青岛海洋国际高峰论坛。

第七节　对策建议

一、将青岛蓝色硅谷要素集聚战略纳入国家科技创新规划蓝图

坚持《"十三五"国家科技创新规划》提出的"把人才驱动作为本质要求"和"把全球视野作为重要导向"的基本原则，围绕构筑涉海领域的国家先发优势，服务于国家发展深海、深蓝等领域的战略高技术等战略目标，充分利用国家对于创新核心要素吸引的国家优惠政策，开展在海洋领域的全球创新要素集聚试点工作。

二、依托已有国家级区域创新规划争取更多要素集聚优惠政策

在山东半岛蓝色经济区政策基础上，积极纳入"山东半岛国家自主创新示范区"的"具有全球影响力的海洋科技创新中心"建设战略，充分利用政策优惠条件，开展国际和国内要素集聚的营销工作。

三、试点发展中国家海洋创新人才培育与科技服务

结合《"十三五"国家科技创新规划》提出的服务于"一带一路"倡议的规划指引，积极开展全球发展中国家（尤其是沿着"海上丝路"国家和全球小岛屿国家）的涉海人才培训和科技服务，建立自主的海洋创新要素扩散和再集聚体系。

四、建立国际化涉海要素集聚服务信息平台

建议科技部予以支持，支持蓝色硅谷核心区进一步与新华社各类专业指数体系和信息库体系建设深度融合，建立中国特色的海洋科技创新要素（人才群、科技成果群、投融项目群等）大数据信息平台，对内、外提供专业化和动态持续性服务。

参考文献

[1] Alcouffe A, Kuhn T. Schumpeterian endogenous growth theory and evolutionary economics[J]. Journal of Evolutionary Economics, 2004, 14 (2) : 223-236.

[2] Pessoa A. "Ideas" driven growth: the OECD evidence[J]. Portuguese Economic Journal, 2005, 4 (1) : 46-67.

[3] Arimoto T. Innovation policy for Japan in a new era[M] // Whittaker D H, Cole R E. Recovering from success: innovation and technology management in Japan, Oxford: Oxford University Press, 2006: 237-254.

[4] Balland P A, Boschma R, Frenken K. Proximity and innovation: from statics to dynamics[J]. Regional Studies, 2015, 49 (6) : 907-920.

[5] Bathelt H, Malmberg A, Maskell P. Clusters and knowledge: local buzz, global pipelines and the process of knowledge creation[J]. Progress in Human Geography, 2004, 28 (1) : 31-56.

[6] Benner M J, Tushman M. Process management and technological innovation: a longitudinal study of the photography and paint industries[J]. Administractive Science Quarterly, 2002 (47) : 676-707.

[7] Chesbrough H. The logic of open innovation: managing intellectual property [J]. California Management Review, 2003, 45 (3) : 33-58.

[8] Coccia M. Political economy of R & D to support the modern competitiveness of nations and determinants of economic optimization and inertia[J]. Technovation, 2012, 32 (6) : 370-379.

[9] Mondal D, Gupta M R. Innovation, imitation and multinationalisation in a North-South model: a theoretical note[J]. Journal of Economics, 2008, 94(1): 31-62.

[10] Gnyawali D R, Park B J R. Co-opetition between giants: collaboration with competitors for technological innovation[J]. Research Policy, 2011, 40 (5) : 650-663.

[11] Henderson R M, Clark K B. Architectural innovation: the reconfiguration of existing product technologies and the failure of established firms[J]. Administrative Science Quarterly, 1990, 35 (1) : 9-30.

[12] Herrmann A M, Peine A. When "national innovation system" meet "varieties of capitalism" arguments on labour qualifications: on the skill types and scientific knowledge needed for radical and incremental product innovations[J]. Research Policy, 2011, 40 (5) : 687-701.

[13] Howell A J. Inside China's "Growth Miracle" : A Structural Framework of Firm Concentration, Innovation and Performance with Policy Distortions [D]. Los Angeles: University of California, 2014.

[14] Madsen J B. Semi-endogenous versus Schumpeterian growth models: testing the knowledge production function using international data[J]. Journal of Economic Growth, 2008, 13 (1) : 1-26.

[15] Malerba F. Innovation and the evolution of industries[J]. Journal of Evolutionary Economics, 2006, 16 (1/2) : 3-23.

[16] Monferrer D, Blesa A, Ripollés M. Born globals trough knowledge-based dynamic capabilities and network market orientation[J]. BRQ Business Research Quarterly, 2015, 18 (1) : 18-36.

[17] O'Hara A B. Both a borrower and a saver be: Housing in the household portfolio[M]. 2003.

[18] Owen-Smith J, Riccaboni M, Pammolli F, et al. A comparison of US and European university-industry relations in the life sciences[J]. Management science, 2002, 48 (1) : 24-43.

[19] Peretto P F. Fiscal policy and long-run growth in R & D-based models with endogenous market structure[J]. Journal of Economic Growth, 2003, 8 (3) : 325-347.

[20] García-Peñalosa C, Wen J F. Redistribution and entrepreneurship with Schumpeterian growth[J]. Journal of Economic Growth, 2008, 13 (1) : 57-80.

[21] Rigby D L, Brown W M. Who benefits from agglomeration?[J]. Regional Studies, 2015, 49 (1) : 28-43.

[22] Sengupta J, Ghosh S, Datta P, et al. Physiologically important metal nanoparticles and their toxicity[J]. Journal of Nanoscience and Nanotechnology, 2014, 14 (1) : 990-1006.

[23] Tushman M L, Anderson P. Technological discontinuities and organizational environments[J]. Administrative Science Quarterly, 1986, 31 (3) : 439-465.

[24] Un C A, Cuervo-Cazurra A, Asakawa K. R & D collaborations and product

innovation[J]. Journal of Product Innovation Management, 2010, 27（5）：673-689.

[25] Van Der Duin P, Heger T, Schlesinger M D. Toward networked foresight? Exploring the use of futures research in innovation networks[J]. Futures, 2014, 59：62-78.

[26] Wang Y, Vanhaverbeke W, Roijakkers N. Exploring the impact of open innovation on national systems of innovation—A theoretical analysis[J]. Technological Forecasting and Social Change, 2012, 79（3）：419-428.

[27] Uchida Y, Aoyama H. Development of basic system to construct database of machining know-how[C]//LEM 2007-4th International Conference on Leading Edge Manufacturing in 21st Century, Proceedings. Fukuoka：[s. n.], 2007.

[28] 陈宏愚. 关于区域科技创新资源及其配置分析的理性思考[J]. 中国科技论坛, 2003（5）：36-39.

[29] 程琦. 北卡罗来纳的三角研究园[J]. 中国高新区, 2005（8）：52-53.

[30] 陈霞. 武汉东湖高新区二次创业能力研究[D]. 武汉理工大学, 2012.

[31] 陈雁玲. 武汉东湖高新区自主创新对策研究[D]. 华中科技大学, 2007.

[32] 冯雪冬. 中关村科技园区发展模式研究[D]. 首都经济贸易大学, 2005.

[33] 付饶闻博. 中国光谷与美国硅谷的比较研究[D]. 武汉理工大学, 2013.

[34] 高抒. 美国伍兹霍尔海洋研究所[J]. 自然杂志, 1986, 9（9）：702-706.

[35] 高洋. 韩国海洋开发研究所简介[J]. 海洋信息, 1997（12）：28-29.

[36] 冬木. 韩国成立海洋科学技术院的解读[N]. 中国海洋报, 2012-07-20（4）.

[37] 韩立民, 刘迪迪. 关于中国"蓝色硅谷"建设的几点思考[J]. 经济与管理评论, 2012（4）：133-136.

[38] 韩立民, 周海霞. 中国"蓝色硅谷"的功能定位、发展模式及创新措施研究[J]. 海洋经济, 2012, 2（1）：42-47.

[39] 韩增林, 狄乾斌, 刘锴. 海域承载力的理论与评价方法[J]. 地域研究与开发, 2006, 25（1）：1-5.

[40] 黄洲, 叶乐阳, 张光丽, 等. 建立北部湾物流金融服务平台——广西参与"一带一路"建设的重要抓手[J]. 广西经济, 2014（7）：46-48.

[41] 冷静. 推动青岛蓝色硅谷加快发展的对策研究 [J]. 青岛职业技术学院学报, 2014, 27 (3): 20-25.

[42] 李桂香. 法国海洋开发研究院 [J]. 海洋信息, 1995 (9): 29-30.

[43] 李海超, 齐中英. 美国硅谷发展现状分析及启示 [J]. 特区经济, 2009 (16): 82-83.

[44] 李军. 对美国硅谷奇迹的思考 [J]. 学术交流, 2003 (10): 77-81.

[45] 李其荣. "凡事都有可能" —— 美国硅谷文化探幽 [J]. 安徽史学, 2005 (4): 5-10.

[46] 林学军. 美国硅谷的研究模式和中国创新战略思考 [J]. 暨南学报 (哲学社会科学版), 2007 (4): 64-68 + 154.

[47] 刘春香. 美国硅谷高科技产业集群及其对中国的启示 [J]. 工业技术经济, 2005, 24 (7): 35-36 + 39.

[48] 刘堃, 周海霞, 相明. 区域海洋主导产业选择的理论分析 [J]. 太平洋学报, 2012, 20 (3): 58-65.

[49] 刘文俭, 李光全. 青岛蓝色硅谷建设国家海洋科技自主创新示范区的战略研究 [J]. 青岛科技大学学报: 社会科学版, 2012, 28 (4): 74-78.

[50] 刘云起. 韩国海洋研究所 [J]. 海洋信息, 1994 (4): 21-22.

[51] 吕蓓蕾. 法国海洋开发研究院 [J]. 中国科学基金, 1991 (1): 77-78.

[52] 吕晓蔚. 全球金融中心的分类和区位布局 [J]. 特区经济, 2007 (7): 17-18.

[53] 罗良忠, 史占中. 美国硅谷模式对我国高科技园区发展的启示 [J]. 山西财经大学学报, 2003, 25 (2): 36-40.

[54] 马吉山. 区域海洋科技创新与蓝色经济互动发展研究 [D]. 中国海洋大学, 2012.

[55] 马煜. 从美国硅谷看创新型区域建设 [J]. 上海经济, 2014 (1): 53-55.

[56] 倪祥玉. 天津滨海高新区建设国家自主创新示范区研究 [J]. 港口经济, 2014 (12): 37-40.

[57] 宁连举. 电子政务信息资源共享系统的博弈分析 [D]. 北京邮电大学, 2007.

[58] 潘学良. 瑞典的海洋研究与技术开发 [J]. 海洋信息, 1998 (5): 23-25.

[59] 钱辰伟. 英国南安普顿海洋城市博物馆 [J]. 城市建筑, 2012 (7): 54-59.

[60] 秦宏, 谷佃军. 山东半岛蓝色经济区海洋主导产业发展实证分析 [J].

海洋科学,2010,34(11):84-90.

[61] 邱凤霞.基于社会网络的海洋经济创新系统分析[D].河北工业大学,2014.

[62] 闫佐鹏.美国斯克里普斯海洋研究院[J].地质地球化学,1982(9):59-61.

[63] 佚名.深圳高新区:聚集创新资源成就高端产业集群[J].硅谷,2011(19):10017-10018.

[64] 隋映辉,卢磊.基于"六位一体"的园区创新机制——以青岛"蓝色硅谷"为例[J].科学与管理,2014(5):15-20.

[65] 孙兵兵.中关村科技园创新国际化模式与对策研究[D].北京理工大学,2015.

[66] 孙丽丽,陈学中.高层次人才集聚模式与对策[J].商业研究,2006(9):131-133.

[67] 谭清美.区域创新资源有效配置研究[J].科学学研究,2004,22(5):543-545.

[68] 王爱香,张童阳."中国蓝色硅谷"研究[J].东方论坛:青岛大学学报,2011(3):121-125.

[69] 王大洲,姜明辉,李广和.高技术产业创新的治理——美国硅谷的创新网络及其启示[J].决策借鉴,2001,14(4):59-62.

[70] 王江霞.美国北卡罗来纳州的现代化及其对我国西部开发的启示[J].长江论坛,2000(6):54-56.

[71] 王淑玲,管泉,王云飞,等.全球著名海洋研究机构分布初步研究[C]//战略性新兴产业与科技支撑——青岛市第十届学术年会论文集.青岛:青岛市科学技术协会,2012.

[72] 王淑玲,管泉,王云飞,等.全球著名海洋研究机构分布初探[J].中国科技信息,2012(16):56-58.

[73] 王淑玲,管泉,王云飞,等.世界海洋科技创新城市选择研究[J].中国科技信息,2015(15):132-134+84.

[74] 王卫红,魏巍.中外高新区发展与管理模式研究——广东高新区与美国硅谷的比较[J].工业技术经济,2006,25(12):9-12+28.

[75] 王云飞,王淑玲.俄罗斯涉海创新机构分布初探[J].中国科技信息,2013(17):131-132.

[76] 王云飞,王淑玲.俄罗斯涉海科研体系[C]//创新驱动与转型发展——青岛市第十一届学术年会论文集.青岛:青岛市科学技术协会,2013.

[77] 夏凡,王学东.青岛蓝色硅谷核心区新型产业模式探讨[J].经济师,2014(3):35-37.

[78] 夏来保,王双双.基于DEA的民营科技企业科技资源配置效率评价——以天津市20个区、县为例[J].科技与经济,2008(6):14-17.

[79] 熊鸿儒.全球科技创新中心的形成与发展[J].学习与探索,2015(9):112-116.

[80] 徐顽强.我国高科技园区发展中的突出问题及对策分析[J].中国软科学,2005(8):23-27+32.

[81] 薛凤平.孵化器支持美国硅谷发展经验对青岛建设蓝色硅谷的启示[J].中共青岛市委党校青岛行政学院学报,2012(2):60-63.

[82] 谢颖昶.科技金融对企业创新的支持作用——以上海张江示范区为例[J].技术经济,2014,33(2):83-88.

[83] 杨东德,滕兴华.美国国家创新体系及创新战略研究[J].北京行政学院学报,2012(6):77-82.

[84] 杨刚,王志章.美国硅谷华人群体与中国国家软实力构建研究[J].中国软科学,2010(2):14-24+33.

[85] 杨坚.山东海洋产业转型升级研究[D].兰州大学,2013.

[86]《声学技术》编辑部.英国将建新综合性海洋研究中心[J].声学技术,2010,03:314.

[87] 余宏荣.英国南安普顿大学[J].航海,2006(1):46-47.

[88] 张灿影,冯志纲,吴钧.斯克里普斯海洋研究所概况[J].海洋信息,2015(1):16-20.

[89] 张睿.武汉近代工业发展状态及设计研究[D].武汉理工大学,2013.

[90] 张童阳.中国"蓝色硅谷"功能定位与发展对策研究[D].中国海洋大学,2013.

[91] 张樨樨.国外人才集聚模式的类型分析[J].改革与战略,2010(7):176-177.

[92] 张越男,李海明,魏皓,等.基于协同理论的海洋学科创新体系的构建[J].中国轻工教育,2013(1):19-22.

[93] 钟坚.美国硅谷模式成功的经济与制度分析[J].学术界,2002(3):224-243.

第四章

海洋创新高地配套承接海洋科技
成果转化,驱动地方蓝色经济发展
　　　的机制设计与改革路径

第一节 前 言

"强于世界者必先盛于海洋,衰于世界者必先败于海洋",随着一系列国家海洋发展战略的实施,我国海洋经济近年来实现了飞跃式发展,海洋产业已成为我国经济增长的重要增长点。对于海洋产业的发展而言,海洋科技成果转化成为决定其能否良性发展的关键。海洋科技成果只有从科研机构进入市场,实现商品化、产业化,体现出其经济价值与社会价值,才能成功推动海洋科技及产业的发展。

2011 年 1 月,经国务院批准,山东半岛蓝色经济区上升为国家战略。青岛作为山东半岛蓝色经济区核心区龙头城市,与国内其他沿海城市相比,具有独特的海洋资源优势、海洋科技优势、海洋区位优势和雄厚的海洋产业基础。作为中国海洋科研和教育中心,青岛市被称为"海洋科技城",拥有涉海两院院士 19 人、各类海洋专业技术人才 5 000 余人,拥有中国海洋大学等 7 家国家级海洋教学科研机构,拥有 1 个国家级、17 个省部级海洋类重点实验室,22 艘海洋调查船,9 个海洋观测站及 10 个海洋数据库。承担了自"十五"以来国家"863"、"973"计划中 55% 和 91% 的海洋科研项目,海洋科学研究多个领域具有国际竞争力,是国家生物产业基地、船舶与海洋工程装备产业示范基地,海洋生物医药产值占全国 40%。

近几年来,青岛市加快蓝色经济区建设,海洋经济得到快速发展,对青岛经济贡献力不断增强。2015 年青岛市实现海洋生产总值 2 093.4 亿元,同比增长 15.1%。海洋经济占 GDP 比重达 22.5%,海洋第一、第二、第三产业比例为 4.6∶49.3∶46.1,第二、第三产业占明显主导地位。青岛海洋经济行业门类较为齐全,其中滨海旅游业、海洋交通运输业、海洋设备制造业和涉海产品及材料制造业 4 个主导产业增加值总量达 1 305 亿元,占海洋经济比重达 62.3%,拉动海洋经济增长 7.6 个百分点。新兴海洋产业发展迅速,以海洋生物医药、海洋新材料、海水利用、海洋科研教育和海洋金融服务业等为主的新兴海洋产业增加值突破 250 亿元,达 256.8 亿元,同比增长 15.5%,增速较全市海洋经济快 0.4 个百分点,占海洋经济比重达 12.3%。

纵观青岛市蓝色经济发展情况,依然落后于上海、广州等一线城市,传统海洋产业优势并不明显。同时,青岛市虽然拥有全国最多的海洋科研机构和专业人才,但海洋科技成果转移转化难一直是困扰青岛市由海洋科技城向海洋产业城发展的重要问题。青岛市2015年海洋领域技术交易4.32亿元,同比增长89.50%,仅占当年全市技术合同交易额比重4.8%,且实现本地转化比率较低,许多海洋科技成果仍停留在样品、展品、礼品阶段。

为进一步落实青岛市委市政府提出的"率先科学发展、实现蓝色跨越"和"蓝色硅谷核心区"建设的发展战略,加快科技成果转化为现实生产力的步伐,提高海洋科技成果转化与产业化是促进青岛市经济发展水平和转变经济增长方式的最关键一环。因此,深入剖析海洋科技成果转化驱动蓝色经济发展过程中的不足与制约因素,寻找制约海洋科技成果顺利转化与创新驱动地方蓝色经济发展的体制、制度壁垒,借鉴相关理论和国内外成功经验,提出建立海洋创新高地承接转化海洋科技成果、驱动地方蓝色经济发展的改革方案与路径,加快海洋科技成果转化,对推动青岛市蓝色经济创新驱动发展有着重要的意义。

第二节　海洋科技成果转化的特征及制约因素

一、海洋科技成果的特征

海洋科技成果转化是指从海洋科学技术概念的提出、研发,到产品开发、技术推广和在海洋产业应用过程中的一切经济和社会活动。因此,海洋科技成果具有高投入性、高风险性、高收益性和高带动性4个特征。

1. 高投入性

海洋作为不同于陆地的特殊自然体,其自身环境的复杂性、灾害的多样性,使得对海洋资源的开发利用比较困难,没有一定的装备技术条件,海洋资源的开发活动将无法顺利进行。因此海洋开发利用是一项技术高度密集的行业,它对最新技术的使用程度是其他行业很少能够与之比拟的。因此,海洋资源的可持续开发利用,在很大程度上主要依赖于海洋高科技的支撑,且海洋开发利用主要在海上进行,这就造成了海洋科技研发周期长,工作量大,技术难度高,需要大量的资金投入作为支撑,同时,高新技术的运用及其产业化也需要投入大量资金,这些都决定了海洋科技成果具有高投入性的特点。

2. 高风险性

由于海洋的特殊性,人类对海洋的探索不管从广度上还是从深度上来说,都远远不及对陆地探索了解得多。由于海洋自然环境的复杂性,海洋开发相对于陆地来说,对技术的要求更高,承担的经济风险也比较大,因此对海洋科技成果转化而言,它所面临的不确定性会更多一些,这使得海洋科技成果开发具有较高风险性。此外,海洋科技成果转化的高投入性也使得其高风险性进一步加大。

3. 高收益性

随着海洋综合开发的广度和深度不断拓展,海洋经济在国民经济中的地位显著提升,海洋生物、海洋制药、海洋工程装备制造等海洋科技成果的成功转化,带动了海洋油气、海水利用、海产品保健、远洋旅游、造船海运等高附加值海洋新兴产业的发展,给企业带来了巨大的经济效益,从而带动了整个国民经济的发展,因此,海洋科技成果具有高收益性;另外,相对于陆地来说,海洋蕴藏着更巨大的矿产资源、空间资源,海洋科技突飞猛进,新的可开发利用的海洋资源不断被发现,海洋已成为巨量财富源泉,随着人类对海洋领域的进一步开发利用,将会带来巨大的经济收益。

4. 高带动性

海洋科学技术是集信息技术、新材料技术、新能源技术、生物技术和空间技术等多种现代科学技术于一体的综合性技术学科,在海洋产业发展的背后,依靠的是一整套海洋知识体系以及相关科学知识和方法,而且高新技术具有外溢性和催生性,推动海洋科技成果转化不仅会催生新兴产业,并且会通过对经济社会各个领域的渗透与扩散,不断带动产业链上下游相关传统产业的发展,实现传统产业的改造升级,从而带动某一领域或某一地区的整体发展。因此,海洋科技成果具有高带动性。

二、我国海洋科技成果转化的主要模式

1. 自主转化模式

自主转化模式是指科研院所、高校、企业自身科研成果,未经过技术市场等科技中介机构的支持和帮助,直接进行转化的一种方式。

从企业的角度出发是指企业通过自身或产学研联合的方式来研发新技术、新产品,没有经过技术市场等科技中介机构的支持和帮助,就在本企业实现技术、产品的产业化。其优点在于企业可以根据自身需求进行科技成果的研究与开发,针对性强,科技成果能够迅速转化为现实生产力;缺点在于受到企业自身科研能力和水平的影响,可能存在技术研发周期较长的情况。

从科研院所、高校的角度出发是指科研院所、高校科技成果的持有者以现有政策和环境为依托,自己兴办企业,创造条件将研究成果转化为现实生产力。其优点是可以充分利用科研院所、高校资源,成果转化速度快、耗时

短,并且能够提供有效的技术支持和后续开发;缺点是生产资金短缺、管理上存在先天的缺陷、市场开拓能力弱等问题。

2. 技术转让模式

技术转让模式是指企业根据自身需求,通过技术交易等科技中介获取符合自身需要的技术,科技成果拥有者通过技术市场把科研成果一次性地以部分、全部或特许权等形式转卖给企业,科技成果最终在企业内实现转化。通常科研院所、高校将科技成果转让给企业有两种做法,一是单项科技成果转让;二是企业委托科研院所、高校设计或研发。其优点在于企业通过科技中介机构可以获取到水平较先进、较为成熟的科技成果,可以缩短企业研发时间和研发投入;缺点则是企业不易寻找到适合自己的科研成果,需要花费信息搜索成本,而且如果得到的成果成熟度不高,在产业化过程中可能不适合企业生产实际,需要随时进行调整和技术再创新,在一定程度上会增加企业的成本负担。

3. 合作转化模式

合作转化模式是指科技成果的拥有者以合股或利润分成(或产权部分转让,部分合股等)方式把科技成果投入到一个现成的企业进行生产。优点是科研成果提供方的风险小、转化速度快;缺点是不利于成果的后续开发。

现在的合作转化模式主要为产学研合作模式,分为以下3种形式:合作型,即企业、高校和科研院所之间的不涉及产权治理结构关系的非股权形式的合作形式,如联合研制产品的合约、交互许可、知识产权出让等;合资型,即企业、高校和科研院所之间涉及产权治理结构关系的股权形式的合作形式,如建立合资企业等;一体化型,即产学研合作中的一方,为了完全获取另一方或几方的优势,采用改制、转制、重组等方式,通过兼并和收购将对方完全纳入到一个法人实体内部。

三、海洋科技成果转化过程中各相关主体的作用

海洋科技成果转化是海洋科技与海洋经济相结合的过程,其两端分别是高等院校、科研机构和企业,科技中介则在两者之间承担着桥梁和纽带作用,而科技金融机构为促进科技成果转化起到了保障作用;另外,推动科技成果转化还需要依靠政府出台相应的扶持促进政策及措施,因此,推动科技成果转化需要海洋科研机构、涉海企业、海洋科技中介服务机构、科技金融机构和政府这五个主体之间共同协作。

1. 高校、科研院所是科技成果的供给主体之一

高校、科研院所是保证国家拥有较高科技发展水平和创新能力的坚实

基础,在我国经济社会发展中扮演着无法替代的角色,其无可比拟的学科与人才优势以及体量、质量优势,使之成为我国基础研究和高技术领域原始创新的主力军之一。高校、科研院所凝聚着一大批具有国际先进水平的学科带头人,承担着战略性影响的先导性、前瞻性、基础性高技术科学研究任务,是科学知识的创新源头,能够提供对社会经济发展有深远影响的科技创新性成果。

2. 企业是科技成果转化和推广的重要承接主体

科技成果要成功实现商品化、产业化,其转化出来的产品必须能满足市场需求,而企业最贴近市场、最了解市场需求,并拥有生产和推销产品的诸多手段。在市场经济的条件下,企业的生存和发展,本质上取决于企业的技术创新、吸纳科技成果能力和经营能力,而不是仅靠资金、规模来实现企业的扩张及效益的提高。因此,企业要成为技术创新的主体,除提高自主创新意识外,还要与高校、科研院所等保持密切的合作,以便及时地将有重大价值的科研成果转化成为直接的生产力,这样才能缩短科学技术成为现实生产力的周期。

3. 科技中介机构是促进科技成果转化的桥梁纽带

科技中介机构是促进科技成果转化的中间环节,是沟通技术商品供应与需求的桥梁和纽带。科技中介组织通过开展成果转化、科技评估、风险投资、知识产权和管理咨询等以专业知识和专门技能为基础的服务,能有效沟通、协调研究开发与产业创新两大体系,将科技资源优势转化为竞争优势,为创新系统提供技术支撑,在有效降低创新创业风险、加速科技成果产业化进程中发挥着不可替代的关键作用。

4. 科技金融机构是促进科技成果转化的保障者

科技金融机构是国家科技创新体系和金融体系的重要组成部分。经济的发展依靠科技推动,科技创新具有很大的风险性或失败的可能性。科技成果成功转化,除了有科学理论和实践经验的长期积累,以及良好的创新环境等因素外,还需要有研发试验资金、成果转化与运用资金以及市场推广开拓资金的支持,而这些资金不可能完全靠高校、科研院所或企业的自我积累来满足,而必须有社会资本和金融资本的支持和保障。

5. 政府是科技成果转化和推广的推动者

在科技成果转化过程中,政府作用是不可或缺的。科技创新不仅仅是科学技术领域的创新,而是以制度创新为核心的全方位的系统创新,在技术创新体系中,科技成果转化是科技推动经济发展的关键环节。而科技成果转化是个复杂的系统工程,没有政府作后盾,没有政府资助,单个个人或企业很难做到。所以,科技成果转化,首先需要政府引导,通过制定相应的、有效的科技计划立项和扶持政策,集中资金、人力和物力,发挥科研力量的整体优势,激发科研人员参与科技成果转化的积极性,提高新技术的开发能力,从而促进形成新的产业规模。

四、影响海洋科技成果转化的主要因素

海洋科技成果转化是一个社会化整体协作的过程,在具体的运作过程中,影响我国海洋科技成果转化的主要因素包括以下几方面:

一是海洋科技创新能力较弱。目前,我国传统海洋优势产业存在能源消耗量大,生产效率低下,技术含量和附加值较低等问题,而海洋生物、海洋监测、海洋仪器制造、海水淡化、海洋能开发、海洋信息等海洋战略性新兴产业发展规模小、产值低,尚未成为海洋经济的主导或支柱产业,其主要原因是制约传统海洋产业转型升级和新兴产业发展的核心技术和关键共性技术研发严重不足,在研发、设计方面与欧美国家差距较大,关键技术自给率低,发明专利数量少。在一些领域特别是深海资源勘探和环境观测方面,技术装备仍然比较落后,主要的海洋检测仪器和许多深海关键材料及其工艺技术仍然依赖国外进口,部分战略性产业发展受制于人,绝大部分海洋科技创新成果未能有效转化,海洋科技创新成果的"孤岛"、"肠梗阻"现象广泛存在。

二是企业参与转化积极性低。海洋产业属于高投入、高风险产业,从事海洋产业的企业大多数需具有完善的研发机构、完备的建造设施、丰富的建造经验以及雄厚的资金实力,而对于在创建期和成长阶段的海洋高科技企业,特别是中小型海洋高新技术企业,资金实力偏弱,没有充足的中试资金和中试条件,而且由于企业规模小,缺乏固定资产,难以获得担保、抵押或质押,从而得不到银行贷款的支持,使得企业没有足够的积极性支持和参与海洋科技成果转化。

三是海洋科技资金投入不足。海洋科技涉及学科多、开发难度大、技术要求高,这使得海洋科研项目在研发、转化、市场化方面都需要有大量、持续的资金投入。对于高校科研院所来说,其科研成果通常只是科学形态知识或是实验室技术,离实际应用尚有距离,成果在中试与商品化阶段还需要巨大资金投入和承担较大的风险,高校科研院所基本上没有能力独自实现成果的中试与产业化。而作为合作方或受让方的企业更多考虑的是如何降低成本、减少研发投入和快速赢利,面对风险大、投入高、周期长、收益具有不确定性

的科技成果,出于急功近利的心理,大多数企业不愿花钱购买或联合开发。另一方面,政府科技计划项目经费主要侧重于基础研究和应用基础研究上,扶持成果进行中试与产业化方面的资金较少,造成了科研院所大量"半成品""待字闺中",成为了当前制约科技成果转移转化的一个主要问题。

四是政策引导扶持力度不够。由于政府在制定科技计划立项时,过于注重技术的创新性,忽略了市场需求,也缺乏对"基础研究—示范应用—产业化发展"创新链条的整体设计和支持,造成高校科研院所从最初研发项目的选题起,过多地偏重于技术与理论,研究的方向、内容与市场需求相脱节,导致研究成果往往只停留在实验室试验成功、原理样机完成、申请专利、发表论文或获得奖项上。因此,海洋科研领域存在着明显的"重科研,轻中试"的现象,这直接影响到创新链的商品化、产业化等后续环节。

五是缺乏第三方客观评价体系。由于海洋科技成果具有高投入、高风险及高收益等特点,目前,对于海洋科技成果技术水平、产业化难度、市场前景以及目标合作企业运营等状况,缺乏第三方客观评价体系,这使得科研人员抱着可转化成果不愿意放,企业遇到科技成果不敢要,风险投资等科技金融机构投资不敢投,从而导致众多海洋科技成果失去有效性,不再具有转化和产业化价值。

六是科技成果供求双方信息交流不畅。由于我国高校科研院所、企业与科技中介服务机构之间还未形成一种相互信任、相互依赖、相互帮助、风险与利益共担的合作共赢关系,使得高校科研院所对企业的需求不清楚,而企业对高校科研院所的成果缺乏充分了解与认识,致使企业界、投资者和高校科研院所成果拥有者之间没有形成通畅的信息流通渠道,造成了企业科技成果转化的无源和高校科研机构成果堆积并存的现状。

七是科技金融、风险投资体系尚未健全。科技金融专营机构是解决科技型中小企业融资难问题的有效途径,目前,国内科技金融专营机构大部分以银行科技支行的形式组建,并不具有独立的法人地位,这使得其难以做到自主经营、独立核算、自负盈亏。其次,科技银行的发展仍处于起步阶段,现有的科技银行信贷约束机制过于僵化,片面强调贷款"零风险",银行不良贷款容忍率普遍偏低。另外,由于科技型中小企业规模小,缺乏固定资产,企业本身抗风险能力较低,出于风险防控原因,针对科技型企业的股权、专利权等无形资产的评估、转让、交易体系还不健全,缺乏专业、权威的无形资产价值评估机构,投融资信息沟通渠道不畅,造成风险投资、天使投资等投资机构不愿把资金投入到高风险的成果转化和高技术领域。

第三节　国内外科技成果转化的做法与经验

一、国外科技成果转化的做法与经验

1. 美国通过立法为科技成果转化提供制度保障

20 世纪 80 年代初,美国经济遇到了来自日本和德国的严峻挑战。为了提高美国产品的竞争力,美国采取了科技引导战略,制定了一系列的法规措施促进科技进步。从 1980 年到 1987 年,美国国会通过了多项法案以促使科研成果商业化,其核心法案是《专利与商标法修正案》(又称《拜杜法案》),核心要点是:允许美国各大学、非盈利机构和小型企业为由联邦政府资助的科研成果申请专利,拥有知识产权,并通过技术转让而商业化;允许进行独家技术转让以使企业更主动地寻求转让技术。其辅助法案有 1980 年颁布的《史蒂文森-怀德勒技术创新法案》,1982 年颁布的《小企业创新开发方案》和 1986 年颁布的《联邦技术转让法案》,1988 年颁布的《贸易与竞争法案汇缴》。这一系列法案的实施解决了科技商业化过程中的一些主要问题,大大促进了美国高校的科技商业化进程,美国高校的科技转化成果逐年提高。此外,美国政府还出台了一系列相关的政策、措施为科技成果转化提供政策保障,如政府向高校提供巨额的科研经费支持,采取间接成本补偿机制资助大学科研活动;实施先进技术计划(ATP),提供资金帮助美国企业创造和应用共性技术及其研究成果,加速具有良好商业回报和对国家具有广泛利益的创新性技术的开发,使重大的科学发现和先进技术能迅速商业化。

政府还采取了降低风险投资税率、给予补助等多种措施鼓励风险投资,推进技术转移,以促进科技成果转化和技术市场的发展。美国四千多家风险投资公司每年为上万家企业提供数百亿美元的资金支持。这些风险投资公司有的是政府直接资助,有的是私有资金。设立了专门的机构——国家技术转移中心(NTTC)、联邦实验室技术转让联合体(FLC)和国家技术信息中心(NTIS)等负责科技成果转化的管理与协调工作。

2. 德国打造产学研一体化链条加速创新知识的产品转化

德国政府非常重视科研机构、高校、企业和政府部门的交流合作,通过它们间的紧密合作,把各种创意、方法和研究成果转换成成熟的新产品,加速创新知识的产品转化,打造产、学、研一体化链条。为此,德国设立了各种形式的产业技术创新联盟,如国家高技术战略"创新联盟",主要支持企业、大学和科研机构建立战略联盟,共同开发对未来国家经济社会产生重大影响的关键技术,实现国家战略。

德国还制定了一系列计划措施,如"创新网络计划"的目的是促进知识向中小企业的转移,引导鼓励和支持中小企业和研究机构组成合作研究创新联盟,以提高中小企业的创新能力和市场竞争力。"创新网络计划"规定德国研究机构和高校的研究工作要面向中小型企业的需求,新一轮的项目资助申请必须由4个中小企业和2个研究机构组成,联邦经济技术部最多可提供项目90%的资助,参加企业承担至少10%费用;"精英团体计划"则是支持最具市场发展潜力的领域和地区组成联盟,发展尖端技术;"中小企业核心创新计划"(ZIM)项目是专门支持中小企业参加产学研协同创新,进行贴近市场的产品研发。该计划为需要新产品开发,或者工艺、技术服务的改进,提供专项资金支持,达到持续提高中小企业的创新能力和竞争力的目的。2009~2011年,德国中小企业通过ZIM获得7.7亿欧元,总共有1 887个企业项目获得资助。德国还采取措施鼓励产学研之间人员有序流动。德国的很多科研计划在申请阶段就明确要求项目在产学研结合体系下进行。这一系列措施大大缩短了创新知识到新产品的转化时间,使研究成果得以迅速转化应用。

德国政府在成果转化中的管理职能主要是宏观调控。为了加快科研成果向中小企业转移,提高科研成果转化效率,政府制定了专门资助中小企业技术进步的方案,将科学基金中68.8%的经费资助企业界进行实用技术研发。同时,鼓励企业投入经费用于技术应用。德国政府鼓励创办风险投资公司,支持推广应用高新技术、支持高新技术创新企业的发展以及帮助中小企业提高竞争力。为了使高校科研成果更快、更有效地转化到工业界,德国采取了5项措施:一是促进与企业合作,加强成果创造者与使用者联系;二是政府经费资助校企合作研究项目;三是高校内部成立技术转让机构;四是建立科技情报交流网络;五是建立科学技术园区。

3. 日本通过技术转移机构推动高校科研成果转化

20世纪90年代以后,日本为了应对泡沫经济的破灭,提出要发展新技术和新产业必须加快科研成果的转化,并制定了大量的法律、法规。如1995年制定的《中小企业创作活动促进法》,设立了创造性技术研发辅助金制度,同时对研发型中小企业实行优惠的财税政策,从资金上支持中小企业对科技成果的开发应用;1998年制定的《大学技术转让促进法》,目的是通过技术转移机构使大学等国家科研机构的研究成果能有效地向民间企业转让。

　　日本的科技成果转化机构或中介机构,一般叫"技术转移机构"(简称TLO)。TLO是在对专利、市场性评价的基础上,在从大学等获取研究成果并实现专利化的同时,向企业提供信息,进行市场调查,通过向最合适的企业提供许可等谋求技术转让的组织。具体包括:① 发掘、评价大学研究人员的研究成果;② 在向专利局申请的同时使之专利权化;③ 让企业使用这些专利权(实施许可);④ 作为对等条件从企业收取使用费,并把它作为研究费返还给大学及其研究者(发明者)。TLO从组织形态上主要分为四种:采用财团法人形式创办的TLO,采用股份公司形式创办的TLO,学校法人内设立的TLO,由国立、公立、私立大学等几个大学共同设立的股份有限公司TLO。如按大学、TLO和企业之间的关系,大致可分为三种类型,即内部一体型、外部一体型和全方位型。根据出资方的不同,它们各自以不同的模式运行。TLO沟通了大学和企业,大大地降低了科技成果的信息不对称性,使大学等国家科研机构的研究成果能有效地向民间企业转让,促进了科技成果转化、新产业的开拓和国民经济的健康发展。

　　4.典型案例分析

　　(1)斯坦福-硅谷模式。

　　它是校企合作协同发展的典范,在1951年,斯坦福大学特尔曼教授创建了世界上第一个科技园——斯坦福研究园,依托学校雄厚的教学和科研力量,将研发重点放在半导体这一新兴技术上,在整个区域逐渐发展构建起了一个半导体产业化生态系统。随着这一产业生态系统的发展壮大,斯坦福研究园渐渐被科技集团与企业重重包围,并不断向外发展扩张,衍生出世界著名的"硅谷",斯坦福大学也因此成为世界一流大学。学校与工业园区持续合作关系也是斯坦福大学成功的经验与模式。

　　斯坦福和硅谷这种良性互动循环链模式成功之处在于:

　　一是政府政策法规的支持与引导。斯坦福研究园之所以能成功地发展为硅谷,不能忽略其所凭借的法律基础。20世纪80年代,美国政府通过了一系列促进科技成果转化的法案,如著名的《拜杜法案》等,逐步理顺了科技成果应用方面转化的体制问题,促进了大学技术向产业界的转移。美国政府又陆续出台了鼓励投资和对小企业税收优惠的政策,促进了风险投资的发展,成为硅谷创业者的主要资金来源。

　　二是大学与企业之间的联系紧密。斯坦福大学通过多种形式加强与企业的联系,技术转移的速度非常快,为了增加教师与工业界进行联系的兴趣,斯坦福大学制定了一整套刺激这种积极性的报酬制度。对企业或是对大学和研究所要求的产、学、研合作,企业的项目必须寻找大学或研究机构作为伙伴才能得到资助,而大学、研究所的项目也必须有企业作为伙伴才能得到支持,并且优先考虑可能对大学学术目标做出贡献的企业进入研究园区。

三是建立了完善的风险投资机制。风险投资是推动知识经济发展的重要推进器,为创业者创造了崭新的金融环境,可以说没有风投就没有硅谷。风险投资的出现不仅为新创企业提供了稳定可靠的资金来源。更重要的是,风险投资家运用自己的经验、知识、信息和人际关系网来帮助高技术企业提高管理水平和开拓市场,提供增值服务。

(2)弗朗霍夫模式。

弗朗霍夫模式是德国弗朗霍夫应用研究促进协会在政府资助下,以企业形式运作,官产学研相结合,公益性地进行应用科学研究的一种独特运营方式。弗朗霍夫协会技术转移的主要途径有以下 6 种:合同科研、专利许可、衍生公司、创新集群、合作、培训。

① 合同科研。

合同科研是弗朗霍夫协会技术转移最主要的途径,协会通过接受政府、企业、其他组织的合同委托,针对某一具体的问题或需求,开展定向的研究或开发,取得的成果将直接用于解决这一问题或需求,每年的研究经费有40%来自为企业开展的合同研究。2013 年协会的合同科研资金预算已超过16.5 亿欧元。

② 专利许可。

专利许可也是协会技术转移的主要途径之一。弗劳恩霍夫协会与企业合作开发所形成的专利一般归协会所有,由于协会的非盈利性质,其并不通过直接出售专利来获利,而是通过专利许可,使技术开发的委托企业或合作企业获得专利技术的实施权来获利。2012 年协会的专利许可收入为 1.17 亿欧元。

③ 衍生公司。

对于非常有市场前景的项目或愿意用所开发的项目创业的员工,弗朗霍夫协会允许他们离开协会开办独立的企业,通过这种衍生公司的形式实现技术转移。由于协会是非盈利性质的,因此,这些衍生公司是独立于协会的,开办公司的人员也不再受雇于协会。每年由协会项目发展出的衍生公司在15 个左右,协会对企业也有少量的股权投资,协会每年从衍生公司可以获得2 亿欧元左右的收入,其中绝大部分是研发和专利许可收入。

④ 创新集群。

为了在某个领域内更好地开展合作,弗朗霍夫协会所属的研究所之间组成了相应的技术或业务联盟。为了打通从基础研究、应用研究到产品和服务开发的创新链条,协会所属的研究所还与大学、企业组成了相应的创新集群,通过集群的合作,完成技术选择、技术开发、技术转移、技术应用的整套流程。协会在德国共建立了 18 个创新集群,遍布德国全境。

⑤ 合作。

弗朗霍夫协会通过合同研发、专利许可、创新集群等多种方式与企业界建立了广泛的战略或框架性的合作关系。协会每年都会有 400 名左右的科研人员到其他的科研机构、大学、企业工作。协会还通过资源共享、学生实习等方式与大学建立合作关系,协会所属研究所的所长必须同时在一所大学担任教授。通过这些非正式的技术转移形式,协会在技术开发中积累的知识和经验转移扩散到其他的研发、产业机构,也进一步促进了合同研发、专利许可等技术转移形式规模的扩大。

5. 经验与启示

上述发达国家的成果转化体系和做法,极大地促进了各国科技成果转化。发达国家成果转化的做法主要得益于以下几点:

一是政府制定了完备的政策法律体系,如美国的《拜杜法案》、德国的《科学技术法》、日本的《大学技术转让促进法》等,通过对科研成果所有权的调整,使高校成为科技成果转化的主体,为高校科技商业化提供了政策与法律保障,促进了科技成果转化。

二是通过专门机构实施科技成果转化,如美国国家技术转移中心、日本大学技术转移机构、德国弗朗霍夫协会等,它们不仅从事科研创新还深入到技术转移和推广中,向企业提供信息,进行市场调查,向最合适的企业提供技术转让,从而使大学等国家科研机构的研究成果能有效地向民间企业转让,为大学、科研机构和企业之间架构起桥梁,成为技术扩散和成果转化的重要力量。

三是重视企业在科技成果转化中的主体作用。企业是产学研的引导方、成果转化的受益方,像德国有一系列专门针对中小企业创新的计划——“创新网络计划”和“精英团队计划”等,旨在促进中小企业和科研机构联盟,提高中小企业竞争力。

四是完善良好的风险投资环境是吸引科技企业创业的最佳“诱饵”。从各国高新技术产业化状况来看,风险投资机制完善的,其高新技术产业化水平也就高。美国基本上是通过风险投资——投资银行——证券市场的模式为科学技术向生产转化提供所需的资金。风险投资的出现不仅为新创企业提供了稳定可靠的资金来源,更重要的是,风险投资家运用自己的经验、知识、信息和人际关系网来帮助高技术企业提高管理水平和开拓市场,提供增值服务。

二、国内科技成果转化的成功做法

北京中关村、武汉东湖、上海张江是我国最早设立的三个国家自主创新示范区,同时又是国家科技成果转化改革试点单位,而西安光机所在破解科技与经济两张皮的痼疾上的大胆实践探索与成效,被称作是高科技成果产业化的"西光所模式",它们在促进科技成果转化方面的若干做法对我们具有非常重要的借鉴意义。

1. 中关村——产学研结合的开放式自主创新模式

中关村走的是一条以企业为主体、市场为导向、产学研相结合、开放式自主创新的高科技产业发展道路。"中关村模式"是一种独特的模式,它既是市场导向与政府扶持相结合的模式,又属于以高等院校、科研机构为原动力的内生型发展模式,是以科技型中小企业为创新的主体,利用各种信息技术、管理技术与工具等,对生产要素和生产方式进行选择、集成和优化,以知识经济引领经济增长的模式。2016年一季度,中关村企业申请PCT国际专利2 284件,同比增长351.4%,占北京市79.3%,在国内申请方面,中关村企业申请专利13 114件,同比增长14.6%,占北京市34.1%。

中关村的产学研合作主要有三种模式:① 项目纽带合作模式是一种较为松散的合作模式,其主要特点是企业、大学、科研院所以具体项目为纽带,签订技术合同、建立合作关系,在项目期限内进行合作创新,项目一旦结束,双方的合作关系解除。② 建设平台合作模式指的是大学、企业、科研院所共同投入资源组建平台,以平台创新主体进行产学研合作。③ 产业技术联盟合作模式是由企业和科研机构围绕技术标准创制、共性技术攻关组建相应的产业技术联盟,集中优势力量实现技术联合创新,共担风险,共享利益。中关村的产业技术联盟有两种形式:一是契约型产业技术联盟;二是实体型产业技术联盟。

2014年国务院颁布实施了中关村"1+6"政策,对于促进科技成果转化,提高企业自主创新能力具有积极作用。其中,"1"是指搭建首都创新资源平台;"6"是支持在中关村深化实施先行先试改革的6条政策,包括:① 中央级事业单位科技成果处置权和收益权改革试点政策;② 税收优惠试点政策;③ 股权激励试点政策;④ 科研经费分配管理改革试点政策;⑤ 高新技术企业认定试点政策;⑥ 建设全国场外交易市场试点政策。

2. 上海张江——高科技园区孵化器模式

张江高科技园区成立于1992年7月,是国家级高新技术产业开发区,也是推动上海高新技术产业发展,提高自主创新能力的关键力量。1993 年,张江高科技园区注册成立了张江高新技术生产力促进中心,这是张江孵化器的雏形。2008 年,上海张江(集团)有限公司决定设立孵化器管理中心,把孵化器建设作为推动张江园区自主创新体系建设的核心内容和重要载体,以建立企业孵化器为切入点,整合张江园区现有的孵化资源,推广全新的孵化经营模式。

目前,张江孵化器已构筑起"预孵化器 + 孵化器 + 加速器"三位一体的全程孵化体系。园区孵化器已从"低端物业服务型"向"高端专业增值服务型"转型,逐步实现综合孵化、专业孵化、多元孵化;基本形成了由政府和企业共同搭建、运作的多元化、多功能的孵化协作网络和增值服务平台。

为进一步完善和发展园区孵化器、有效实现孵化成果的转化,1999 年 8 月上海市委、市政府出台"聚焦张江"战略决策,从政策配套和环境优化方面提供强有力的支撑与保障。2000 年颁布的《上海市促进张江高科技园区发展的若干规定》明确经市有关行政管理部门、机构或者管委会认定的企业和项目,在园区内可以享受国家和本市有关鼓励技术创新的各项优惠政策、国家和本市有关鼓励科技成果转化和产业化的各项优惠政策、国家和本市鼓励软件产业和集成电路产业的各项优惠政策、本市促进中小企业发展的有关优惠政策。除此之外,上海市、浦东新区和张江高科技园区还制定了一系列优惠政策和法规促进园区孵化创业功能的有序高效发挥。

3. 武汉东湖高新技术产业开发区——大学科技园"四级跳"模式

武汉东湖高新技术产业开发区于 1984 年开始筹建,2001 年被国家科技部批准为国家光电子产业基地,即"武汉·中国光谷"。

在加快大学科研成果的产业化方面,武汉东湖高新技术产业开发区积极探索,形成了高校科技成果转化的"四级跳"模式。第一级,在校园内孕育新技术产业化的种子;第二级,在校园周边建立大学科技园孵化区;第三级,将孵化较为成熟的企业放到大学科技园产业区进行规模化发展;第四级,企业进入高新区大规模发展。位于"武汉·中国光谷"的核心产业区武汉东湖高新区国家大学科技园,现已逐步发展成为技术创新基地、高新技术企业孵化基地、创新创业人才聚集和培育基地、产学研结合示范基地、高新技术产业的辐射基地和高新区持续自主创新的重要源泉,成为东湖高新区新的经济增长点。

科技成果转化离不开政策的引导,武汉东湖高新技术产业开发区的优势在于政策的先行先试。一是出台了《促进东湖国家自主创新示范区科技成果转化体制机制创新若干意见》(即"黄金 10 条")。实施科技成果转化收益分配制度改革,规定知识产权一年内未转化的,成果完成人及其团队拥有处置权,转化收益中至少70%归成果完成人及其团队所有。为从法律制度上更好地保护创新创业者、先行先试者,出台了《东湖国家自主创新示范区条例》。积极借鉴斯坦福大学"荣誉属大学、产权到个人、财富归社会"的理念和相关制度,支持在武汉高校设立专业化的技术转移及成果转化的通道和平台,推动科技成果有组织地转移和转化,大力实施科技成果转化股权激励政策,推广技术经纪人制度等。

二是出台了一系列人才方面的政策:以"3551光谷人才计划"为抓手,不断创新人才招引、培养、激励和发展机制,加快人才服务环境建设,确保高层次人才引得进、留得住、发展好。注重发挥企业引才主体作用,注重加大金融人才、管理人才、咨询服务人才引进比重,注重探索人才与天使投资、风险投资结合机制,促进"创业科学家"成为"创业企业家"等。

三是在资本运营上,围绕"创新链"完善"金融链",充分发挥金融创新驱动科技创新创业,促进科技成果资本化、产业化。如积极完善多层次资本市场,完善科技企业全生命周期的金融服务体系,积极探索科技金融创新发展新路,试点设立有限牌照银行("有限牌照"指民营银行的业务范围、开展业务区域、合格存款人等将受到一定限制)等。多元化、多层次、多渠道的科技投融资体系已逐步形成。

4.中科院西安光学精密机械研究所——四位一体与"四融合"的科技成果转化模式

中科院西安光学精密机械研究所(以下简称西光所)是一家以光学研究见长的研究所,承担了很多与光学相关的重要国家研发任务,在高速摄影、现代光学、光电子学等领域取得了很大的成就。目前西光所在加速成果转移转化,破解科技与经济两张皮的痼疾上的大胆实践探索,取得了显著成效,被称作是高科技成果产业化的"人才+技术+资本+服务"四位一体和"四融合"的西光所模式。

"人才+技术+资本+服务"四位一体的科技成果转化模式具体是指通过引进科技创业领军人才解决人和技术的问题;建立多元化的资金支撑体系解决创业初期资本短缺的问题,创建了集多种贴身服务为一体的孵化器,为创新创业项目的快速健康发展提供财务、法务、人力资源、知识产权、行政、物业、workshop的"6+1"贴身服务,西光所这一系列做法加速了科技成果的转化。

"四融合"指的是:通过发起设立西科天使基金,探索科技与金融深度融合;发起创办中科创星孵化器,探索科技与服务深度融合;发起科技创业培训体系建设,探索科技与培训深度融合;在产业最前沿与民营资本合作成立初创研究院,协同地方资源成立光电子集成先导技术研究院。促进研究机构与社会的融合,产业发展的同时,反过来也促进了研究所的科研模式与方法的转变。

西光所成功的原因,首先是通过科技创业领军人才引进解决人和技术的问题,截至 2015 年年底,西光所累计引进国家“千人计划”人才 13 名(占西安高新区内千人计划总数的 43%)、“百人计划”人才 30 名、海外创新创业团队 30 多个;其次是创新用人模式,释放科研人员创新创业的活力。鼓励有创业潜力的科研人才带着科研成果走出“围墙”,或许可转让,或创办企业。打破“儿子女婿”的陈旧理念桎梏,西光所不再只是“现有员工的研究所”,已成为真正开放的国家科研创新平台。建立与国际接轨的人才评价体系,不再完全以学历、论文、报奖等论英雄,考核人才的重要标准就是科技创新成果的影响与价值。在产业化的过程中,西光所支持与鼓励科研人员持股。而科研人员与投资方的股份比例,完全按照市场价值分配,西光所不进行行政干预。这一做法,有效解决了科研人员的积极性和市场收益的问题。最后是重视孵化器建设,打通科技创业链条“第一公里”。2013 年,西光所与西安高新区合作创建的中科创星孵化器不仅为在孵高科技企业提供物理空间、创业培训、投资服务、贴身孵化、研发支撑、政策环境,还为孵化项目提供财务、法务、人力资源、知识产权、行政、物业、workshop 的“6 + 1”贴身服务,为创业创新项目的健康、快速发展免除了不必要的后顾之忧。

5. 经验与启示

一是深化体制机制改革,完善科技成果转化政策体系。无论是北京中关村、上海张江还是武汉东湖高新技术产业开发区,它们首先是深化科技体制改革、破除束缚科技成果转化的诸多制约,最大限度解放和激发科技作为第一生产力所蕴藏的巨大潜能,形成了技术转移和成果转化各个环节全流程政策体系,成为国家创新政策的试验田和示范区,如中关村“1 + 6 政策”、武汉的“黄金 10 条”,在股权分配、科研经费改革等诸多方面进行了先行先试,推动了技术成果转化。

二是促进产学研合作,形成科技成果转化合力。如:武汉东湖高新技术产业开发区引导以科研开发为主的事业单位向集科研开发、生产经营、销售服务于一体的企业转化,转制的科研院所和企业面向市场经济,开展科研活动,构建了研发、生产、经营一体化的结构,逐步实现了科研与市场的直接对接,加强了产学研联盟的结合。

三是加快科技成果转化收益分配制度的改革。中关村、上海张江和武汉东湖高新技术产业开发区是科技成果处置权和收益权管理改革试点单位。它们通过开展科技成果使用、处置和收益管理改革,简化科技成果处置流程,允许采取转让、许可、作价入股等方式转移转化科技成果,所得收入全部留归单位自主分配等试点工作,进一步增强了高校和科研院所转化科技成果的积极性,同时调动了科研人员创新积极性。

四是充分发挥金融创新驱动科技创新创业的作用,促进科技成果资本化、产业化。积极完善多层次资本市场,探索科技金融创新发展新路,试点设立有限牌照银行等,逐步形成多元化、多层次、多渠道的科技投融资体系。

五是建立健全科学的人才评价体系。如,西光所建立了与国际接轨的人才评价体系,不再完全以学历、论文、成果、报奖等论英雄,考核人才的重要标准就是科技创新成果的影响与价值,更加注重科技创新的产业化效果,释放科研人员创新创业的活力。

第四节 蓝色硅谷海洋科技成果转化现状

一、青岛市科技成果转化现状

1. 科技成果转化政策

"十二五"以来,青岛市先后制定出台了《青岛市科技创新促进条例》《促进科技和金融结合的实施意见》《加快推进全市专利工作发展的指导意见》《关于加快推进科技改革发展的若干意见》《关于加快创新型城市发展的若干意见》《关于加快推进科技改革发展的若干意见》等20多项科技政策措施,从新出台政策的内容来看,关注的重点集中在技术转移、创业孵化、科技金融、成果评价、知识产权、企业技术创新主体地位等方面。为进一步促进科技成果转化,《青岛市技术转移促进条例》已经列入青岛市人大立法工作五年规划,相关调研工作已经启动。

(1)技术研发方面。

一是在颁布的《青岛市科技创新促进条例》中规定"鼓励企业与科研机构、高等学校组建科技型企业或者企业研究开发中心,或者采取委托开发、联合开发、建立产业技术创新战略联盟等形式,开展产学研合作,实现创新成果产业化"。

二是为进一步规范市级工程技术研究中心的建设和运行,2015年对《青岛市科学技术局工程技术研究中心管理办法》进行了修订。截至2015年12

月,青岛市共有国家实验室 1 家、国家重点实验室 8 家、部级重点实验室 48 家、省级重点实验室 43 家、市级重点实验室 66 家,国家工程技术研究中心数量已有 10 家。2015 年全市新批准组建市级工程技术研究中心 30 家,安排资金 1 000 万元对 2013 年评估优秀的 20 家市级工程中心进行了后补助。

（2）权益分配方面。

一是在颁布的《青岛市科技创新促进条例》规定对于采用股份制形式实施转化的,可以将科技成果形成股权的不低于 30% 奖励给科技成果完成人和为科技成果转化作出重要贡献的人员。在不变更职务科技成果权属的前提下,科技成果完成人可以在本市创办企业自行转化或者以技术入股的方式进行转化,且最高可以享有该科技成果所形成股权的 70%。

二是 2016 年新出台的《青岛市促进科技成果转化股权和分红激励实施办法(试行)》规定了将职务科技成果自行实施或者与他人合作实施的,应当在实施转化成功投产后连续 3～5 年,每年从实施该项科技成果的营业利润中提取不低于 5% 的比例,对完成、转化职务科技成果作出重要贡献的人员给予奖励和报酬。

（3）成果评价方面。

一是自 2009 年青岛市成为国家首批科技成果评价试点城市以来,出台了《关于规范完善青岛市科技成果评价试点工作的通知》、《青岛市科技成果评价试点暂行办法》等一系列文件,建立了政府、行业和社会评价服务机构组成的三层架构的科学规范、客观公正、职责明确、自律发展的科技成果评价体系。

二是在国家标准《科学技术研究项目评价通则》"成熟度"指标的基础上,青岛创新制定出了可操作性更强的"创新度","领先度"两个评价类别。其中,仅"技术成熟度"一项就被细分为 13 个等级,无论科技成果处于实验室阶段,还是处于小试、中试阶段,都有一一对应的级别,如果成果已实现产业化且利润达到 20% 以上,则对应最高级别 13 级;成果"创新度"在区分"国内","国际"的同时,还进一步区分是填补"本领域技术空白"还是"全领域技术空白"。

2015 年,青岛市共完成科技成果评价项目 639 项,其中"标准化"评价项目 566 项,其中 9 家评价机构评价的 10 项成果获得市科学技术奖,其中二等奖 1 项、三等奖 9 项。截至 2016 年 8 月,已培育社会化科技成果标准化评价机构 25 家,科技评估师 95 人,技术咨询专家 654 人。

（4）技术转移方面。

自 2013 年起,青岛市先后推出了国内首创的"科技成果挂牌交易制度"、

"科技成果拍卖"、"技术转移主协调人"商业模式等创新举措,"政府、行业、中介机构、技术经纪人"四位一体的技术市场服务体系不断完善,科技创新活跃,企业吸纳科技成果能力提升,技术转移机构迅速增加,技术经纪人队伍不断壮大,全市技术交易额度大幅上涨,有力地促进了创新城市建设。

一是出台了《关于印发〈青岛市科技成果转化技术转移体系建设方案〉的通知》、《青岛市技术转移服务机构评定和管理办法(试行)》、《技术合同服务点管理办法(试行)》、《技术转移服务机构评定和管理办法》和《技术经纪人从业资格管理办法》等政策措施,理清了政府与市场的关系,建立了"政府、行业、科技中介、技术经纪人"四位一体的技术市场服务体系。

二是对服务机构采取后补助方式,加快推动服务机构发展。2014年,市科技局和财政局联合出台了《促进科技成果转化技术转移专项补助资金管理暂行办法》,将专项补助资金规模提高到4 000万元,在对技术转移示范机构、技术合同服务机构、技术经纪人培训机构和科技成果转化项目补助基础上,增加了对技术吸纳方和技术咨询服务合同的补助。9月,市科技局出台了《关于加强促进科技成果转化技术转移专项补助资金管理的通知》,进一步明确科技成果转化技术转移专项资金的申报、拨付、使用及分配范围和要求。

三是实施技术转移服务机构行业考核办法,规范青岛市技术转移和科技中介服务行业管理。2014年以来先后出台了《青岛技术交易市场挂牌业务规则》、《青岛市技术转移服务机构行业考核办法》、《青岛市技术转移服务规范》和《青岛市科技咨询业服务规范》等文件,确定了青岛技术交易市场进行技术项目挂牌交易业务和技术转移服务机构行业考核办法,明确项目所有人、技术转移机构及各方职责等,规范了技术转移和科技中介服务行业管理,引导技术转移服务机构和科技中介服务机构向专业化、协同化、规模化方向发展。

2015年,青岛市技术市场科技成果挂牌3 577项,成交459项,成交金额8.3亿元。举行第三次科技成果拍卖会,成交额1 265万元。联合高校发起"中国合伙人"等计划,服务大学生科技创业。加快国家海洋技术转移中心建设,在海洋生物、海工装备等领域成立8个分中心。海洋科技成果转化基金完成投资1 609.5万元,带动社会投资1.2亿元。积极培育各类技术中介机构,科技成果标准化评价机构达28家,市级技术转移服务机构117家,全市有资质的技术经纪人406人、科技评估师70人。

(5)科技金融方面。

2012年青岛市获批成为全国首批科技金融试点城市,为确保科技金融专项资金的规范运作,推动科技型中小企业成长,加速科技成果转化,青岛市出台了《青岛市科学技术局科技金融专项资金管理办法》、《青岛市科学技术局促进科技和金融结合风险补偿补贴专项资金实施细则》、《青岛市科学技术局天使投资引导资金管理办法》、《青岛市科学技术局科技型中小微企业专利权质押贷款资助实施细则》等政策措施。

一是加大科技信贷支持,建立科技信贷风险准备金池。2015 年 11 月,科技金融服务中心正式开业。与中国人民银行青岛市中心支行合力解决科技型中小企业的"贷款难、贷款贵"问题。推广设立科技支行和科技特色支行,联合商业银行开发"科技园区集合贷","科易贷","鑫科贷"等科技金融创新产品。与区市、担保机构和银行建立了 13 个科技信贷风险准备金池,风险准备金池与政策性担保公司累计为 223 家企业提供组合贷款 29.5 亿元。

二是规范政府引导基金的使用,发挥天使投资引导资金的引导作用。2015 年新增 2 支天使投资基金,规模均为 1 亿元,全市天使投资基金达到 11 支,总规模近 12 亿元。累计为 42 家企业提供 2.47 亿元股权融资支持。组建的国内首只海洋科技成果转化基金,完成投资项目 6 个,资金投放 1 609.5 万元,有效带动社会力量投资 1.2 亿元。

三是创新科技金融服务产品。2015 年,市科技局针对千帆企业"短、频、急"融资需求及"高风险、高增长、无抵押物"实际情况,与交通银行青岛分行合作推出了"见保即贷"业务,即交通银行收到政策性担保公司的"担保意向函",不再单独审批,一周内给企业放款。根据合作协议,交通银行给予单个企业不超过 300 万,总额度不超过 3 000 万首期授信额度进行试点。

四是开发专利权质押保险贷款。2015 年,市科技局出台了《青岛市科学技术局科技型中小微企业专利权质押贷款资助实施细则》,统筹知识产权局、保险公司、担保公司、商业银行等各方资源,开展专利权质押保险贷款业务,政府通过后补助的方式对各参与主体进行引导,使守信企业贷款综合成本不超过 5%,截至 2015 年年底,累计为 13 家科技型中小企业授信 3 960 万元,实际发放贷款 3 660 万元。

(6)税收激励方面。

青岛市先后颁布了《青岛市科技创新促进条例》、《青岛市促进科技成果转化若干规定》、《关于实施"千帆计划"加快推进科技型中小企业发展的意见》及其 8 个配套实施细则的"1 + 8"配套政策体系、《青岛市促进大型科学仪器共享管理办法》等政策措施,对企业发挥科技创新主体作用、科技资源共享以及科技成果转化等活动给予奖励或减免税收。截至 2016 年 5 月,原值近 20 亿元大型科学仪器登记入网提供共享服务。2015 年底千帆入库企业总数达到 1 573 家,共有 143 家企业获得高企补贴 396 余万元;申请研发投入奖励企业总数为 195 家,奖励资金近 6 000 万元,对"千帆计划"入库企业进行补助。

（7）创新创业方面。

先后出台了《青岛市科技创新促进条例》《关于实施大众创业工程打造创业之都的意见》《关于加快众创空间建设支持创客发展的实施意见》《加快众创空间建设支持创客发展若干政策措施》《创业青岛千帆启航工程实施方案》《青岛市科学技术局众创空间管理办法（试行）》以及创业孵化与投资基金、孵化器房租补贴 2 个"千帆计划"配套实施细则。

截至 2015 年年底,成立了"青岛创客联盟",吸引黑马全球路演中心、广州创大、北大纵横、Binggo 咖啡、深圳前海厚德等国内知名服务机构落户。青岛创客大街开街。国内首创"创客护照"登记制度,首批在 24 家孵化器、众创空间和 27 家服务机构进行试点。打造"千帆 1＋N"活动品牌,举办创新创业大赛、项目路演、主题沙龙等各类创新创业活动 820 余场,培训创业者4.1 万余人次。

2. 技术转移体系建设方面

（1）"四位一体"技术市场服务体系。

自 2013 年起,青岛市不断加快成果转化的市场化改革步伐,初步形成青岛技术交易市场"一厅"（技术交易市场综合服务大厅）、"一网"（"蓝海技术交易网"）、"一校"（蓝色科技技术转移培训学校）、"一基金"（海洋科技成果转化基金）的架构体系,引导各类社会主体开展规范化专业化的市场服务。2015 年新增国家技术转移示范机构 6 家,总数达 14 家,在全国同类城市中排名第 5。全年实现技术合同交易 89.54 亿元,同比增长 48%。

（2）严格规范技术市场行业服务。

规范全市技术合同服务点的行业管理工作,开展针对技术合同服务点登记员的培训,为青岛市技术合同服务培养和储备了从业人员队伍。定期组织技术转移服务机构开展自查,对个别机构存在材料不实的问题,取消其市级技术转移服务机构资格和法人技术经纪从业资格。

（3）打造技术转移网上商城。

2015 年 6 月 1 日,蓝海网完成第二次改版上线,为高校院所、企业、技术转移服务机构量身打造技术转移网上商城。蓝海技术交易网和山东省科技成果转化服务平台签署了战略合作协议,共同打造跨区域的科技成果转化技术转移服务平台。

（4）成立海洋科技成果转化基金联盟。

海洋科技成果转化基金自 2015 年 1 月 9 日成立以来,已与九大天使基金结成战略联盟,为技术转移机构、创客空间等组织培训活动 19 次,已与 5 家技术转移服务机构达成初步合作意向,已投资完成 4 项科技成果转化项目（与技术服务机构合作购买技术 1 项）,考察潜在投资企业 40 余家,拟投资或进入考察期的项目 12 项,积极推动高校的知识产权产业化。

（5）量身制订创新创业服务计划。

2015 年,在青岛科技大学推出了以促成技术转移为目的的大学生科技创业活动——"中国合伙人计划",由老师、学生、技术转移服务机构组成合伙人共同推动科技成果产业化。

（6）推进国家海洋技术转移中心建设。

2015 年 11 月,国家海洋技术转移中心建设工作在青启动,形成了以国家海洋技术交易市场为核心,海洋生物医药、海洋农业、海洋工程、海洋新材料、海洋仪器仪表等专业领域分中心为依托的"一总多分"的海洋技术转移服务体系。推进海洋技术第四方交易平台建设,为海洋技术交易供、需和中介提供技术转让、许可、入股、联合开发、融资并购等服务,实现了海洋科技成果商品化、资本化和证券化。2016 年一季度国家海洋技术转移中心签订技术合同 128 项,技术交额 9 280.71 万元,同比增长 66.92%。

二、蓝色硅谷科技成果转化现状

蓝色硅谷是以海洋为主要特色的高科技研发及高技术产业集聚区域,发展定位为国际海洋科技教育中心、国家海洋科技自主创新示范区、山东半岛蓝色经济区的引擎、青岛滨海科技新城。

1. 现状及差距

（1）高端研发机构集聚现状与差距。

蓝色硅谷核心区内拥有青岛海洋科学与技术国家实验室、国家深海基地、国家海洋设备质量监督检验中心、国家海洋局第一海洋研究所蓝色硅谷研究院、国土资源部青岛海洋地质研究所、山东大学青岛校区、哈尔滨工业大学青岛科技园、天津大学青岛海洋技术研究院等机构。其中,"国字号"重点项目 14 个、高等院校设立校区或研究院 16 个,科技型企业 110 余个,具备了发展海洋科技、开展创新服务的独特条件和优势。海洋科学与技术国家实验室、国家深海基地等 6 个项目已基本建成并投入使用,山东大学青岛校区、国家海洋设备质量监督检验中心、国土部青岛海洋地质研究所等 45 个项目部分建成或正加快建设,中央美院青岛大学生艺术创业园、国家水下文化遗产保护基地等 20 余个项目正在加紧建设前期工作。阿斯图中俄科技园、中乌特种船舶研究设计院等 8 个国际高端研发平台加快建设。

相比而言，作为美国海洋科学研究中心的波士顿，集聚了哈佛大学、麻省理工学院等 100 多所大学，伍兹霍尔海洋研究所等 2 700 多家研究机构；以美国海洋石油工程创新中心著名的休斯敦，拥有莱斯大学、得克萨斯 A＆M 大学、休斯敦大学等知名学府，全美 70 多家海洋研究机构总部有一半集聚在这里。武汉东湖高新技术产业开发区区内高等院校和科研机构密集，有武汉大学、华中科技大学等 58 所高等院校和中科院武汉分院等 71 个国家级科研院所。虽然蓝色硅谷近两年吸引了一批高端研发机构落户，但是与国内外创新高地相比，高端机构的集聚程度仍有较大差距。

（2）技术转移服务体系现状与差距。

为进一步提高技术产业化进程，促进科技成果转化，蓝色硅谷围绕海洋生物、海洋仪器仪表、海洋新材料、海洋工程和海水养殖等专业领域，推动国家海洋技术转移中心蓝谷分中心建设，部分驻蓝谷高校科研机构也相继成立了如天津大学（青岛）技术转移中心、大连理工大学（青岛）技术转移中心、中航动力非晶技术研究院等内部的技术转移转化中心，基本形成了以国家海洋技术交易市场为核心，以专业领域分中心为依托，以社会化技术转移机构为支撑的"一总多分"的海洋技术转移服务格局。

相比而言，武汉东湖高新技术产业开发区目前拥有各类技术转移机构 142 家，2016 年作为国家技术转移东部中心的两大核心公益平台——"科惠网"和技术转移综合服务市场正式运行。德国的史太白技术转移中心截至 2012 年年底，就已经形成了拥有 918 家专业技术转移机构的网络（仅 2012 年就新增 101 个），各类雇员超过 5 200 名。而蓝色硅谷目前拥有 87 家技术转移服务机构，2016 年第一季度国家海洋技术转移中心实现海洋技术交易 128 项，技术交易额 9 280.71 万元，仅占青岛总技术交易额的 4.43％。此外，海洋科技服务人才数量也存在不足，青岛市目前拥有"技术经纪人"资质的人才共有近 400 人，分布在全市 100 多家的技术转移机构和孵化器中。但是有超过 50％的属于兼职从业者，这与全市快速发展的技术交易、科技成果交易规模不相称。无论与国内外创新活跃地区相比，还是与蓝色硅谷海洋科技产业的发展趋势相比，现有的科技服务人才仍存在较大缺口。

（3）科技成果专利数量的现实与差距。

目前，蓝色硅谷处于发展初期，科技成果还较少，但在一些项目上有所突破。蓝色硅谷累计引进重大科研、产业化及创新创业项目 210 余个，其中"国字号"、"蓝字头"项目 14 个。海洋国家实验室在科学研究方面，共发表论文 1 670 篇,获科技奖励共计 26 项,新获国家自然科学基金等各类科研项目共计约 410 项。2016 年,蓝色硅谷涉海发明专利申请量预计达到 200 件、授权量达到 30 件,海洋技术合同交易额达 2 亿元。

相比而言,美国硅谷以全国 1% 的人口,占全美专利的 13%。2016 年一季度,中关村企业申请 PCT 国际专利 2 284 件,同比增长 351.4%,占北京市 79.3%,在国内申请方面,中关村企业申请专利 13 114 件,同比增长 14.6%,占北京市 34.1%。自 2000 年以来,武汉东湖高新技术产业开发区专利申请量每年的增长率保持在 30% 左右,2015 年,武汉东湖高新技术产业开发区就有超过 1.58 万件的专利申请,约占武汉市的 50%。而蓝色硅谷 2020 年的预期涉海发明专利申请量也仅为 2 000 件,因而与美国硅谷、中关村、武汉东湖高新技术产业开发区相比而言,无论从专利数量还是科技成果方面,都与它们相差甚远。

(4)创新创业服务平台现状与差距。

蓝色硅谷突出"国字号"重点大项目的带动示范作用,引进了众多深海上下游产业链研发技术服务平台。国家海洋设备质检中心、食品药品安全性评价检测公共研发平台、先进制造系统工程公共研发平台、深海技术装备公共研发平台、海洋药物公共研发平台等 10 个公共研发服务平台已逐渐投入使用,国家海洋计量中心也基本确定在蓝色硅谷选址建设。部分驻蓝色硅谷高校科研机构也分别设立了相应的校区、研究院、大学生创业园、科技园或校企联合研究中心。另外,蓝色硅谷还集聚了即发蓝谷海洋生物研发中心、微软教育云研发基地、中航动力非晶材料研究院、青岛润键泽山科创新产业园等 140 余个企业研发中心(基地)。

与北京中关村、武汉东湖高新技术产业开发区相比,蓝色硅谷的公共技术服务平台的集聚力略显不足。北京中关村核心区创新创业服务平台已拥有 89 家公共技术服务平台,武汉东湖高新技术产业开发区拥有省级和国家级产业创新平台数量达 466 家,省级以上(含省级)技术创新平台达到 444 个,其中国家级 216 个。武汉东湖高新技术产业开发区的未来科技城已吸引凯迪生物质能国家重点实验室等 12 家国家重点实验室或国家工程中心落户。

(5)科技金融体系建设现状与差距。

蓝色硅谷通过设立专项资金、共建科技成果转化基金、共建风投基金等方式,大力支持海洋科技研发和科技成果转化。蓝色硅谷与贵阳众筹金融交易所、贵阳众筹金融交易所科技金融交易中心签约共建蓝谷科技金融交易中心,与蓝色海岸资本(青岛)共同创建海洋科技方面的产业投资基金——青岛蓝色硅谷创业投资基金,一期资金规模 1 亿元。设立总规模 10 亿元的"海科创海洋互联网产业基金",引进的中科招商集团每年为天津大学青岛海工院提供 2 亿元的孵化基金。设立蓝海股权交易中心蓝谷中心和蓝谷金融超市,引进工商银行、中国银行、人民财产保险、太平洋财产保险、小额贷款公司等 40 余家银行、保险、担保、资本管理、证券、中介服务等战略合作机构,打造一站式股权交易和金融服务平台。

相比而言,在投融资规模方面,硅谷和旧金山是加州天使投资和并购最活跃的地区,2011～2014 年间其规模从 15 亿美元增至 28 亿美元,占加州的比例从 50% 增至 93%;2014 年硅谷企业在美国公开募股定价的数量达 23 次,占美国的 8.4% 和加州的 39.7%。中关村天使和创投案例分别占到全国的42.7% 和 32.2%,天使投资和创业投资金额占全国的 1/3 以上,位居全国第一;2016 年一季度中关村共有 352 家企业获得 358 次 PE/VC 投资,获投金额661.7 亿元;在科技金融创新方面,美国硅谷专业的科技金融机构——硅谷银行在市场定位、产品设计、风险控制等各方面对传统商业银行业务不断进行创新,开创了"科技银行"模式的先河,与全球 600 多家风险投资基金及私募股权投资基金建立了紧密的联系,为创新型高科技中小企业和风险投资公司提供商业银行服务及各种投资服务。而目前蓝色硅谷区域内仍未成立专门的科技银行,科技金融产品创新不足;在天使风险投资机构和人才方面,目前,中关村活跃的天使投资人超过 1 万名,占全国的 80%,聚集了雷军、徐小平等一批知名的天使投资人和 IDG、红杉、北极光等国内外知名投资机构。蓝色硅谷投融资渠道较少,仅引进了 40 余家银行、保险、担保、资本管理、证券、中介服务等金融机构,缺乏活跃的风险投资机构和天使投资人。

（6）高层次人才引进培养现状与差距。

2016 年青岛市拥有各类海洋人才达到 4.3 万人,占全国海洋人才的30% 左右,其中,国家千人计划专家 28 人,两院院士 18 人、外聘院士 3 人,国家杰出青年科学基金获得者 26 人,长江学者 17 人,泰山学者 20 人,博导 364人,享受国务院津贴人员 144 人。蓝色硅谷通过项目带动已引进各类涉蓝人才 3.9 万人,其中硕士或副高以上高端人才 1.6 万人。引进全职与柔性人才共计 3 200 余人,其中博士 715 人、硕士 679 人、本科 1 158 人,"两院"院士、国家"千人计划"专家、"长江学者"、"泰山学者"等高层次人才 300 余人,海外人才 52 人,其中外籍专家 37 人。

相比而言,高层次人才缺乏。美国硅谷拥有美国科学院院士近千人,诺贝尔奖获得者 30 多人。仅美国斯克里普斯海洋学研究所就有 3 人获得过诺贝尔奖,而蓝色硅谷仅在物理海洋等个别涉海学科拥有国际高层次科学家。上海张江高科技园区从业人员近 35 万人,其中大专以上学历程度达 56%。

拥有博士 5 500 余人,硕士近 4 万人。拥有中央"千人计划"人才 96 人,上海市"千人计划"人才 92 人,上海市领军人才 15 人,留学归国人员和外籍人员约 7 600 人;海洋工程类人才比例偏低。青岛海洋人才规模优势主要体现在海洋基础科学研究领域,根据《全国海洋科技人才研究报告》(王云飞等,2015),青岛从事海洋基础科学研究的人才数量占全国的比例高达 34%,而青岛从事海洋工程技术研究的人才数量占全国的比例仅为 15%,表明蓝色硅谷开展海洋工程装备等海洋工程技术领域的人才不具优势。

2. 制约蓝色硅谷科技成果转化主要瓶颈与障碍

蓝色硅谷建设的主要目的之一,是破解长期以来海洋科技成果转化偏低等短板。蓝色硅谷目前尚处于建设期,海洋工程类人才缺乏、海洋科技成果可转化性不高、科技金融支持体系不健全、涉海企业承接能力不足、政策落地难、海洋科技成果交易体系不完善、缺乏海洋科技成果评价体系等问题是制约科技成果转化的主要因素。

(1)海洋类创新创业人才缺乏。

一是蓝色硅谷定位为海洋研发,而驻青高校院所的学科布局不完善,缺乏相应的学科方向,导致相应的专业人才不足。涉海优势学科主要为海洋渔业、养殖、调查、监测等,在海洋生态环保、海洋装备制造、海洋能源矿产、海洋工程建筑等方面相对较弱,导致青岛市缺乏海洋生态环保、海洋装备制造、海洋能源矿产、海洋工程建筑等人才。

二是基础研究人才中,除海洋生物技术领域人才优势较为明显,海洋工程装备、生物医药、新能源利用、精密仪器等领域的研发人才也很缺乏。

三是科技成果产业化仅仅依靠技术型人才是不够的,还需要既懂专业技术,也会经营管理,还熟悉政策法规等多维知识融合的人才,但青岛市乃至全国的高校院所还未有培养此类人才的综合性学科。

四是人才激励政策不完善,外籍科研人员来青工作的年龄、居留年限、签证类型和期限等领域尚有诸多政策限制;外籍留学生毕业后留青就业、创业等政策上也存在不衔接、不顺畅的现象;对各类人才的评价以及对各类人才项目(包括科技项目)经费管理重点的差异化目前还不明确。

(2)海洋科技成果可转化性不高。

一是蓝色硅谷内聚集的很多涉海领域高校和科研院所主要承担着国家在基础理论研究等方面的职责,其研究聚焦在国际海洋科技前沿、国家海洋发展战略、国家基础调查任务等层面,较少考虑成果的应用价值和实用性。青岛的相关海洋科技机构承担的所有研究课题中,超过 2/3 的课题属于基础性研究,应用类的课题平均数量不足当年课题总数的 1/5,且每年变化不大。

二是实用性项目的推广应用不足一半，其中应用经济领域的又不足三分之一，而且这种应用只限于小范围，大面积推广非常少。2016 年上半年青岛市海洋技术交易 233 项，技术成交额 2.02 亿元，仅占青岛市总技术成交额 6.43%。

三是海洋科技成果缺乏标准化评价体系。虽然青岛市引入了国家标准《科学技术研究项目评价通则》，并对该通则的"成熟度"评价指标进行了创新，增加了可操作性更强的"创新度"、"领先度"两个评价类别，但定性评价指标还是偏多。另外，评价指标还只是从应用技术和基础研究这两大类进行了区分，目前针对海洋特色产业细分领域，青岛市及蓝色硅谷均还没有具体的评价实践，也没有具体可操作的评价体系。

（3）海洋科技成果投融资体系不健全。

虽然海洋研究投入逐年加大，但科技金融、风险投资体系尚未健全。

一是政府与社会资金对科技金融的支持力度不够。山东省和青岛市都建立了针对蓝色产业的投资基金，青岛市 2015 年设立了海洋科技成果转化基金，首期出资 2 000 万元，但与海洋科技成果转化市场对资金的需求量相比，投资仍显得杯水车薪，且投资资金来源单一，主要为政府注资，而社会资金注入不足，参与度不高。

二是金融服务资源分布不均衡。青岛蓝谷科技创新孵化带紧邻青岛市财富管理金融综合改革试验区，金融资源较为集中。与其相比，蓝色硅谷核心区在金融服务资源聚集上还有较大差距。

三是尚未形成完善的科技金融组织体系和服务平台，投融资新模式探索乏力，银行不良贷款容忍率偏低，金融供给和支撑有限，PPP 模式未得到深化推广。风险投融资缺位是海洋科技成果转化瓶颈，也是蓝色硅谷发展的软肋。

（4）涉海企业承接能力不足。

一是青岛地区涉海企业一般从事传统海洋技术研发和生产，对于新的高新技术成果，比如新的深海探测技术等，青岛没有与之匹配的企业，导致新型海洋高新技术无法在青落地。二是青岛的涉海高新技术企业一般为中小企业，且数量较少，企业本身存在研发力量弱、资金短缺等不足，不具备中试放大和产业化的条件，这导致青岛市大部分海洋科技成果与涉海企业技术发展需求存在不对接、承接能力不配套情况。上述因素阻碍了青岛海洋科技研究成果的本地产业化，使得青岛海洋科技成果"墙内开花墙外香"。

（5）海洋科技成果转化链条存在薄弱环节。

一是对创新创业服务机构的吸引力较弱。蓝色硅谷经过几年的启动建设,大量的孵化和创业载体已逐步建成,但正式投入使用的仅有蓝色硅谷创业服务中心等几家机构,高端研发平台的集聚力不足,政策扶持力度不足以吸引各类创新创业服务机构以及创业团队和企业入驻。

二是技术转移网络体系不健全。由于国家海洋技术转移中心蓝谷分中心仍处于建设阶段,蓝色硅谷的技术转移协作机制还不完善,各个技术转移服务机构处于相对独立状态,尚未形成有效的联动效应。

三是创新创业服务供需双方信息不对称。目前,蓝色硅谷创新创业的信用体系不完善,信息服务平台不健全,导致创业者难获取、难甄别服务机构提供的服务信息,服务机构不了解、不掌握创业者的需求信息。

四是创业孵化链条衔接不畅、运转不良。众创空间、苗圃、孵化器、加速器、产业园区等创业孵化环节缺乏对创业项目和企业进入、退出的衔接管理机制,加速器缺少相应的认定管理办法,孵化器管理运营团队缺乏有效的激励机制,使科技型中小企业在成长过程中得不到相应的支持。

(6)相关扶持政策体系不健全。

青岛市先后出台了一系列科技成果奖励政策以及相关人员、机构引进等优惠措施,即墨市、蓝色硅谷也出台了《蓝谷扶持创新创业暂行办法》等鼓励政策措施,但目前,相关政策在覆盖面、政策力度、政策落实上依然存在一些问题和障碍。

一是政策的覆盖面依然不足。蓝色硅谷各类支持、扶持政策绝大部分属于供给侧政策,而政府采购、商业化前期引导、技术标准等典型的需求侧政策尚为空白,急需配套需求侧扶持政策,加速引导、启动市场需求。

二是政策的力度依然不够。受创新创业发展专项资金整体规模的限制,与青岛市级或其他区市的同类政策相比,蓝色硅谷现有针对孵化器、创业服务机构、科技金融机构等的扶持激励政策力度还不够,还不能形成有竞争力的政策吸引力。

三是一些国家和省市政策的落实不及时。受区域管理体制、管理机构和权限调整的影响,蓝色硅谷管理机构目前的一些制度和运行机制还没有正常化,影响了股权激励、孵化器分割转让、人才落户等一些扶持激励政策的落地实施。

第五节　蓝色硅谷海洋科技成果转化路径

围绕海洋科技成果转化存在的关键问题和薄弱环节,加强系统部署,依托国家海洋技术转移中心,以需求为导向,集聚技术转移服务机构、投融资机构、高校、科研院所和企业等,整合成果、资金、人才、服务、政策等各类创新要素,建设国家科技成果转移转化试验示范区,探索符合蓝色硅谷发展实际的海洋科技成果转化有效路径。

一、构建区域性海洋科技成果转移转化网络

以国家海洋技术转移中心为核心,打造线上与线下相结合的海洋技术交易网络平台,开展市场化运作,坚持开放共享的运营理念,支持各类服务机构提供信息发布、融资并购、公开挂牌、竞价拍卖、咨询辅导等专业化服务。加强国家海洋技术转移中心与山东蓝色经济区产权交易中心及蓝色经济区内其他地市间有关机构的合作,构建蓝色经济区海洋科技成果转移转化网络。强化蓝色硅谷创新高地的辐射带动作用,优先在威海、烟台、日照等沿海城市布局建设分中心,形成以国家海洋技术转移中心为核心、以专业领域分中心为依托的一总多分的规划布局。

二、打造海洋科技创新集聚基地

突出蓝色硅谷核心区创新驱动功能,集聚海洋科技创新资源,引进海洋应用工程技术类的研发机构,推进青岛海洋科学与技术国家实验室、国家深海基地、国家海洋设备质监中心、海洋科考船等创新平台建设,争取海洋基础科研、近海和深远海应用技术研发等取得重大突破。发挥海洋国家实验室的创新引领作用,主导参与国家重大基础研究计划及应用研究计划等合作项目,全力打造中国蓝色硅谷发展引擎、海洋强国建设支撑、全球海洋科技高地。推动高校院所结合海洋产业需求适当调整学科或课程设置,将海洋工程应用纳入学历教育。发挥行业骨干企业、转制科研院所主导作用,联合上下游企业和高校、科研院所等构建一批产业技术创新联盟,围绕产业链构建创新链,加强行业共性关键技术研发和推广应用,协同开展合作研发、中试熟化、应用推广及标准制定等活动。鼓励科研机构、企业自建或共建涉海研发中心、工程(技术)研究中心和重点(工程)实验室等研发平台,推动高校、科研院所、产业联盟、工程中心等面向市场提供专业化的研发服务。搭建科技资源共享服务平台,建立健全高校、科研院所的科研设施和仪器设备开放运行机制,实现海洋科技资源的开放共享、优化配置和高效利用。

三、建立海洋科技成果数据资源系统

依托海洋科学与技术国家实验室高性能计算平台等数据化平台,运用新一代互联网技术和云计算平台开发打造海洋大数据中心,规划建设海洋科

技成果数据资源系统。建立健全各部门科技成果信息汇交工作机制，推动各类科技计划、科技奖励成果存量与增量数据资源互联互通，构建海洋数据交流中心和海洋数据采集、加工与服务网络平台，畅通海洋科技成果信息收集渠道。完善海洋科技成果信息共享机制，在不泄露国家秘密和商业秘密的前提下，向社会公布科技成果和相关知识产权信息，提供信息查询、筛选等公益服务。

四、搭建专业海洋创业孵化服务平台

加快专业海洋创业孵化服务平台建设，支持多元化主体投资建设众创空间、孵化器、加速器、产业园区。发挥蓝谷创业中心在孵化器建设中的示范带动作用，推动一批专业化"海洋＋"孵化器布局发展。鼓励低成本、便利化、全要素、开放式的"众创空间"建设，支持硅谷互联、深蓝创客、熔钻创客等一批海洋专业创客空间创新发展。依托海洋国家实验室、国家深海基地等区域重大创新平台，打造国家级专业化众创空间——"深海众创空间"。依托海洋国家实验室建设海洋高技术产业化中试基地，持续承接海洋科技工程化技术开发和成果的中试放大，解决具有高风险、高投入特性的海洋科技成果转化瓶颈，促进海洋科技转化为现实生产力。

五、培育海洋科技型中小企业

实施"千帆"科技型中小微企业成长工程，建立完善中小企业政策支持体系，梯度培育初创期、成长期和壮大期等各类科技型企业，打造海洋高技术企业孵化基地。鼓励和支持协同创新，定向引进能够在海洋领域突破的高等院校、大院大所和创新团队，引导高校院所在新材料技术、通讯技术、高分子技术、工程技术、工业自动化技术、航空航天技术等传统优势技术向海洋的延伸、转化，培育孵化一批陆海统筹为特色的科技型中小企业。

六、创新海洋科技成果转化模式

针对海洋科技成果转化的高风险、高投入等特性，推广科技成果拍卖、"TMC"主协调人模式、"做市商"等技术交易"青岛模式"在海洋科技成果转化领域的应用，开展海洋技术转让、技术许可、技术入股、联合开发、融资并购；联合青岛技术交易市场，在蓝色硅谷内山东大学、天津大学等高校实施海洋领域的"中国合伙人计划"，发起以青年学生为主体、大学海洋科技成果为客体、以促成海洋科技成果转移转化为目的的青年学生科技创业活动，由老师、学生、技术转移服务机构组成合伙人共同推动海洋科技成果转化；扶持建立连接高校院所和生产企业的、以试验开发为主的海洋战略性新兴产业技术研究院,作为海洋领域的技术开发和定制服务中心,通过市场机制为下游生产企业服务,并积极接续高校院所的技术成果,完成海洋科技成果产业化之前的中间开发过程,疏通"发现—技术—工程—产业"链条中的瓶颈,推动海洋战略性新兴产业创新升级发展。

第六节 蓝色硅谷海洋科技成果转化的保障措施

一、完善科技成果转化政策体系

贯彻落实《中华人民共和国促进科技成果转化法》《实施〈中华人民共和国促进科技成果转化法〉若干规定》、《国务院办公厅关于印发〈促进科技成果转移转化行动方案〉的通知》及相关政策措施,完善有利于海洋科技成果转移转化的政策体系。

加快制定蓝色硅谷《促进科技成果转移转化行动方案》,开展政策创新和试点,出台国有科技型企业股权激励实施细则,在推动科技成果使用权、处置权和收益分配权改革的基础上,探索职务科技成果权属混合所有制改革,将科技成果转化纳入对高校、科研机构的绩效考核体系,激发其海洋科技成果转移转化的积极性;改革科研经费的管理和使用方式,横向项目合同经认定为技术转让和技术开发合同后,与纵向项目同等管理标准。

建立宽容失败机制,建立科技成果转化尽职免责制度,免除在科技成果定价中因科技成果转化后续价值变化产生的决策责任;对创业失败的个人或团队给予社保补贴,再次创业时给予二次创业补贴;鼓励、支持国有科技投资公司通过直接投资、贷款担保等方式资助海洋科技型中小微企业,允许发生缘于非主观故意造成的失败或失误,减轻或免于追究有关人员的责任。

建立新技术新产品(服务)政府首购、订购制度,对实现首台(套)业绩突破的科技成果转化产品给予政策支持,促进创新产品的研发和规模化应用。

推广实施科技创新券,支持创业企业和创客团队购买研发设计、检验检测、知识产权等科技服务。

完善技术转移服务机构、技术合同服务点、技术经纪人和专项资金补助等管理办法,制定科技成果标准化评价等的规范性文件,并评估各项优惠政策执行情况和效果,完善技术市场监管体系,建立技术市场信用体系。

二、加强科技服务机构建设

实施科技服务机构引进培育行动,提升科技服务业对海洋科技成果转化的支撑和服务功能。

引导和支持社会第三方机构开展海洋科技成果转化服务,鼓励高校科研院所申请设立市场化的技术转移机构、知识产权交易机构和科技成果评价机构,支持有实力的企业、产业技术创新联盟、工程技术(研究)中心等面向市场开展中试和技术熟化等转化服务。鼓励成果转化服务机构拓宽服务领域,建立健全专业服务标准体系,引导成果转化服务机构规范化、专业化、网络化发展,积极推进海洋科技成果转化。

积极引进知名知识产权服务机构在蓝色硅谷内发展,汇聚要素、创新业态,加快推进海洋领域知识产权创造、运用、保护和管理;探索建立"专利银行",开展专利收储、培育、布局和运营转化,引导组建专利联盟、构建专利池。

引进培育一批第三方检验检测认证机构,支持构建一批海洋领域的认证公共服务平台,加快国家海洋设备检验检测中心建设,打造具有国内一流水平的海洋检验检测平台。

充分发挥专家智库在海洋科技成果转移转化过程中的决策咨询作用,对海洋科技成果的技术评价、商务评价等重大问题进行咨询、研究、论证和评估,集中各方智慧,指导和支撑海洋科技成果转移转化。

三、加强人才队伍建设

推进"青岛人才特区"延伸政策正式落地,支持海洋国家实验室实施"鳌山人才计划",制定出台蓝色硅谷高端人才引进培养政策,率先试行海外人才技术移民制度,简化国际高端科研人才引进审批流程,开展高等学校和科研院所部分岗位全球招聘试点,面向全球选聘海洋领域高端人才,引进、培养国际级海洋工程应用研究、科技创业类领军人才,放宽科技人员因公出国审批管理,畅通科技人员双向流动渠道。

建立海洋科技成果转化中介服务队伍,推动有条件的高校设立科技成果转化相关课程,鼓励和规范高校、科研院所、企业中符合条件的科技人员从事技术转移工作,引进和培养具有专业技能和管理经验的技术经纪人和团队,鼓励高校院所对从事基础和前沿技术研究、应用研究、成果推广等不同活动的人员建立分类评价制度。

鼓励行业领军企业及产业技术联盟实施人才战略,支持通过举办高端学术会议、短期培训、创业大赛等活动,吸引各类人才入区开展创新创业活动。构建"互联网＋"创新创业人才服务平台,提供科技咨询、人才计划、科技人才活动、教育培训等公共服务,实现人才与人才、人才与企业、人才与资本之间的互动和跨界协作。

四、强化科技金融支撑

支持建设科技金融专营机构,鼓励各类金融机构设立科技支行、科技金融事业部或区域分部,将银行机构支持科技创新情况纳入宏观审慎评估体系。发挥担保、保险等机构作用,不断创新信贷风险补偿金池、投贷联动、知识产权质押、专利保险等业务模式,打造覆盖创新企业全生命周期的科技金融服务体系,分散和化解海洋高新技术产品研发、成果转化及企业创业的风险。建立科技金融互联网服务平台,畅通科技型企业和金融机构需求对接通道。

扩大财政引导基金规模,健全智库基金、专利运营基金、成果转化基金、孵化基金、天使投资基金、产业投资基金等股权投资体系,分阶段、针对性地发挥基金的杠杆作用,引导信贷资金、创业投资资金以及各类社会资金加大投入。设立贷投联动引导资金,推动创投机构与商业银行合作,为海洋科技型中小企业提供股权和债券相结合的融资服务。充分发挥蓝海股权交易中心蓝谷中心作用,为企业提供股权融资、债券融资、并购融资、资产证券化等产品和服务,利用蓝海股权交易中心所推出的"科技创新板"为中小微科技企业创造更多对接资本市场的机会,促进海洋科技企业上市融资发展。

发挥政策性金融功能,推动银行、保险等资金直接服务于科技型企业融资,采取降低风险投资税率、给予补助等多种措施鼓励风险投资。强化货币信贷政策引导,匹配与科技信贷投放相适应的再贷款额度,提高科技信贷不良贷款容忍率。创投企业投资于海洋科技型中小微技术企业,可享受企业所得税优惠;对投资机构投资种子期科技型企业项目所发生的投资损失给予一定补偿。充分利用国家、省、市级科技成果转化引导基金,通过补助、奖励、股权投资等方式,带动多元化资本投入,支持产业集群中重大科技成果转化。对政府参股的各类基金中的社会资本部分提供风险补偿。

参考文献

[1] 李琴. 科技成果转化模式的选择研究 [J]. 科技创新与应用,2015(34):64.

[2] 黄平,李敬如,卢卫疆,等. 基于关键环节分类组合的科技成果转化模式研究 [J]. 科技管理研究,2015,35(21):58-61.

[3] 杨忠泰. 实现"科技成果转化模式"向"技术创新模式"战略转变的路径探析 [J]. 科技管理研究,2015(14):5-10.

[4] 戚湧,朱婷婷,郭逸. 科技成果市场转化模式与效率评价研究 [J]. 中国软科学,2015(6):184-192.

[5] 刘明雪. 新时期科技成果转化途径及模式探析 [J]. 科技风,2015(6):275.

[6] 邓雪鹏. 科技成果转化的条件与模式研究 [J]. 集团经济研究,2007(07s):306-307.

[7] 程方,聂丽霞,等. 科技成果转化的新模式探索 [J]. 知识经济,2014(21):18-19.

[8] 李玲娟,霍国庆,曾明彬. 科技成果转化过程分析 [J]. 湖南大学学报:社会科学版,2014(4):117-121.

[9] 李孔岳. 科技成果转化的模式比较及其启示 [J]. 科技管理研究,2006(1):88-91.

[10] 郭志毅,庞锐. 国内外高校科技成果转化职业化发展探究 [J]. 科技创新与应用,2016(3):46-46.

[11] 欧阳斌. 借鉴国外产学官合作模式 提升高校科技成果的转化 [J]. 现代企业,2008(5):49-50.

[12] 温兴琦,Brown D,黄起海. 概念证明中心:美国研究型大学科技成果转化模式及启示 [J]. 武汉科技大学学报:社会科学版,2015(5):555-560.

[13] 郭强,闫诚,韩晶,等. 国内外科技成果转化模式和现状 [J]. 科技成果管理与研究,2014(8):24-28.

[14] 董树功,齐旭高,郭环珺. 科技成果转化模式的国际比较与启示 [J]. 产权导刊,2014(6):39-42.

[15] 李世庭. 探索科技成果转化的"光谷模式"[J]. 政策, 2014 (3): 56-57.

[16] 冷静. 推动青岛蓝色硅谷加快发展的对策研究 [J]. 青岛职业技术学院学报, 2014 (3): 20-25.

[17] 韩立民, 刘迪迪. 关于中国"蓝色硅谷"建设的几点思考 [J]. 经济与管理评论, 2012 (4): 133-136.

[18] 王爱香, 张童阳. "中国蓝色硅谷"研究 [J]. 东方论坛: 青岛大学学报, 2011 (3): 121-125.

[19] 刘文俭, 李光全. 青岛蓝色硅谷建设国家海洋科技自主创新示范区的战略研究 [J]. 青岛科技大学学报: 社会科学版, 2012, 28 (4): 74-78.

[20] 谭蕾. 青岛蓝色硅谷 SWOT 分析 [J]. 投资与创业, 2013 (1): 47.

[21] 韩立民, 周海霞. 中国"蓝色硅谷"的功能定位、发展模式及创新措施研究 [J]. 海洋经济, 2012, 2 (1): 42-47.

[22] 李敏. 天津大学 8 个海洋专业研究院落户青岛蓝色硅谷 [EB/OL]. (2014-01-07) http://qingdao.dzwww.com/xinwen/qingdaonews/20140107_9480735.htm

[23] 齐家滨. 崂山打造世界级蓝色硅谷 [J]. 中国科技财富, 2013 (8): 66-67.

[24] 青岛市科技局软科学研究课题组, 马秀贞. 青岛市促进海洋科技成果转化的机制与对策 [J]. 中共青岛市委党校青岛行政学院学报, 2015 (1): 113-119.

[25] 徐质斌. 提高海洋科技成果的可转化性 [J]. 海洋科学, 1996 (4): 51-52.

[26] 钱洪宝, 向长生. 海洋科技成果转化及产业发展研究初探 [J]. 海洋技术, 2013, 32 (4): 129-131.

[27] 李晓光, 杨金龙. 基于科技成果转化的海洋产权运作平台构建研究 [J]. 东岳论丛, 2013, 34 (8): 162-166.

[28] 徐科凤, 王健, 姜勇, 等. 山东省海洋技术转移现状及对策 [J]. 山东农业科学, 2014, 46 (8): 132-134.

[29] 新华. 山东省青岛市获批建设国家海洋技术转移中心 [J]. 军民两用技术与产品, 2015 (9): 11.

[30] 国家海洋技术转移中心 [OL]. www.qingdaotse.com/index.aspx

[31] 聚焦青岛蓝色硅谷 [OL]. http://blue.qingdaonews.com/

[32] 方芳, 张鹏, 高艳波, 等. 我国海洋科技成果产业化发展研究 [J]. 海洋

技术,2011,30(1):103-105.

[33] 宗和. 青岛制定海洋科技成果转化基金管理办法[N]. 中国海洋报,
2014-10-22(1).

[34] 赵笛. 岛城做"畅"海洋技术交易[N]. 青岛日报,2014-10-22(7).

[35] 陈立. 加快海洋科技成果本地转化[N]. 联合日报,2011-05-23(3).

第五章

海洋科学与技术国家实验室的
体制机制设计

第一节　研究意义与研究方法

一、研究的背景、目的与意义

为贯彻落实创新驱动发展战略和建设海洋强国的总体要求，国家科技部同意将建设青岛海洋科学与技术国家实验室（以下简称：海洋国家实验室）作为深化科技体制改革的试点工作，先行先试，探索新的科研管理体制和运行机制，引领和支撑海洋科学与技术发展，创新驱动海洋强国建设。

海洋国家实验室承担着深化科技体制改革，探索新的科研管理体制和运行机制的试点任务，开展海洋国家实验室体制机制的设计研究对于保障海洋国家实验室组织功能的实现、形成可复制推广的国家实验室管理体制和运行机制，建设国际一流的海洋科技研发中心和开放式协同创新平台，汇聚创新资源和创新团队开展原创性研究，提升我国海洋科学与技术自主创新能力，引领我国海洋科学与技术的发展具有重要意义。

1. 通过体制机制的设计保证海洋国家实验室组织功能的实现

科学合理的管理体制和运行机制对于保障国家实验室的建设和运行具有重要作用。世界一流的实验室必定拥有一流的管理体制和一流的运行机制。管理体制和运行机制直接影响国家实验室的作用和效能的发挥。根据战略定位，海洋国家实验室要具备集聚全球创新资源、开展基础研究和前沿技术研究，推动科技成果转化、促进产业培育、拓展国际合作等组织功能，通过设计合理的管理体制和运行机制，在有限的资源约束和限制条件下，理顺各功能版块的关系，最大程度地保障国家实验室所承担功能的实现是海洋国家实验室建设和发展亟待解决的问题。

2. 形成可复制、可推广的国家实验室管理体制和运行机制

我国国家实验室建设工作刚刚起步，尚无成熟经验可借鉴，现有的国家实验室在管理体制和运行机制方面尚存在一些问题，不能完全适应新的科研创新体制。国家实验室管理模式与运行机制仍然存在一些需要深入研究的问题。通过青岛海洋国家实验室体制机制设计的积极探索，形成一些可复制、可推广的管理模式和运行机制，对于其他领域国家实验室的建设和发展具有重要的借鉴意义。

3. 促进蓝色硅谷各类科研机构体制机制改革创新

海洋国家实验室体制机制的研究对于蓝色硅谷创新高地的建设也具有重大的战略意义。创新高地的形成主要依靠创新资源的集聚,而创新、灵活的管理体制和运行机制是促进资源集聚的重要前提。以海洋国家实验室为抓手,积极开展体制机制创新,不断示范、带动、引领各类海洋科研机构的管理创新和机制创新,形成管理方式灵活、运行机制多样的体制机制创新环境,对于蓝色硅谷创新高地的建设和发展具有巨大的促进作用。

二、研究的思路与方法

课题组采用系统论思想,按照要素—结构—功能的研究范式对青岛海洋科学与技术国家实验室的体制机制问题进行研究。即将海洋国家实验室视为一个大的系统,系统功能的实现要依赖于其组织结构和运行机制,组织结构主要是指组成系统的要素的构成及相互关系。在海洋国家实验室体制机制的研究课题中,海洋国家实验室组织功能的界定依据是科技部批复的文件,明确提出的海洋国家实验室要承担的功能和定位,以及《青岛海洋科学与技术国家实验室建设方案》对海洋国家实验室的功能定位和发展目标要求。体制机制研究即制度研究,体制是指结构,是静态的要素组成,机制是指程序,是动态的,是要素变化顺序。海洋国家实验室体制机制研究就是指研究与国家实验室功能定位相适应的创新要素及要素之间的关系、变化规律。

从国内相关学者的研究来看,充分实现和发挥国家实验室功能的体制机制并没有统一的标准和模式,借鉴国外发达国家和地区国家实验室体制机制运行经验是促进我国国家实验室发展,不断完善组织功能的有效路径。但由于国内外制度环境的差异,体制机制需要依据具体的环境和资源条件进行创新,即在借鉴先进经验的基础上,总结符合我国国情和自身组织机构特色的体制机制,是本课题遵循的主要研究思路。

第二节 基本概念界定与研究框架

一、核心概念

1. 国家实验室

(1)欧美国家实验室的概念。

国家实验室是欧美发达国家抢占战略制高点的重要创新载体,是为了适应国家战略需求,开展跨学科、大协作的国家重大研发任务的大型实体研究平台。国家实验室的组织形式最早发源于美国。从 1946 年至今,美国建成 700 多个国家实验室,拥有科学家和工程师 20 余万人,研发支出经费占美国全国研发投入的 11% 左右,占联邦政府科技投入的 40% 左右。美国国家实验室研究领域包括国家安全、能源开发、空间探索、海洋科学、资源环境、卫生健康等。美国国家实验室的目标是支持联邦政府履行国家职责和使命,保持美国在科技、经济上的世界领先地位。德国也拥有类似美国国家实验室的科研机构,如马普学会、弗朗霍夫协会、赫姆霍兹联合会、莱布尼茨科学联合会等。这些机构汇集了德国国内最优秀的科学家和工程师,有政府稳定的科研支撑,在国家的重大科技任务中起着至关重要的作用。

(2)中国的国家实验室概念及内涵。

中国从 20 世纪 80 年代开始组织实施国家实验室计划,目的是使国家实验室成为从事基础性研究,培养和稳定科技人才的基地。进入新世纪以后,国家对国家实验室的支持力度逐步加大。2003 年科技部批准筹建北京凝聚态物理、合肥微尺度物质科学等 5 个国家实验室。2006 年,建设国家实验室被确认为一种成功的科技发展模式,正式被纳入《国家中长期科学和技术发展规划纲要(2006~2020)》。2007 年《国家资助创新基础能力建设"十一五"规划》,正式提出组建国家科学中心和国家实验室的明确目标。

2016 年,《国民经济和社会发展第十三个五年规划纲要》明确提出"瞄准国际科技前沿,以国家目标和战略需求为导向,布局一批高水平国家实验室"。2016 年国家《"十三五"科技创新发展规划》在总体部署中提出,"完善以国家实验室为引领的创新基地建设,按功能定位分类推进科研基地的优化整合",将国家实验室作为未来五年重点培育的战略创新力量。

《"十三五"科技创新发展规划》将"国家实验室"定位为"聚焦国家目标和战略需求,优先在具有明确国家目标和紧迫战略需求的重大领域,在有望引领未来发展的战略制高点,面向未来、统筹部署,布局建设一批突破型、引领型、平台型一体的国家实验室。以重大科技任务攻关和国家大型科技基础设施为主线,依托最有优势的创新单元,整合全国创新资源,聚集国内外一流人才,探索建立符合大科学时代科研规律的科学研究组织形式、学术和人事管理制度,建立目标导向、绩效管理、协同攻关、开放共享的新型运行机制,同其他各类科研机构、大学、企业研发机构形成功能互补、良性互动的协同创新新格局。加大持续稳定支持强度,开展具有重大引领作用的跨学科、大协同的创新攻关,打造体现国家意志、具有世界一流水平、引领发展的重要战略科技力量"。

突破型、引领型和平台型是国家实验室的主要特征。其中突破型主要是指要从根本上改变关键领域核心技术受制于人的格局,实现尖端科技领域的重点突破。引领型是指国家实验室要指引国家科技发展方向,引领未来产业结构与模式,带领国家科技体系的各个主体协同创新与共同发展。平台型是指国家实验室要成为适合协同创新和合作的科技创新平台、集聚各类创新资源开展协同攻关。

在未来五年的科技创新发展规划中,整合创新资源,尤其是人才资源,探索新型科研组织管理制度、运行机制以及协同创新机制,开展跨学科、大协同的创新攻关,打造引领发展的重要战略科技力量是国家实验室要承担的主要任务。

根据这些政策文件对国家实验室的要求,可以从四个特征理解国家实验室的内涵。详见表 5-1。

表 5-1　国家实验室的内涵

战略性	关注国家战略层面的长远谋划,成为相关领域的国家专业智库,为国家相关重大决策提供科学依据
前瞻性	对我国科技的发展既有支撑又有牵引,但最重要的是牵引。在科学研究上必须着眼于引领未来科学和技术的发展
重大性	国家实验室不仅要承担重大的科研任务,关键要建设一批世界领先的、甚至是唯一的或独具特色的重大试验设施和仪器。世界一流重大试验设施和仪器是吸引世界智力汇集国家实验室的重要因素
包容性	在国家实验室的组建上,必须打破地域、部门甚至是行业的限制,充分吸纳国内相关优势科技资源,真正体现国家意志;在国家实验室的运行上,要充分借鉴世界一流国家实验室的运行机制,利用世界一流重大试验设施和仪器的共享,把国家实验室建成供世界一流科学家交流合作的舞台

2. 体制与机制

体制是国家机关、企事业单位在机构设置、领导隶属关系和管理权限划分等方面的体系、制度、方法、形式等的总称,如政治体制、经济体制等。机制,原指机器的构造和动作原理,生物学和医学在研究一种生物的功能时,常借指其内在工作方式,包括有关生物结构组成部分的相互关系,及其间发生的各种变化过程的物理、化学性质和相互关系。对于一个组织来说,机制主要是指组织运行的规章制度和组织成员的行为准则,它规定了组织的权力运行规则及边界,明确了人与人之间的分工和协调关系,并规定各部门及其成员的职权和职责。

从广义上讲,体制和机制都属于制度范畴,既相互区别,又密不可分。体制是指一个组织或系统组成要素的静态结构,机制是指一个系统的运营程序,即组成要素按照一定方式的相互作用原理。在本课题中体制机制是指与国家实验室的功能要求相适应的要素组成方式,以及要素之间的稳定关系及运作方式。

二、海洋国家实验室体制机制研究的框架及重点

1.青岛海洋科学与技术国家实验室

青岛海洋科学与技术国家实验室于2013年12月获得科技部正式批复,由国家部委、山东省、青岛市共同建设,定位于围绕国家海洋发展战略,开展基础研究和前沿技术研究,依托青岛、服务全国、面向世界建设国际一流的综合性海洋科技研究中心和开放式协同创新平台,汇聚创新资源和创新团队开展原创性研究,提升我国海洋科学与技术自主创新能力,引领我国海洋科学与技术的发展。

2.功能定位分析

青岛海洋科学与技术国家实验室定位于围绕国家海洋发展战略,以深化改革为主线,全力探索新的管理体制和运行机制,依托青岛、服务全国、面向世界建设国际一流的综合性海洋科技研究中心和开放式协同创新平台。国家实验室的根本任务是站在国家战略需求的高度,优化海洋科技资源配置、实现资源共享、开展科技创新,最终建成我国海洋基础与应用研究和高技术研发的重要基地、国际交流中心、优秀科学家汇聚地和高层次人才培养载体。

从海洋科学与技术国家实验室的定位分析,集聚资源、重大科研设施建设、科技攻关、成果转化、国际合作、体制机制改革是海洋国家实验室必须要具备的功能,相关体制机制的设计,也应以体现这些功能为目标。

(1)集聚资源。

集聚全球海洋科研资源是海洋国家实验室的重要功能。需要集聚的资源大致分为两类:一类是国内的海洋科研资源。对于国内的海洋科研资源集聚主要通过政府对资源进行重新配置来完成,面临的体制机制问题主要来自原有科研资源利益主体的协调和重组,需要项目形成机制、人才流动机制的创新来解决。另一类是国外的海洋科研资源。国外的海洋科研资源的集聚主要通过海洋国家实验室发展过程中的主动链接来完成。面临的主要问题是国际间的项目合作、人才交流、技术转移等问题,需要对项目管理、项目分包、人才政策、技术转移机制的创新和设计来解决。

(2)成果转化。

成果转化是海洋国家实验室实现内生发展机制所必须具备的功能。国家实验室前期主要依靠国家的投资来维持运转,随着国家实验室的科研项目形成科技成果,就面临科技成果的市场化和产业化问题。通过成果转化,可

以为国家实验室创造内生发展资源,包括资金回报、孵化企业、知识产权等。通过设计流畅的成果转化机制,可以促进海洋国家实验室的可持续发展。成果转化功能的实现面临科研项目的管理、知识产权管理、技术转移等相关问题,需要通过设计项目管理、知识产权管理、技术转移机制来解决。

（3）国际合作。

国际合作主要是指提升海洋国家实验室在全球海洋科技创新网络中的地位,核心是资源的链接能力,主要通过国际的科研项目合作和国际人才交流来实现。这涉及国际项目管理和人才交流合作机制等相关问题。

（4）科技攻关。

科技攻关主要是指海洋国家实验室要创新体制机制、集中优势资源和关键科研力量,开展跨学科、大协同研发,实现我国海洋领域关键科学与技术的"突破"。这一功能的实现有赖于科研项目管理的创新和科技管理体制机制的创新。

（5）重大科研设施建设。

平台型国家实验室是国家实验室的重点建设方向。海洋国家实验室集中了国家最为核心的海洋领域科研设施,重大科研设施的建设是海洋国家实验室发展中必须要承担的一项任务。随着一大批科研设施建设的完成,科研设施的管理和共享是海洋国家实验室必须面临的一个问题。创新科研设施管理机制,实现海洋科研设备、仪器的共享和高效使用是海洋国家实验室亟待解决的问题。

（6）体制机制改革试验。

海洋国家实验室承担着深化科技体制改革的试点任务,通过先行先试,探索新的管理体制和运行机制,引领和支撑海洋科学与技术发展是海洋国家实验室的一个核心任务。整合创新资源,尤其是人才资源,探索新型科研组织管理制度、运行机制以及协同创新机制是海洋国家实验室开展体制机制改革的主要试点方向。

3.青岛海洋国家实验室体制机制设计的研究重点

通过组织功能分析,课题组将海洋国家实验室的研究重点集中在项目管理、人才流动、知识产权管理（包括技术转移）等三个方面。体制机制的其他相关问题主要围绕这三个重点开展研究。这三个方面的研究内容和思路如下。图5-1为本课题研究主题的梳理。

（1）项目管理。

项目管理研究按照项目的形成、项目的执行、项目的评价及项目的验收四个阶段的相关问题进行研究。在项目的形成阶段要着重分析治理结构和组织架构对项目形成的影响,以及对不同治理结构的项目形成机制进行比较。在项目的执行阶段分析项目流程的设计、资源共享机制的设计等相关问题。在项目的评价及项目验收阶段分析比较各类评价制度。研究思路是以美、欧、日的科研项目管理系统为参照,深入分析我国已建成国家实验室项目管理过程中存在的问题,结合海洋国家实验室的发展现状,明确海洋国家实验室在项目管理系统的关键环节,并提出建设符合海洋国家实验室功能的项目管理思路、流程和具体建议。

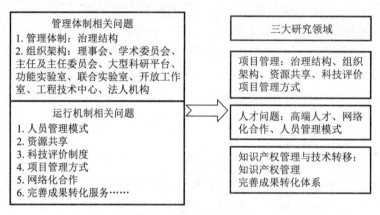

图 5-1 研究领域分析

（2）人才管理。

通过移民政策、人才流动渠道、吸引人才措施等几个方面,梳理发达国家人才政策环境;通过美国国家实验室人才管理实践,以及美国伍兹霍尔海洋研究所人才管理案例,总结国外国家实验室及国外著名研究机构人才管理机制及特点;通过中外人才政策对比,以及引进人才理论和效能分析,归纳国内人才政策的机理和现状;采用 SWOT 分析工具,剖析海洋国家实验室人才管理的现状及问题,并提出针对海洋国家实验室人才队伍建设的具体对策建议。

（3）知识产权管理。

通过以美国国立健康研究院、阿贡国家实验室、斯坦福大学,欧洲的德国马普学会、德国弗朗霍夫学会,英国牛津大学,日本的东京大学等机构为案例,分别就知识产权管理中的管理机构、管理模式、管理制度、管理过程以及人才队伍等进行归纳分析,调研国内高校院所知识产权管理现状,提出知识产权管理中存在的主要问题及成因,并以美国国家实验室知识产权管理体系作为主要参考,构建适合海洋国家实验室特点的知识产权组织机构及管理体制。

第三节 国外国家实验室体制机制现状

一、国外项目管理体制机制现状

项目管理体系是保障海洋国家实验室按照功能定位有序运行的关键模块,根据海洋国家实验室的功能定位、资源条件,设计较为科学、完善的项目管理体系是课题的重要研究内容。从结构分析的角度,一个完整的项目管理体系包括项目的形成、执行、评价及验收等多个环节;从运行机制角度来分析,影响项目管理体系运行的因素是多方面,如研究机构的定位与性质(市场化机构或政府机构)、组织治理结构、组织架构、经费来源等。课题组对美、英、德、日等国家实验室项目管理的现状、成功经验及存在问题进行了系统分析,对影响项目管理系统的部分因素进行了深入剖析,结合海洋国家实验室功能定位对项目管理系统的要求,提出了完善海洋国家实验室项目管理系统相关体制机制的建议和对策。

1. 国外国家级科研机构的项目管理模式

国外发达国家对于科研项目管理非常重视,尤其是国家级的科研机构承担的科研项目,都形成了独特的科研管理模式。

(1)美国:多元分类的项目管理模式。

美国的科研项目管理系统主要由政府研究机构、大学和工业研究机构三大科研系统组成,项目研究与开发具有较大的自主性。美国按照项目规模,兼顾项目性质的分类,形成了基础项目–科技工程项目–商业技术项目三位一体的分类管理模式,不同的研究项目采用不同的管理模式。

基础类研究项目,即与国家安全与长远发展密切相关的重大前瞻性、公益性基础类研究项目。这类项目的投资主体是政府,政府以国家科技预算的形式为项目提供主要经费来源。美国的各个国家实验室是基础类研究项目的主要承担者。项目研究领域主要由本领域的科学共同体提出,研究经费分配到项目中标科学家所在单位。政府不但为基础研究提供资金保证,还将为研究者提供实验设施。对于政府投资建设的国家实验室,承担了基础研究项目的科学家可以免费使用。基础研究的研究领域、研究计划及经费使用方式均由研究项目负责人自行决定。研究成果以论文形式发表。新的理论或新的发现属于公共财产,可以在社会上广泛传播。

大型科技工程项目。大型科技工程项目是与政府职能相关的有关国防、健康及公共事业方面的科技活动。这类项目主要采用第三方专业委员会监督管理模式。项目主要由政府的研究中心提出具体工程计划,报请联邦政府主管部门认可,由拨款委员会审定批准,然后成立相应的委员会,负责对项目的管理系统设计、制造、可靠性进行考察,并全程跟踪管理。大型工程项目也可以申请免费使用国家实验室。

商业性技术开发项目。商业性技术开发项目主要由企业承担,政府通过政策予以间接扶持,并要求企业投入一定的资金匹配。这类项目,国家实验室较少涉及。以美国的先进技术计划(简称 ATP 计划)为例,其管理模式体现了美国最新的科技管理思想。ATP 计划由国家标准与技术院领导管理,其行政执行机构分为总部、执行办公室和信息资源部三部分,主要负责日常行政管理、情报搜集等工作。其业务执行机构包括经济办公室和技术办公室,直接对总部负责。ATP 计划的整个管理周期可分为五个阶段:申请准备期、申请评估期、协议期、研发期和项目后期。ATP 计划的项目的遴选标准主要体现在两个方面:申请项目既要有科技优势,又要有广泛的国家经济效益潜力;其遴选程序分为项目粗选、技术和商业价值评估、商业计划及预算评估、复试、选择资助项目等五个步骤。ATP 计划对各项目进行监控,主要工具是项目管理小组和商务报告系统。项目管理小组由授权官员、技术专家和商业专家组成。ATP 计划项目资助按照年度划拨,项目管理小组每年都要对项目计划进展和下一年预算进行审查,项目的各方面必须符合 ATP 计划的遴选标准,才能获得新一年资助。ATP 计划的评估分为五个方面:评估 ATP 计划本身活动、建立健全档案、评估产业界的实施完成情况、跟踪项目的近期及中期成果、评估项目对经济的长期影响。

(2)日本:以承担单位为核心的科研项目管理模式。

在日本的科研项目管理中,项目承担单位处于核心地位。在日本的科研评价体系中,对科研单位的信用评价占有十分重要的地位,直接影响到未来的资助。在科研经费的分配上,日本政府已经改变了在政府研究机构与企业主体间平均分配科研经费的做法,把资金重点资助政府投资的研究机构和优秀的大学科研中心。国家实验室可以获得较为充实的经费保障。

对于承担单位的信用评价有赖于日本为项目的选择建立的严格管理流程。日本对项目的选择非常严格。在项目选择过程中存在三个选择主体,一是负责提出任务的政府部门;二是负责组织项目选择活动的学术组织部门;三是负责调研并提出研究方案的专门研究小组。日本政府在经费管理方面,非常重视预算管理和监督。在预算实施过程中有一套完整的项目管理评价体制和预算监督机制。项目一旦确定,它的每一笔开支必须按计划执行,如需调整,须经政府主管部门的同意。项目进展情况需定期检查,发现问题要及时提出调整意见,供下年度制定预算时参考。

(3)英国:以经费和项目评价为重点的项目管理模式。

英国政府的科研项目管理中,科技投入的使用效率是一个非常重要的指标,非常重视科研经费管理和科研项目评价工作,这两大环节是英国科研项目管理中的重点。英国政府规定,基础研究和战略性研究在各研究委员会分配经费时,允许其他专业委员会和国有科研机构前来申请,公开竞争。国防研究经费的分配也允许民用部门科研机构参与竞争。

英国的科技评价体系非常完善。在内阁办公室设有科技评价办公室,政府各部门也有评价机构,实行严格的科技评价制度,评审委员会成员一般为本学科领域的著名专家。科研项目评价工作包括对申请科研项目的评价、对进行中的科研项目管理的评价、对已完成的科研项目成果的评价。在评审基础研究项目时主要采用"投入-产出"评价法,把该项目科技人员在国内外科技期刊上发表的科学论文数量及质量作为评审的主要依据,并制定一套专门的评价指标。在评审应用科研项目时大多参照该项目的预定目标以及其产生的实际效果作为衡量的主要标准;在评价重大科技计划项目,特别是跨部门的科研项目时,英国政府大多聘请独立的专业评估单位进行评估。

(4)德国:以第三方中介机构为重点的科研项目管理模式。

德国的科研项目在顶层设计上具有较为明确的目标,必须有助于增强经济竞争力、能保证创造未来的就业岗位、有实用意义、对生态环境有保护作用、能保持在国际上本领域的领先水平。

在整个项目管理过程中,中介机构扮演着重要的角色。中介组织的内部按专业门类设立相应的委员会或部门,保持对口专业领域的权威地位,掌握最新的领域研究动态,对对口领域的上报项目进行管理。项目评审和管理坚持公开、公平、公正原则。政府部门在其中的影响力很小,放手让中介组织、各领域专家负责,以确保通过竞争让最有实力的科研单位或科学家获得资助。同时,注重项目的跟踪管理及人才评价。

(5)欧盟:合作—创新—人才—能力四位一体的差异化管理。

欧盟在第七次科技创新框架计划中,将科研项目分为四大类:合作、创新、人才与能力。合作类项目主要用于推进欧盟与世界其他国家在科技领域的国际合作;创新项目主要用于支持欧盟层次上的前沿性科技研究;人力项目主要用于欧盟研究人员的培训和职业开发;能力项目侧重支持研究的基础设施建设、支持中小企业以及欧盟国家的研究潜力。其中创新类项目的管理与其他项目明显不同,创新项目并不为项目申报人员预设研究主题,研究主题完全根据项目申请人的研究兴趣而定,并在项目的申报、遴选、监控、成果评审的管理程序等方面相比其他项目更为宽松。

2. 影响国家实验室科研项目管理体系运行的相关因素

国家实验室的功能定位、治理结构、组织形式与对科研项目管理体系的形成、运行密切相关,分析这些因素与科研项目管理体系的关系对于海洋国家实验室项目管理体系的设计非常必要。

(1)功能定位直接决定国家实验室的科研项目来源。

各国的国家实验室都把承担国家战略目标作为主要的功能定位。但由于国家战略的差异,国家实验室的科研项目来源和项目类型也各不相同。表5-2为部分发达国家的国家实验室的国家战略导向和项目形态。

表 5-2 部分国家实验室的国家战略导向和项目形态

国家	国家战略导向	项目形态
美国	以国家利益为导向	①"二战"期间,战争导向催生一批国家实验室和国防项目,例如洛斯阿拉莫斯国家实验室、桑迪亚国家实验室。此时的项目来源主要是军方,项目形态以军事工程技术项目为主 ②冷战时期,以军备竞赛导向,以国防、原子能和航空航天等领域为重点的国家实验室开始出现,如布鲁克海文国家实验室和阿贡国家实验室 此时的项目直接来自联邦政府,项目形态是以前沿技术研究项目为主 ③冷战结束后,以巩固全球领导地位为导向,国家实验室已经成为美国提升国家战略能力,保持全球霸主地位的重要保障 国家实验室的研究重点主要分布在物理、化学、材料、生命医学、环境科学、计算机与信息等基础性和前沿性领域
英国	以国家需求和重大技术难题为导向	英国国家实验室的功能定位是追求长远目标、取得科学突破,立足国家需求、解决重大技术难题,研究领域主要分布在物理学、化学、计算机科学、食品科学、软件科学等方面。典型代表有国家物理实验室、卡文迪许国家实验室、卢瑟福 – 阿普尔顿国家实验室、国家分子化学实验室等 其项目来源是英国政府,项目形态以基础性研究为主
德国	以国家意志为服务目标	①德国的国家实验室承担的科研目标首先是与国家战略利益和政府安全相关的基础性、战略性科技问题 项目来源是联邦政府 ②是一般研究机构无力开展或不愿承担的基础科学、竞争前沿高技术和共用技术的研究或需要政府组织的跨学科、跨部门项目 项目来源是行业协会或产业界 ③针对人民生活质量的社会公益性领域的研究 项目来源是联邦政府 ④为政府履行职责所需的技术监督、计量标准等方面的研究 这种项目主要以政府买服务的形式委托中介机构开展。典型代表有马普科学促进会、赫姆霍兹联合会等

续表

国家	国家战略导向	项目形态
日本	研究机构以政府主导	日本没有明确的国家实验室概念,由国立研究机构承担国家实验室功能,主要围绕国家战略目标开展基础研究,承担战略性创新研究,或直接承担国家下达的研究任务。典型代表有理化研究所、日本国家航空航天实验室等 项目来源是日本政府,项目形态以基础性研究和前沿技术研究为主

（2）不同的治理结构决定不同的项目管理模式。

各国的国家实验室,因为治理机构不同,最终形成的项目管理模式也各不相同。政府拥有政府管理的国家实验室,其项目主要来自政府的预算,研究领域以基础性、战略性、探索性为主。其项目管理模式采取的行政管理模式。政府对实验室的研究项目实施高度管控,研究人员主要为政府雇员,研究项目来自联邦政府拨款。政府拥有委托管理的国家实验室,其项目主要来自政府的预算,研究项目以基础性研究和前沿技术研究为主。项目管理方式采取的是专家委员会管理模式,由各方组成的专家委员会承担项目的发布、审批和监督,项目经费以政府预算为主,但来自产业界的社会资本也占有较高比例。政府与社会共建的国家实验室,其项目主要以前沿技术和产业化项目为主,项目管理模式采取的是合同管理,项目经费来源以社会资本为主,政府投资作为间接补充。表 5-3 是三种治理结构下的项目管理模式。

表 5-3 不同治理模式下的国家实验室项目管理模式

治理结构	项目管理模式
政府拥有政府管理	行政管理模式:政府对实验室实施高度管控,实验室的雇员主要为政府雇佣,所有的项目全部来自政府的投资,项目主要以基础性、战略性、探索性的研究为主,研究领域相对单一
政府拥有委托管理	专业委员会管理模式:由政府投资建设,政府拥有,但委托承包商进行管理,承包商主要来自企业界、学术界和大学联盟。这一管理模式使资源的分配更加灵活,对广泛、多样的项目需求可快速响应,同时还能将私营单位的 R & D 管理经验带入政府部门,有利于提高政府部门工作效率和水平。其中英国和美国的承包商多为企业、日本的承包商多为大学
政府与社会共建	商业合同管理模式:政府与大学或企业界共同建设、由承包商拥有和管理的国家实验室;通常为专业实验室,由承包商直接指定目标和负责管理,不受政府过多约束,政府会资助部分经费。在这类国家实验室中,资金主要来自社会资本,因此项目内容比较多元

目前,政府拥有、委托管理的模式是国家实验室的主流治理模式。根据实际的运行效果,这更有利于对国家的研究重点和社会需求做出快速响应,能够更加灵活有效地配置各种资源,并可以充分利用大学和企业成功地开展

项目研发和项目管理,从而提高研发效率。而政府作为拥有者,可以对国家实验室承包商的管理进行有效的监督和绩效评估,协调解决各实验室在运营中出现的问题,使其不偏离国家发展战略目标,促使各国家实验室实现创新效率的最大化。

(3)经费政策与科研项目管理模式。

从经费来源来看,国外国家实验室的主要科研经费来自政府拨款和无偿资助,来自社会投资的经费所占比例较低。从科研经费的用途来看,主要分为事业费和项目费。事业费主要用于人员工资,大型仪器和公共服务设备的购置和运行,基础设施建设等机构运行经费和少量的间接成本(主要是管理费)。项目经费主要用于支付科研项目的直接成本(流动人员的工资和小型专用仪器设备购置等)。前者主要是预算拨款,后者则是通过竞争获得。

从国外科研经费的管理实践分析,目前通行的做法有以下三个亮点:

一是赋予项目负责人充分的经费管理权。项目经费由项目主管部门直接汇到承担项目的课题组,由项目负责人所在单位的财务统一管理,凭项目负责人签字支出。项目负责人所在单位不得从项目费中提取任何费用。但项目费的利息收入可由负责人所在单位支配。

二是项目经费使用中人员经费开支相对灵活。项目经费严格按申请项目时的计划使用。其主要开支为项目临时聘用人员的开支,约占总开支的80%。项目主要由临时聘用人员在负责人的指导下实施,其中有一部分为正在做博士论文的学生。项目负责人和在编人员不得从项目费中领取任何形式的报酬。

三是项目结果的可积累性。项目负责人定期向主管部门提交项目进展报告,但最重要的是项目总结报告。项目结果对项目负责人的后续项目有影响。如果项目结果不符合指标要求,其项目负责人今后就很难申请到项目,如果项目执行得好,则今后申请项目就会更加容易。

3.国外科研项目管理体制机制的主要特色

(1)建立了高效、公平透明的项目形成机制。

发达国家大多建立了相对高效、公平的形成机制,使得最终形成的科研项目兼顾了国家意志或者国家战略利益和科研机构研发能力的平衡。在项目的形成过程中,充分体现了政府部门、科研机构、工业经济部门以及公众的利益诉求,无论是独立观察员制度,还是以政府公信力和项目承担单位或承担人科研诚信体系为基础的项目分配制度,都对我国项目形成机制的建设具有借鉴意义。

（2）实行了全过程、程序化的科研项目管理手段。

美、英、法、德等发达国家的科研项目管理模型较为一致，通常都包括以下几个环节：① 项目申请。科技计划的具体领域办公室设有专家咨询，解答项目申请前期的问题，对项目申请进行指导。② 立项评审。各计划根据项目条件对项目申请进行分类，并安排立项评审。评审中，各计划组成专家小组，按照公开的既定标准，经过严格的评审步骤，最终遴选出资助项目。③ 签约。得到资助的项目须签订有法律效力的研发委托合同（或合作协议），明确各方的责任、义务和权益，特别是对科研成果的权利归属进行约定。④ 过程管理与中期评审。按照计划与合同的规定，项目承担人定期提交工作报告、商业报告和财务支出报告，对科研活动的进度、内容和成果以及商业应用价值、财务支出情况进行汇报，计划管理者安排相关检查和评审，保证计划项目的质量、进度和风险控制。⑤ 项目验收。项目承担人在规定时间内提出申请，由计划管理机构组织专家小组进行验收和评审，根据验收结果形成处理意见。⑥ 后续管理。项目结题后，在规定时期内向计划管理机构提交成果应用或扩散报告，并对项目采购的剩余资产现状进行汇报。

（3）注重绩效评估的科研项目管理方式。

从科技评估的阶段上说，科研项目的绩效评估显然是一种事后的评估。许多国家开展了科研绩效评估，充分体现了其对科技活动事后的重视。美国于 1993 年实施了《政府绩效与结果法案》，开始针对比较大的科研计划或对科研部门进行整体绩效的评估。欧盟科研项目的绩效考评，基本是伴随欧盟各期架构的研究计划而演进。1996 年欧盟发布了《合理有效的管理 2000》方案，要求开展系统性的绩效考评。其目标是促进各个科研项目的有效完成，并通过考评结果，反馈到欧盟的决策层，以提升未来科研项目的执行效果并引导未来研究项目的方向。

（4）严格按照合同对违规行为进行处理的项目管理方法。

西方发达国家在科技研发项目管理中大都采用的是近似于商业合同的政府采购科技合同，对于项目执行过程中的违规行为都形成了完善的处理流程。美国国家科学基金会参与了纳米计划等多项重大科技计划，是重要科研管理机构，基金会机构设置总监察长办公室，负责接受举报、投诉并审理基金会工作人员、同行评议专家、科研人员等人员违规行为。基金会对于每一个案件都严格按照程序执行、认真调查，依法处理或移交其他主管部门，基金会在年度报告中将违规行为及处理结果向社会公布。欧盟在科研项目立项生效后，所有的项目参与人都必须签订一份合约（即项目团队合同），明确规定项目团队的内部组织结构、资助经费的分配、项目成果知识产权的安排、项目组内部纠纷的解决等,以预防项目团队可能出现的问题,为团队顺利运转提供制度与机制保障。

(5)侧重协同工作的项目管理特色。

发达国家在科研项目管理中从时间上更加注重对项目内容的更新、调整,从范围上更加注重多元参与和国内外的广泛科技合作,从专业领域上更注重计划间的协同、联动和资源整合,争取更多的技术外溢效应。在欧盟的科研项目管理过程中,科研项目参与人必须选定某一位成员为项目协调人,承担项目规制、财务规制等任务。确保项目合同确认的法人完成必要的合同程序,接收项目拨款并予以分配,留下财务账号、记账并告知项目委员会,确保项目参与人与委员会之间高效的沟通。在项目委员会与项目团队签订项目资助合同的同时,必须明确注明谁是项目协调人,并且任命一位新的项目协调人必须获得项目委员会的书面批准。

(6)建立高效、透明的科研经费管理制度。

在体制建设上,发达国家的经费管理重视政府职能与市场机制的结合。在国家层面,设立横跨各职能部门的科技政策资源配置统筹协调机构,如美国白宫的科技政策办公室,日本首相任会长的综合科学技术会议,这些机构对于科技政策资源分配可以充分发挥协调作用。在市场层面,充分发挥第三方中介咨询机构的作用,尊重第三方中介咨询机构专业意见,并使其在科研经费配置中发挥重要作用。

在制度安排上,给予科研机构、研发人员充分的经费使用自主权。根据德国联邦议院通过的《科学自由法》,马普学会、弗劳恩霍大协会、亥姆霍兹国家中心联合会等9个受国家资助的非高校科研机构,在财务、人事决策、投资、建设施工等4个方面可享有更多的自主权和灵活度。

在监管过程上,施行科研经费申请和使用的全程监督。一是加强科研经费的预算管理,实现绩效、预算的平衡。二是细化科研经费使用的内部监管,监管措施包括主任责任制、定期报告制、同行评议制、合同审查制等。三是加强经费使用信息的披露。德国科研机构的财务部门要定期编制通行的财务报表、披露相关会计信息,以便于接受社会各界的监督与评价。在美国,相关科研部门的监察办公室在每一财年都要向国会和公众发布关于科研经费使用报告书。

二、国外人才管理机制的现状

1.发达国家的人才政策环境

(1)移民政策。

为吸引世界各国的优秀人才,美国政府通过职业移民政策吸引美国需要的高科技人才、高层次人才和紧缺人才,向具有特殊专业才能的人才提供便利,大开绿灯,增加一般性职业移民签证的配额数量。美国吸引人才的一项重要政策,就是授予非美国籍专业工作人士在美永久居留权,俗称"绿卡"。得到绿卡的外国人不仅本人得到永久居留的待遇,而且可以将全家人带入一起生活。

在德国,高资历外国人(指可以为德国带来特殊经济或社会利益的外国人,如具备特殊技术知识的研究人员、大学教授等具有高级职位的教师)可直接申请永久居留。自 2012 年 8 月起,德国开始向高级技术人才发放欧盟"蓝卡",大学毕业后在德国工作年薪达到一定标准的外国人均可申请"蓝卡"。"蓝卡"有效期通常为 4 年,持有者在德国居住 3 年后可申请永久居留。这种"蓝卡"计划遍及整个欧盟,几年后"蓝卡"持有者可以得到整个欧盟地区通用的无限期居留许可。在欧盟国家上学的留学生毕业后留在欧盟工作,也可以申请"蓝卡"。

英国在 2002 年 1 月提出"高级技术移民计划",旨在吸引更多合格的高级技术人才到英国发展。只要评分合格,申请人无需先找雇主,无需申请工作许可,即可递交申请,只需要一个半月就可以得签证。获得移民签证,即可享受英国免费医疗、免费教育等社会福利。

近年来日本延长了国外高级人才签证滞留期限,例如将海外高级研究人才和外国教授的一次签证期限延长至 5 年,并对专业技术人才发放特设的"长期出差签证"。留日学生在日本读完大学后可在日本就业,获工作签证后如果有公司聘用即可获长期居留权,在日本工作 5 年以上且无犯罪记录即可申请日本"永住"资格。

(2)借助猎头公司、跨国公司和人才网络争夺人才。

"猎头"是夺取高级人才的重要手段。据不完全统计,世界上 70% 的顶级和高级人才通过猎头公司流动,90% 以上的跨国公司利用猎头公司猎取高级人才。全球性的人才争夺战为猎头业的大发展提供了良机。全球猎头行业排名第一的光辉国际猎头公司(Korn/Ferry International),从 2004 到 2008 的 5 个财政年度,全球营业额由 3.28 亿美元增长到 7.91 亿美元,年均增长率高达 24.6%。全球著名的猎头公司除了光辉国际之外,还有海德思哲国际有限公司、美国阿托兹顾问有限公司、亿康先达国际咨询公司和罗兰贝格尔国际有限公司等等。

跨国公司的国际化生产经营活动为它从世界各地猎选人才提供了良好的机会与渠道,已经成为吸引海外高级人才的重要基地。通过人才本土化、设立科研机构、育才计划、兼并等方式,直接延揽或合作培养人才,提高了夺才的效率,降低了猎才的成本,越来越成为国际人才市场争夺战的重要形式。

互联网在人才挖掘方面具有信息量大、操作便捷、经济实用、互动反应、覆盖面广的特点,因而网络已成为人才争夺最便捷、最快速、成本最低的手段,为跨国人才竞争提供了有力的武器。美国拥有国际领先的、完备的人才供求信息网络查询系统,不仅有众多的政府网站,还有众多的行业网站、协会网站以及其他公共社会服务网站,各类用人单位和求职人才以及职业介绍机构、猎头公司等,均利用先进、快捷的信息网络系统开展工作,寻找合适的人才或理想的工作岗位。

(3)科技合作与学术交流。

随着全球人才争夺的白热化,发达国家不仅直接引进国外人才,而且还巧妙地通过国际间的学术交流和科技合作,吸引和利用国外人才。

美国 720 多个联邦研究开发实验室的不少单位招聘和引进国外著名科学家。美国核武器的研制、阿波罗登月计划的实施、计算机的诞生和应用等,在很大程度上都是通过国外专家实现的。美国企业里的国外专家最多,美国电子行业聘用的外籍科技人才占企业科技人员的 16%,在美国 59% 的高技术公司里,外籍专家占了 90%。日本大量吸引国外科技人才,在近年来实施的新的科研计划中,约有 1/3 人才是从国外引进的。新加坡注重与欧美等发达国家的大学与科研机构建立稳固的伙伴关系,聘请了不少外国教授来新加坡任教。目前,新加坡几所大学的外教比例高达 40%。

创建于 1946 年的富布赖特项目,是世界上声誉最高的国际教育交流项目之一,也是美国吸引外国科学人才的一个重要窗口。在全球 190 多个国家选拔高水平的学者,每年不同学科的选拔人数加在一起不超过 800 名。中国每年选拔 40 名学者参加富布赖特项目,由美国国务院及中国政府共同资助到美国大学或研究机构进行为期 10 个月或 1 年的深造,并受邀到美国的政府机构、公司和其他研究中心进行访问。此外,富布赖特项目每年还支持 20 名美国学者来华讲学。实施 60 多年来,富布赖特项目已为世界各国培养了一批学术、经济和政治等方面的精英,仅诺贝尔奖获得者就有 40 位。近年来,美国在富布赖特项目中新增设理工科博士生资助项目,加大了吸引外国科学人才的力度。

(4)吸引人才的措施。

发达国家把吸引人才作为一项复杂的社会系统工程,调动各方面力量,密切配合,通力合作,形成了政府、学校、企业、民间机构有机构成的吸引外国人才的系统。

　　美国科技人员具有可观的收入。据统计,2011 年美国电脑软件工程师、航空工程师、化学工程师、电脑硬件工程师等行业年平均工资为 9 万～10 万美元,2000 年西雅图高科技人员的年均收入高达 13 万美元。他们的工资是发展中国家科技人员年收入的几十倍。美国很多高技术公司除了给高薪外,还视高技术人才工作的重要程度额外配给股票期权,由于高科技产品附加值看涨,许多公司的股票成倍甚至几十倍地涨,每天都有专家、工程师成为百万富翁。

　　美国政府提供的科研经费充足。美国政府提供的科研经费约占国民生产总值的 2.5%。"国家科学基金会"及"国立卫生研究院"等单位是联邦政府向研究人员正常划拨科研经费的渠道。2013 财政年度,美国科学基金会预算为 73.73 亿元,美国国立卫生研究院预算为 308.60 亿美元。另外,国际商用机器、通用汽车、麦道飞机、杜邦化工、福特汽车等美国 100 家最大的工业企业投入充足的经费,以用于科技人员更新、拓宽知识及深化专业知识。这些企业都能为科研人员配备世界一流的实验室,并提供充足的科研经费和后勤保障。美国充足科研经费创造的良好科研环境使外籍科研人员申请"绿卡"的人数逐年上升。

　　美国设立了多种类型的科技奖励。美国国家基金会设立了沃特曼奖,获奖者可荣获沃特曼奖章,并在 2～3 年内得到最高可达 50 万美元的奖金。为了鼓励中青年科研人员的创造发明,美国科学基金会也设立了各类奖励,如总统青年科学家奖、工程创造奖、国家技术奖等。美国科学基金会规定,如果获奖者是外国人,美国政府会主动为其办理"绿卡"或入籍手续,劝说获奖者继续留美效力。据了解,每年有 14%～20% 的获奖者是外籍青年科学家,他们大多被美国留用。

　　美国具有较为完善的社会保障体系。生活在美国,不论生、老、病、死、意外、失业,都有一套完整而有效的社会保险制度来保障公民的权益,如,退休金制度、医疗保险制度、失业救济制度、公共救济制度及残疾保险制度等,再加上比较成熟的住房市场,可以确保移民美国者生活无忧。另外,美国政府每年花费大笔预算为工人提供就业和训练服务,并补助暂时失业的人,各州和联邦政府合作援助贫困的家庭,特别是那些有学龄儿童的家庭,并且为老人和病者开设各种机构,为精神上及身体上有缺憾的儿童开设特别学校。这也是众多外国人才移居美国的一个重要因素。

　　(5)案例:美国将留学生作为人才的后备力量。

　　美国政府及高校采取留学助学金、留学奖学金、留学助研金(助教金)及留学学费减免等多种资助形式,接受各国学生及学者赴美学习。美国的全民教育投资每年的增加额都在几百亿美元以上。其中留学助学金为全额财政资助（奖学金），全免学杂费、住宿费、保险费、书本费，还可额外获得一定金额的个人消费费用。美国众多公立院校设有学费减免奖学金，一般减免外州或国际学生学费，而只交纳本州的学费，通常可以节省 1/2～2/3 的学费开支。一些名牌大学通过提供优厚的助学金、奖学金和优惠贷款来吸引国外留学生就读，哈佛大学、普林斯顿大学等一些著名大学，吸引了世界各地的优秀青年。有 75% 攻读博士学位的外国留学生以"研究助理"身份，获得大学全额奖学金。在美国大学深造的外国留学生占全球留学生总数的近 1/3。

延长留学生实习期限，从科学、技术、工程、数学四个领域拓展到农业学、牧学、心理学、动物学、灌溉科学、食品科学、教育学等诸多领域、专业，给予长达 29 个月的实习期限，大大增加了外国留学生在美就业机会，也拓宽了留学生选择专业的范围。实施 H-IB（工作）签证计划用以吸纳国外人才，该类签证持有者可在美停留至其签证最后期限，被解雇员工在离美之前能有一定的宽限期，使得真正有本领、对美有用的科技人员能留在美国。

统计数据表明，25% 的外国留学生在学成后定居美国，被纳入美国国家人才库；在美国科学院的院士中，外来人士占 22%；在美籍诺贝尔奖获得者中，有 35% 出生在国外。

2. 国外国家实验室人才管理体制机制的现状

（1）美国国家实验室的人才管理体制机制。

在美国，国家实验室实行董事会领导下的主任负责制。董事会拥有对国家实验室管理的最终决定权。国家实验室主任负责国家实验室的运行管理，每年向主管部门和依托单位提交年度报告。在国家实验室运行费中设立主任基金，由实验室主任选定研究方向和项目。

国家实验室的大部分人员不是政府雇员，而是按照大学、研究机构和公司的一套管理体制成为大学、研究机构和公司的雇员，他们的工资、晋升、医疗保险、休假等福利与其所在大学、研究机构和公司相接近或完全相同。

国家实验室一般采用聘用合同制，人员竞争上岗。对研究人员，坚持在世界范围内选拔和聘任人才，重点考察其研究能力和研究水平。流动人员一般为博士后、研究生，亦以合同形式招聘。流动人员的工作期限从不足 1 月到 2 年不等。美国国家实验室鼓励研究人员在大学兼职、大学教授也可在国家实验室兼职开展研究。采取灵活的用人政策，用人制度呈多元化、多层次的特点。行政管理岗位和技术支撑岗位较为稳定。美国国家实验室的科研人员流动性较高。常因开展大型研究任务的需要，组建研究团队。项目结束后，团队解散，研究人员各回原岗位。

美国国家实验室普遍实行同行评议制,定期对研究人员、研究课题以及国家实验室进行评议,有效刺激良性竞争、提高研究质量和产出率,激发创新,促进公平。

(2)案例:美国伍兹霍尔海洋研究所人才管理体制机制。

人员分类管理。伍兹霍尔海洋研究所工作人员主要包括科研人员、工程技术人员两类,另外还有博士后流动人员,以及一些临时岗位。科研人员的任命是通过员工委员会向所长和主任推荐,助理研究员由所长或主任任命,副研究员和高级研究员则需要通过伍兹霍尔海洋研究所理事会执行委员会向所长和主任推荐。在职称职务晋升方面,贡献突出并满足条件的科研人员,可以从短期聘用身份晋升为终身研究员身份,从而保证了研究的持续性。伍兹霍尔海洋研究所还鼓励科研人员在完成本职工作的前提下,利用业余时间兼职并取得合理报酬。

与高校合作开展人才培养。美国伍兹霍尔海洋研究所(WHOI)与麻省理工学院(MIT)共建研究生院,在海洋学及应用海洋科学与工程学科领域,已经培养了800多名博士,许多MIT/WHOI毕业生已成为美国及国际海洋科学技术领域的领导和骨干。

重视国际合作。美国伍兹霍尔海洋研究所开展的大型研究合作项目包括与沙特国王大学—国王阿卜杜拉科技大学的合作计划,以及美国海洋观测计划的沿海和全球节点计划等;美国与国际海洋科学大计划还常常依托伍兹霍尔海洋研究所设立研究中心,开展诸如全球通量联合研究计划、全球海洋生态系统动力学计划、国际大洋中脊地球与生命科学综合研究组织、美国洋中脊2000计划以及美国海洋碳循环生物化学计划等科学计划。

3. 国外国家实验室人才管理的主要特点

(1)吸引人才的移民政策。

几乎所有发达国家都已建立通过科技移民制度吸引科技人才的政策和法规。修改移民法规,放宽移民政策,大力吸引海外优秀人才,发展中国家的科技人才源源不断流向发达国家。

(2)人才流动的渠道。

美国、日本、德国、法国、澳大利亚等发达国家广开留学生、猎头公司、跨国公司和人才网络以及科技合作与学术交流等吸引人才的渠道。

(3)吸引人才的措施。

发达国家把"可观的工资薪金"、"充足的科研经费"、"优越的科研环境"、"良好的社会福利"作为吸引人才的最佳手段。

（4）国外国家实验室人才管理机制。

董事会领导下的主任负责制、以项目为核心的聘用合同制、国际通行的人才同行评议制，是国外国家实验室及国外著名研究机构人才管理机制的具体体现。

（5）国外国家实验室人才队伍建设。

除了开展课题研究，与高校合作开展人才培养、重视国际合作，是国外国家实验室及国外著名研究机构人才队伍建设的有效手段。

三、国外知识产权管理系统的现状

课题组以美国的国立健康研究院、阿贡国家实验室、斯坦福大学，欧洲的德国马普学会、德国弗朗霍夫学会、英国牛津大学，日本的东京大学为案例，分别就知识产权管理中的管理机构、管理模式、管理制度、管理过程以及人才队伍进行归纳分析。

1. 政策法规

（1）美国的知识产权管理制度。

20世纪80年代开始，美国将实验室研究成果向产业界转让视为提升国家竞争力的重要手段，在政策与法律环境方面为技术转让提供良好的发展条件。美国联邦政府先后出台了《拜杜法案》（1980年）、《联邦技术转移法》（1986年）、《技术转移商业化法》（1998年）、《美国发明家保护法令》（1999年）和《技术转移商业化法案》（2000年）。通过《拜杜法案》，调整了政府投资形成的专利的权利归属政策，使国家所有的专利权在一定条件下可归研究开发机构所有；通过实施《联邦技术转移法》、《技术转让商业化法》、《美国发明家保护法令》等法案，明确要求国家实验室必须设立技术转移办公室和技术转移岗位，促进产学研的合作研究和专利技术向产业界的转移。

（2）德国的知识产权管理制度。

德国也具有类似美国的知识产权权属制度。马普学会和弗朗霍夫学会的下属研究所不是独立的法人单位，研究人员完成的发明创造属于职务发明创造，政府资助和企业合同研究形成的知识产权都属于学会，但知识产权被视为各研究所的资产，若经评估认为不需要申请保护的则将知识产权申请权力授予发明人个人。对于企业委托的合同项目形成的知识产权，马普学会和弗朗霍夫学会拥有所有权，但授予企业免费的普通许可使用权，而且企业还要承担知识产权保护和对发明人补偿的相关费用。马普学会的创新公司承担了学会下属研究所的专利申请与维持费用；弗朗霍夫学会则由总部的专利与许可办公室和下属的德国专利中心负责知识产权事务，但各研究所要承担其相应的知识产权费用。

（3）日本的知识产权管理制度。

日本知识产权权属制度在 2004 年实行大学法人化改革后发生重大变化，2004 年前是发明人为专利权人，2004 年后大学成为专利权的所有人。日本大学的技术转移办公室主要通过签署合同的形式来转移大学的知识产权，而与大学合作的共有权利人（企业）可获得排他权且不用支付许可费。

日本政府制定并颁布了《关于促进大学等的技术研究成果向民间事业者转让的法律》、《产业活力再生特殊措施法》、《强化产业技术能力法》，促进设立将大学科技成果向企业转让的中介机构，确立政府从制度与资金方面予以支持。

由日本文部科学省和经济产业省共同承认的科技成果转让机构，可享受最多达 3 000 万日元的年度资助（资助年限不超过 5 年）和上限为 10 亿日元的贷款担保等优惠措施，以及专利审查申请费和 3 年专利维护费减半的政策措施。资助资金用途包括技术研究成果的收集、评估、调查所需要的经费，信息加工、收集、传播所需要的经费，技术指导所需要的经费，技术转让专家的人工费等，但不包括专利申请及专利代理等费用。

2. 知识产权管理机构与管理模式

国外高校院所的知识产权管理功能及流程如图 5-2 所示。为了实现这一管理流程，各个国家形成了各自的管理模式。

技术披露　技术评估　专利申请　成果营销　许可谈判　收入分配

图 5-2　国外科研机构和高校知识产权管理流程

（1）美国：知识产权转移办公室（Office of Technology Transfer，OTT）或技术许可办公室（Office of Technology License，OTL）模式。

美国国家实验室主要由联邦拨款资助，根据美国联邦技术转移法的规定，国家实验室有责任为研发成果申请专利和将专利技术向产业转移，一般都设立有法律事务办公室，处理专利的申请和许可等事项。

美国主要采取 OTT 或 OTL 管理模式，阿贡国家实验室、斯坦福大学等都建立了 OTT 或 OTL。20 世纪 90 年代以来，美国多数大学放弃了技术转移的第三方模式，转而采用 OTT 或者 OTL 模式，这种模式现已成为美国高校院所技术转移与知识产权管理的标准模式。美国知识产权管理模式的演变，证明游离于科研和企业之外的简单中介不可能是成功的模式。

（2）德国、英国：全资子公司模式。

德国、英国的研究机构通过设立全资子公司对知识产权实行集中管理。全资子公司盈利目标明确，职责分明，与各研究机构和院系保持密切联系，团队水平较高，经营灵活。如马普学会和弗朗霍夫学会，知识产权分别由下属的创新公司和德国专利中心管理。

（3）日本：知识产权办公室＋校外投资公司。

日本的高校院所基本上采取美国的知识产权转移办公室加校外投资公司的综合模式，其知识产权转移办公室即为"科技成果转让机构"。1999年，日本学习美国的做法，通过了与拜杜法案类似的法案。日本教育部2003年在25所大学建立了科技成果转让机构。

3. 知识产权管理人才队伍

知识产权管理机构的人员构成一般包括多种专业类型，包括科学家、经济事务专家、法律事务专家、专利事务专家以及财务、信息、行政管理等事务人员，根据业务性质组成专利与许可管理团队、创业经理团队、合同和财务管理团队、专利管理团队。知识产权管理机构根据每个技术转移项目的属性，临时组建项目工作团队并确定项目经理，工作团队通常由科学家、经济专家和法律或专利专家组成。

知识产权管理机构的员工人数一般是30人以上。美国国立健康研究院（NIH）的知识产权转移办公室拥有员工63人，多数是许可费协调员、市场协调员、项目分析专家，技术开发转移部多数是许可和专利应用经理。弗朗霍夫学会总部的专利与许可办公室有60人，其中科学家35人；下属的德国专利中心有知识产权信息部门、知识产权管理部门和秘书，其中知识产权管理部门又分为专利处理律师、专利战略律师和合同处理律师组。牛津大学ISIS创新公司有员工76人，其中49％有理科学位，获MBA学位14人，博士学位37人；其技术转移部门有36人，分为技术转移组、运营组、医学组、专利与许可组、种子基金组；咨询部门6人，主要开展咨询工作；企业部门15人，主要从事技术咨询与创新管理；在中国香港成立有2个人的亚洲分部。

4. 知识产权管理案例分析

表5-4 国外高校院所知识产权管理情况

高校院所名称	知识产权管理机构名称、功能、流程及收益分配
美国国立健康研究院（NIH）	机构： 知识产权转移办公室负责（OTT）。位于NIH总部，在27家下属研究机构均设立有"技术发展协调员"

续表

高校院所名称	知识产权管理机构名称、功能、流程及收益分配
美国国立健康 研究院(NIH)	员工 63 人,多数是许可费协调员、市场协调员、项目分析专家,技术开发转移部多数是许可和专利应用经理 功能: 发明创造的评估、保护、市场化、许可、监控、管理等活动,技术转移相关政策制定与发展工作 流程: 根据企业需求寻找能够进行许可的特定技术—企业选择所需的许可方式,与许可专员进行沟通联系—企业提交许可申请表,与 OTT 沟通协商许可条款,并提出许可方式(排他性和非排他性许可)要求—如要求排他性许可,OTT 将告知最终结果 其他: 与 MPEG LA 公司(专利授权管理公司)一起建立专利池 Librassay,在体外听诊和个人药品应用上提供一站式全球专利权许可
阿贡国家 实验室	机构: 与芝加哥大学共同创建 ARCH 开发中心(ARCH Development Corporation),负责实验室发明成果的获取与管理 投资: 成立专门基金会,支持新公司建立和发明成果的开发利用;成立虚拟风险基金 其他: 各投资伙伴在芝加哥大学及阿贡实验室内设有办公室,以观察和评估研发成果的商业化价值,并作为投资的参考
斯坦福大学	机构: 技术许可办公室设主任 1 名,下设许可合作与许可联络人部、产业合同办公室、协调部,以及财务、行政与信息系统等支撑部门。2010 年成立了一个有 104 家企业参加的许可协议团体 流程: 发明技术披露—发明技术评估—专利申请—成果营销—许可谈判—收入分配
德国马普学会	机构: 学会通过书面协议形式向创新公司授权,全权委托该公司处理知识产权和技术转移事务。公司设立董事会及顾问团,下设专利与许可部门、创业管理部门、合同与财务部门和行政管理部门,顾问团由来自政府部门、科学家和商业界代表组成并监督公司工作 人员构成: 5 种专业类型,包括科学家、经济事务专家、法律事务专家、专利事务专家以及财务、信息、行政管理等事务人员。包括专利与许可管理团队、创业经理团队、合同和财务管理团队、专利管理团队。公司根据每个技术转移项目的属性,临时组建项目工作团队并确定项目经理,工作团队通常由 1 名科学家、1 名经济专家和 1 名法律或专利专家组成 功能: 公司负责新思想和新发明的管理、转移转化、发明专利实施及研究所在工业应用领域的发展

高校院所名称	知识产权管理机构名称、功能、流程及收益分配
德国马普学会	投资： 公司建立了风险投资体系,20 世纪 90 年代以来创建的衍生企业,有近 4/5 的企业获得了风险投资 流程： 发明人将研究成果告知创新公司,同时提供发明公开、附加信息、专利或论文检索等其他信息——公司与学会接洽,对容易取得专利的研发成果,推荐专利申请,公司负责申请流程管理,申请费用由马普学会承担,同时要求发明人提供外加数据和实验资料,而对不推荐专利申请的,学会将其形成技术秘密进行保护,或者由发明人自己申请专利——对于申请专利的发明,公司负责寻找需要该技术的公司进行专利许可,或者以直接出售专利的形式获得收益 收益分配： 由创新公司负责分配,其中研究所 37%,马普学会 32%,发明人 30%,创新公司只收取 1%,但创新公司代表学会负担全部的知识产权申请和保护成本
德国弗朗霍夫学会	机构： 在政府支持下创建了德国专利中心,设有专利信息等支撑部门,以及知识产权管理部门,包括专利战略律师组、专利处理律师组和许可处理律师组,小组人员分别深入到各类技术领域的研究所中 功能： 专利中心的主要功能包括咨询,专利申请、保护,用于转化的无息贷款,协助寻找合作伙伴,许可证转让等。非法人实体,但可以处理其专利,分配许可收益,支付专利申请维持成本,其专利与许可办公室负责管理代理人、缴费、专利申请与答复意见,应对侵权和开展咨询等工作 投资： 建立专利投资组合分析系统、结果导向的知识产权管理系统,针对市场潜在需求,支持研究所组织和开发专利组合;学会的风险投资项目支持创办衍生企业和创业企业;前瞻基金支持具有市场前景的高价值专利组合;提供转移转化的无息贷款,但规定必须用知识产权收益还贷 收益分配： 专利中心收取知识产权许可收益的 25%,而发明人获得 20%,研究所获得 55%
英国牛津大学	机构： 由牛津大学全资成立的 ISIS 创新公司,负责对大学的知识产权进行经营管理。公司分为三个部门,一是负责技术转移的部门,主要职责包括知识产权、专利、许可、衍生公司、种子资金、天使投资人网络;二是专题咨询服务部门;三是商业资讯部门,主要从事技术转移和创新管理 投资： 在技术转移部门设立专门的种子基金组 企业协作： 1990 年即成立了有 175 家企业加入的创新团体 收益分配： 创新公司收取许可收益的 30%,其余 70% 根据收益额的不同采取不同的分配方式:对于 7.2 万英镑以下的收益,研究人员 61%,大学 9%;7.2 万～72 万英镑的收益,研究人员 31.5%,大学 21%,部门 17.5%;超过 72 万英镑的收益,研究人员、大学和部门的分配比例分别为 15.75%、28% 和 26.25%

续表

高校院所名称	知识产权管理机构名称、功能、流程及收益分配
东京大学	**机构：** 知识产权管理主要由产学合作总部 DUCR、技术转移机构 TOUDAI TLO 和优势资本株式会社 UTEC 3 个机构负责。其中 DUCR 负责产学研合作管理，TOUDAI TLO 负责专利申请和技术转移，UTEC 负责支持风险投资和新创公司 **模式：** 知识产权转移办公室加校外投资公司的综合模式，其知识产权转移办公室即为"科技成果转让机构（TLO）" **转移方式：** 主要通过专利许可、签订材料转移协议、软件等产业可用的著作权许可、技术咨询协调等将科研成果转化到企业，包括大学的、发明人的以及共有权利的专利 **功能：** 为研究人员的发明获得权利、市场化和许可的代理机构，帮助企业找寻技术信息，组织与研究人员的会议并进行合同谈判等 **收益分配：** TLO 将知识产权收益在扣除保护权利和其他必需的费用之后，再由产学合作总部按照大学的内部条例进行分配，其中 30% 归大学所有，30% 归发明人所在的研究所或实验室所有，40% 归发明人所有

5. 国外实验室知识产权管理体系的主要特点

（1）知识产权政策。

通过立法对研发成果的归属、专利授权、专利权使用费的分配方式、技术转移机构的设立、技术转移的激励措施等进行规范，赋予国家实验室技术转移的职能，并授予其发明、发现和其他创新的鉴定与保护，智力资产许可协议的谈判，合作开发协议的谈判与执行，技术咨询与人员交流等方面的权利。

（2）知识产权管理机构及管理模式。

一般采取集中管理的知识产权管理模式，设立专门的知识产权和技术转移机构，负责发明披露、知识产权申请维持和技术转移等事务，同时还普遍具有投资功能，并建立了与企业的合作网络。

（3）知识产权管理人才。

知识产权管理人员大多是复合型人才，既拥有本领域的技术背景，又拥有知识产权、专利、经济管理或投资等方面的学位，且经历丰富，实务能力强。知识产权管理人员主要职责是参与发掘可转移的有价值技术，并进行价值评估、市场分析和许可谈判等。

第四节　海洋国家实验室体制机制的现状分析

一、我国现有科研机构的体制机制现状

1.项目管理系统发展现状

目前我国科研项目管理的管理机制大致可分为以下三种：行政管理机制、专家小组监督机制、专业机构监管机制。

一是行政管理制。这种管理体制多用于科技管理部门，主要特点是科技管理部门通过设置科技管理的职能，负责相应领域的科技项目管理，并按照出台的科技项目管理办法开展管理工作。

二是专家小组监督机制，主要是指专家小组受主管部门委托，对项目实施监管。其主要特点是结合科技项目管理体制改革，设立专家组，以及科技项目管理中心。在管理上形成由政府负责宏观目标的决策、政策和措施的制定，领域专家委员会负责咨询、监督和评价，主题专家组负责技术决策，项目管理中心负责过程管理的体制。专家委员会实行任期制，每届3年。

三是专业机构监督机制。随着我国科技体制改革的不断深入，引入第三方科技项目管理机构成为科技计划项目管理改革的一个趋势。按照运作市场化、管理规范化、人员专业化的原则，建立专业化的管理机构，对受委托的项目管理范围和领域进行监管，是目前我国科研项目管理改革的主要方向。

近年来，虽然我国的科研项目管理体制取得了一定的成绩，但在资源统筹、立项信息透明化、监管模式、项目评审、经费使用存在以下几个方面的问题。

（1）我国科研项目管理存在的主要问题。

总体来看，我国目前的科研项目管理系统主要存在4个方面的问题：

① 科研项目资源缺乏统一管理和协调机制。

当前我国科研项目资源配置上存在部门分割、行业分割和条块分割现象，政府职能部门各自为政，都有权独立地提出各自的科研项目，使各类科研项目从策划出台到预算到实施完成都带有很强的部门意识，相互之间的联系和协调较少，科研项目重复申报、重复投资的现象较为突出。

② 项目申报制造成项目立项不透明。

现行科研经费管理的主要模式是"项目申报制"。这是一种未出成果就支付科研经费的管理办法，造成在项目的申请、批准等诸环节上竞争很激烈。科研人员在申报环节投入大量的时间和人力物力。项目申请与项目研究的精力分配存在失衡。在立项环节，"行政干预"的作用仍然很大，存在较为严重的"寻租"现象。

③ 项目执行过程中的监管模式落后。

目前，我国整体的项目执行监管模式还没有建立起来。在科研项目设计上缺乏针对各个阶段的刚性的检查评价尺度。项目的实施阶段是人、财、物投入最大，历时最长的阶段。而目前的管理恰恰忽略了这一阶段的管理工作，监管机制的缺失，使得项目的全周期和系统性管理成为一句空话，"重立项、轻管理"的问题仍然较为突出。

④ 项目的鉴定验收、评审流于形式，缺少科学的评估体系。

我国的项目评审既缺乏成果评价的指标体系，也没有根据成果的不同性质制定不同的成果评价标准，要客观地评价一个科技成果是目前我国科技管理体制研究中的难点。目前，我国各个项目的鉴定评审专家库既没有实现共享，也没有及时更新，使得专家库的学术水平经常遭到相关领域学术共同体的诟病。同时缺乏科学的成果评估指标体系，也让很多科技成果的验收结论饱受批评。

⑤ 经费使用管理办法与项目研发过程匹配程度不高。

目前，我国项目管理经费的使用管理办法与科研项目的研发过程并不能完善匹配。实际的经费使用中面临灵活性不足的问题。首先，科研项目的研发过程存在不确定性的特点，项目预算在执行过程中需要根据项目的实际研发过程予以调整，但我国对于科研项目财政资金的监管非常严格，并没有给经费的灵活使用留出足够的空间。其次，现有的研发经费支出口径中没有为人员经费留出充足的使用空间。根据现有的科研经费管理办法，参加项目的科研人员是不能从项目经费获得收入的；非正式的科研辅助人员的五险一金也不能从科研经费中支出，这给科研项目的研发带来诸多限制。目前已经出台的科研经费改革文件中，项目研发人员可按比例从间接经费中获得收入（不得超过一定比例）。但因为缺乏执行细则，在实际的经费管理中，研发人员特别是国有科研机构的研发人员仍然很难从间接经费中获得绩效奖励。

（2）我国科研管理体制机制的差距。

根据项目生命周期，从立项、实施、验收三个阶段对我国与发达国家的科研项目管理系统进行比较，明确中国科研项目管理体制机制的主要差距。

① 立项阶段的比较。

立项阶段包括领域预研、项目征集与遴选、立项标准、立项评估四个维度。表 5-5 总结了中外科研项目管理立项阶段的差距。

表 5-5　中外科研项目立项阶段的体制机制比较

立项阶段	发达国家的特色	中国的现状、差距与不足	原因分析
领域预研	持续性和权威性：发达国家在领域预研中投入持续的精力，能够做到及时更新，同时具有全面的系统性，权威性较高，能够被国有科研机构接受 信息的及时共享：发达国家的预研信息，在各个科研机构和政府部门间实现了及时共享，各个部门的领域指南具有较高的一致性	领域预研重视程度不够：目前我国的领域预研工作并没有成为科研管理的重点，预研结论只具有指导性，权威性不足 条块分割问题突出：我国的领域预研工作目前缺乏统一的协调和管理，预研结论也没有做到及时共享，各部门出台的领域指南缺乏连续性和系统性	管理部门权力分散，对于领域预研的战略导向作用没有明确要求 缺乏专业的领域预研机构 预研信息的共享机制不健全
项目征集与遴选	多采用公开征集：保证公平、公正征集程序更严谨：欧盟制定了严格的项目征集与遴选制度 独立观察员制度：保证项目征集遴选的透明度 申请人的动态反馈机制：评审信息的实时反馈	重大项目的征集过程中，"定向征集"的倾向比较突出。公开性和透明度方面，存在不足 在项目的投诉和动态反馈方面，缺乏有效的机制设计。缺乏独立的第三方监督机构	专业的科研资源过度集中，大型项目公开征集不具有现实性、广泛性 科技管理体制存在结构性问题：科技系统内，按照计划经济分配资源的问题并未彻底解决
立项标准	项目遴选标准比较明确：按照标准，要求申请人做全面、详尽的阐述。例如美国国家科学基金会对"具有广泛影响"和"学术价值"这种定性标准的量化要求具有一定的刚性	已经建立了一套适合国情的项目遴选标准，但标准的描述有待深入明确和量化 对于标准的执行力度有所欠缺，标准流于形式的问题较为突出	项目立项标准还是一个正在研究和完善的课题
立项评估	对不同价值导向、性质特征的研发活动分门别类设立评价原则与评价指标，建立量化的评价体系和相对统一的评价标准 项目评估专家选择范围较宽，非常重视国外专家的参与。MPG（德国马普学会）中国外专家的比例最高达 60%，而 WGL（德国莱布尼茨科学联合会）中国外专家的比例只占 30%	分类评估体系仍有待完善。对于选用国外专家参与评估工作仍然较为保守 例如青岛海洋科学与技术国家实验室学术委员会委员的专家组成，目前海外专家的比例要求是 25%，略显保守	行政系统对科研项目的干扰，短期内难以消除 项目的保密性对于外国专家的参与有更高要求 开放度不够，缺乏面向全球链接创新资源的意识

② 实施阶段的比较分析。

实施阶段包括经费拨付、管理权责、过程管理、风险管理等四个环节。表 5-6 总结了我国在科研项目实施阶段与发达国家的差距。

表 5-6 中外科研项目实施的体制机制比较

实施阶段	发达国家的特色	中国的现状、差距与不足	原因分析
经费拨付	已经形成一套较为透明的经费拨付制度。一次拨款和分期拨款相结合,拨款方式较为多元	一次性拨付较为普遍,导致重申报、轻研发活动的问题突出	一次性拨款源于我国的科研管理传统,目前正在向分期拨付的方向改革
管理权责	有赖于良好的法治环境,发达国家的科研管理形成了良好的职能分工和权责划分。例如欧盟的集体和单独无限责任制:将项目责任在研究团体和负责人之间做出明确划分,出现违约时,每个参与单位按照资金份额分配违约风险 首席科学家制	我国目前的项目实施,难以有效监管,对于大多数正在实施的科研项目缺乏后续的对其实施环境、技术发展趋势、社会经济需求以及项目执行实际情况等方面进行跟踪分析研究管理的能力和手段 项目负责人制度,正在试点完善中	科研管理的制度化和规范化不够,尤其是大型国有研究机构,尚未完成原有的国家安全导向向经济和民生战略导向的转型
过程管理	对于过程监控非常重视,覆盖项目进程的各个环节。例如欧盟对项目协调人(主持人)、项目成员之间的研究任务、经费分配、研究预期成果的知识产权以及可能的内部纠纷的解决等要有明确的约定 欧盟项目委员会对项目研究的进展进行动态的监控 强调外部监督机制	对于过程监管重视程度不够。目前在项目实施阶段,对人、财、物投入不足 过程管理的规范化程度较低。项目信息的共享不足。缺乏全周期、系统性管理的手段 中期评估的有效性和权威性不高。外部监督不足	长期以来的结果导向造成对于过程管理制度化和规范化的忽略
风险管理	建立了完善的风险管理体,包括对风险的识别、对风险的评估及风险应对的计划等	风险管理刚刚起步,对于项目风险的认识程度不够	科技管理系统对于风险责任的承担缺乏意识

③ 结题阶段的比较分析。

结题阶段包括结题管理、绩效考评、结题评估等三个环节。表 5-7 总结了我国在科研项目实施阶段与发达国家的差距。

表 5-7 中外科研项目结题阶段的体制机制比较

结题阶段	发达国家的特色	中国的现状、差距与不足	原因分析
结题管理	科研项目合同管理(商业合同)。对于科研项目合同的形式和内容非常重视	行政合同的管理,对于权责要求不明确,不规范	缺乏有效的评估体系 合同管理模式滞后
绩效考评	建立了完善的考评制度,包括原则、程序、标准等。例如美国《政府绩效与结果法案》 结题评估有严格的规范和流程,对于任务完成程度要求明确	制度化的考评机制尚未建立。缺乏有效的评估标准和评估机制	科技管理系统的历史较短,管理经验和基础经验不足

结题阶段	发达国家的特色	中国的现状、差距与不足	原因分析
结题评估	以外部评估验收为主 评估方法和评估体系不断完善 设立专业的评估机构和多层次的科技评估体系 公众意见参与较深	以官方的内部评估为主 评估方法和评估体系研究相对薄弱 评估形式较为单一,对于性质差异较大的科研项目,分类评估机制相对缺乏 公众参与不足	缺乏有效的评估体系 合同管理模式滞后 科技管理系统的历史较短,管理经验和基础经验不足

2. 人才管理的现状分析

(1)国家层面的人才政策及实施情况。

党和政府一直高度重视人才工作。2000 年出台《关于鼓励海外高层次留学人才回国工作的意见》(人发〔2000〕63 号)、《外国人在中国永久居留审批管理办法》(第 74 号令)。2007 年出台《关于建立海外高层次留学人才回国工作绿色通道的意见》(国人部发〔2007〕26 号)。2008 年出台《中央人才工作协调小组关于实施海外高层次人才引进计划的意见》(中办发〔2008〕25 号),开始组织实施"千人计划"。"千人计划"对于吸引新兴学科的战略科学家和领军人才回国(来华)创新创业作用明显。截至 2016 年 3 月,"千人计划"已分 12 批引进 5 823 名海外高层次人才;全国共有留学人员创业园321 个,入园企业 2.4 万家,2015 年技工贸总收入超过 2 800 亿元,6.7 万名留学人才在园创业。

2010 年发布了《国家中长期人才发展规划纲要(2010~2020 年)》,提出我国当前和今后人才发展"服务发展、人才优先、以用为本、创新机制、高端引领、整体开发"指导方针,提出到 2020 年"确立国家人才竞争比较优势、进入世界人才强国行列"的战略目标。《国家中长期人才发展规划纲要(2010~2020 年)》是新中国成立以来第一个中长期人才发展规划,是我国昂首迈进世界人才强国行列的行动纲领。

2011 年发布《国家中长期科技人才发展规划(2010~2020 年)》,指出(到 2020 年)我国科技人才发展的主要目标是:建设一支规模宏大、素质优良、结构合理、富有活力的创新型科技人才队伍,合理提高人力成本在研发经费中的比例,确立科技人才国际竞争优势,为实现我国进入创新型国家行列和全面建设小康社会的目标提供科技人才支撑。

2013 年 11 月 12 日中国共产党第十八届中央委员会第三次全体会议通过《中共中央关于全面深化改革若干重大问题的决定》,指出:"建立集聚人才体制机制,择天下英才而用之。打破体制壁垒,扫除身份障碍,让人人都有成长成才、脱颖而出的通道,让各类人才都有施展才华的广阔天地。完善党政机关、企事业单位、社会各方面人才顺畅流动的制度体系。健全人才向基层流动、向艰苦地区和岗位流动、在一线创业的激励机制。加快形成具有国际竞争力的人才制度优势,完善人才评价机制,增强人才政策开放度,广泛吸引境外优秀人才回国或来华创业发展。"

2016 年 3 月《国家"十三五"规划纲要》提出"实施人才优先发展战略",加快建设人才强国。中共中央同时出台《关于深化人才发展体制机制改革的意见》,提出在人才的培养、评价、流动、激励、引进以及投入保障方面 6 项改革任务,以破除束缚人才发展的思想观念和体制机制障碍。

(2)各地人才政策措施。

伴随着国家"千人计划",实施人才强国战略的热潮在中华大地兴起,全国范围内展开了规模空前的人才争夺大战,各地纷纷出台人才工程、人才计划,设置高层次人才服务管理机构,编写高层次人才政策指南,打造人才聚集区(人才港),带动区域科技进步与创新创业发展。

深圳市出台《深圳市人才认定标准》,将中外人才分成三个层次,人才认定的范围覆盖至包括"创业人才"的社会各个行业领域,认定标准细化到具体的著名机构(企业、金融、学术、高校、乐团、音乐学院、歌剧院等机构)、著名奖项(艺术比赛、建筑、工业设计、文学、影视戏剧、音乐、广告等奖项)。深圳还出台了《深圳高层次人才政策指南》,设立了高层次人才"一站式"服务专窗,不断提升高层次人才服务职能。

厦门市每年编制发布《厦门市急需紧缺人才引进目录》,开展征集重要职位、免费服务招聘国内外高层次与高技能人才活动,实行柔性引进人才政策(鼓励人才不转人事关系,以柔性流动方式来厦创业工作),放宽接受门槛(人才进事业单位的,若用人单位编制已满的,可向编制管理部门申请专项批办),建立人才职称评审绿色通道,建立人才发展资金,设立"厦门市杰出人才贡献奖",并为海外人才专设了"白鹭友谊奖"。

重庆市对于在渝工作的高层次人才购买用于本人居住的首套商品房予以税费减免。对于来渝工作或服务的留学人员(含香港、澳门地区)购买一辆国产小汽车予以车辆购置税减免。

北京市引进人才坚持数量素质并重的原则,以"两高一低"(高学历、高级职称、低年龄)的人才为主要目标,重点吸纳国际国内有关领域的顶尖人才。在职称评定方面,对在高新技术以及其他领域做出突出贡献并得到社会或同行认可的拔尖人才,可以不受学历、资历的限制申报高级专业技术资格。外埠专业技术人员在京从事专业技术工作两年以上并做出一定成绩的也可申报评定专业技术资格,不受档案异地存放的限制。

天津市对于来津工作的留学人员专业技术职称的评定,可以不受原有专业技术职称和任职年限的限制,根据其在国外的工作经历和学识水平直接申报相应级别的专业技术职称。在国外取得的与国内相对应的专业技术职称和与我国互认的职业资格,原则上给予承认。

上海市出台《上海市科技创新人才激励政策操作指南》,明确了各类人才在人才引进、培养发展、薪酬福利考核、项目资助与荣誉奖励、激励分配等方面的具体政策。其中,来沪工作未改变国籍留学人员可申请办理《上海市居住证》A证,来沪工作和创业的海外高层次留学人员可申请办理《上海市居住证》B证。随同海外高层次留学人才回国的家属(含外国籍配偶)在国内就业,用人单位有接收条件的,应为其安排工作。留学人员在本市的工作报酬,可根据其所任职务和本人的贡献情况,由聘用单位与本人协商后从优确定;高层次留学人员在高等院校、科研院所工作的,每月另给相当其工资5倍的职务(岗位)津贴,做出重大贡献的,可给予不超过本人工资10倍的职务(岗位)津贴。

武汉市出台"1+9"人才新政,建立符合国际惯例的人才评价配置机制,完善国际化人才激励奖励政策,营造富有国际氛围的人才服务环境(高层次人才服务"绿色通道"),构建具有国际水准的创新创业平台,深化人力资本产权制度,加强人才特区建设,并对重点人力资源服务机构和引才单位予以"引才奖励"。

辽宁省出台《关于加快推进科技创新的若干意见》,大力培育和引进高端人才,统筹重大人才工程,实施高层次人才特殊支持计划。对于引进或培养出1名院士的单位,辽宁省政府予以1亿元的重奖。

(3)中外人才政策对比。

国际上往往关注于移民政策、资金支持及学历教育的奖励等等,国内则侧重于人才培养政策、人才队伍发展、配套的管理使用政策等。

表5-8 国家/地区人才引进政策侧重点分析

	吸引境内或海外人才侧重点	移民政策是否宽松	资金支持是否充足	高校研究生充足的奖励
中 国	境 内	严 紧	充 足	部分充足
美 国	境内+海外	宽 松	充 足	充 足
日 本	境内+海外	相对宽松	充 足	充 足

	吸引境内或海外人才侧重点	移民政策是否宽松	资金支持是否充足	高校研究生充足的奖励
欧　盟	境内＋海外	宽　松	充　足	充　足
德　国	境内＋海外	宽　松	充　足	充　足
中国香港	海　外	宽　松	充　足	充　足
新加坡	海　外	宽　松	充　足	充　足

相比之下，欧美一些国家的优势是为不同层次外籍人才提供就业岗位，人才管理主要凭借人力资源市场的调节作用。而中国的优势是为就业的人才提供较为全面的支持和服务，人才管理主要通过行政手段推行系列人才政策来实现。

通过中外人才政策对比不难发现，目前我国人才管理还存在户口、编制、档案、子女上学、出入境管理这"五大拦路虎"。针对我国人才管理方面存在的问题，政府通过制定法律、法规、规定、政策来规范引导市场，解决相应问题，调整相关利益关系。采用一系列政策和措施，提升人才待遇，改善人才环境，大大缓解了我国人才发展的困境。与人事、人才有关的法律、法规、规定、政策，是人才引进和流出的导向和指挥棒。各地出台的人才政策实质上多为突破这些障碍为目的。

表 5-9　地方人才政策总结

政策体系		具体内容	实践地区
人才引进政策	基本物质待遇	专业技术人员的补贴、奖助和项目资助	上海、浙江
	住房资助	高额安家补助费（安家费），人才公寓，折扣住房，安居工程	海南、上海
	户籍政策	对高素质高技能人才倾斜的户籍政策，简化办理程序，先落户后就业	浦东新区、广东
	亲属社会福利政策	子女入学享受当地同等或优惠待遇，子女升学享受加分照顾，配偶就业优惠，父母随迁"妥善安排"	厦门、浙江
	科研资金和税收政策优惠	"科研启动经费"、"科研资助资金"、"配套经费"等类别科研资金，个税优惠等	上海、厦门
	鼓励柔性流动	收入自留，奖励突出贡献，完善社保发放体制	山东、无锡
	精神激励政策	人才表彰评选，取称评定政策创新，提高政治地位	上海、武汉
人才开发政策	资金投入	专项资助，个性化服务体系	上海、宁波
	人才培训	合作办学，引进著名培训机构，优秀专家出国培训	浦东新区、宁波

3. 我国知识产权管理体系的现状分析

（1）政策法规。

①《中华人民共和国促进科技成果转化法》。

2016年2月26日，国务院以国发〔2016〕16号文，下发了《关于印发实施〈中华人民共和国促进科技成果转化法〉若干规定的通知》，在促进研究开发机构技术转移、激励科技人员创新创业、营造科技成果转移转化良好环境等方面做出了明确规定。

研发机构对其持有的科技成果可以自主决定转让、许可或者作价投资；鼓励在不增加编制的前提下建设专业化技术转移机构；转化科技成果所获得的收入全部留归单位；转让或者许可所取得的净收入、作价投资取得的股份或者出资比例中提取不低于50%的比例用于奖励；科技成果转化情况作为对单位进行绩效考评时的评价指标之一；制定激励制度，对业绩突出的专业化技术转移机构给予奖励。

随着国发〔2016〕16号《关于印发实施〈中华人民共和国促进科技成果转化法〉若干规定的通知》的下发实施，国家基本完成了知识产权转移（成果转化）的顶层设计，但就执行层面而言，仍需要地方政府及科研机构按照新的转化原则开展试点，探索创新转化模式，总结经验教训，不断落实完善成果转化的措施和细则。

② 部分地方政府促进成果转化的措施和细则。

为深入实施创新驱动发展战略，落实《中华人民共和国促进科技成果转化法》，充分激发高校院所转移转化科技成果的积极性，许多地方政府采取先行先试的方式，陆续出台了相应的配套政策及实施细则，在知识产权权属及收益分配上提出了更多的激励措施。

2013年7月，武汉东湖高新技术开发区管理委员会出台《促进东湖国家自主创新示范区科技成果转化体制机制创新的若干意见实施导则》，提出开展国有知识产权管理制度改革试点，知识产权一年内未实施转化的，在成果所有权不变更的前提下，成果完成人或团队可自主实施成果转化，转化收益中至少70%归成果完成人或团队所有。

2014年1月，北京市政府发布《加快推进高等学校科技成果转化和科技协同创新若干意见（试行）》，提出开展高等学校科技成果处置权管理改革，试行知识产权由承担单位依法取得，赋予高等学校自主处置权；开展高等学校科技成果收益分配方式改革，高等学校科技成果转化所获收益可按不少于70%的比例，用于对科技成果完成人和为科技成果转化作出重要贡献的人员进行奖励。

2016年6月,成都市委市政府办公厅制订颁发《促进国内外高校院所科技成果在蓉转移转化若干政策措施》,支持高校院所开展职务科技成果权属混合所有制改革,鼓励高校院所与发明人对职务科技成果进行分割确权,发明人可享有不低于70%的股权;支持高校院所自主决定向企业或者其他组织转移其持有的科技成果;支持高校院所开展科技成果收益权改革,科技成果转化所获收益全部留归单位,并可按不低于70%的比例,用于对科技成果完成人员和为科技成果转化做出贡献的人员进行奖励。

（2）高校院所知识产权管理现状及问题。

我国对国家科技计划项目的知识产权管理,尚没有法律层面上的专门规定,仅在实施科技计划的主管部门的有关管理规章中有所反映。而国家科技计划项目承担者,比较习惯于"完成科研任务－出成果－验收鉴定－报奖"这种模式,重视论文发表、奖励申报但轻视成果转化的现象比较突出。目前我国高校院所对包括成果转化在内的知识产权管理实行的仍是行政化而非专业化管理,没有足够的资金投入、缺乏合格的复合型人才,在知识产权的权益分配、制度制定、流程管理及人才配置等方面都存在着不可忽视的问题。

① 缺乏具有激励功能的知识产权权益分配制度。

目前我国所指的知识产权一般包括2种形式:成熟技术(鉴定成果)、专利技术。公共投资形成的知识产权,其产权均为单位所有(国有资产),研究人员(发明人)均不拥有明确的产权份额,仅在知识产权发生转移、产生经济效益时,通过各种协议、合同的方式,明确发明人的现金收益或股权份额。如此的权益分配形式,无法充分调动高校院所科研人员的知识产权管理和技术转移的积极性,严重影响创新创业的进程。

② 缺乏专业化的知识产权管理机构、制度和流程。

国内高校院所等同类机构的科研团队在研究完成后通过鉴定、验收等方式形成成果(成熟技术),研究计划结题;或者在此过程中团队成员自行申请相关的专利,形成专利形式的知识产权,具备转化的大都由科研团队自行转化。包括项目研发中的资料归集、成果总结、专利申请和成果转化等知识产权的全过程管理,均由科研团队自行组织完成,作为科研管理部门如科研处仅作为行政部门予以协作。

就目前的调研情况分析,国内的高校院所大都未专门成立相应的知识产权管理部门,未形成相应的制度和工作流程,知识产权管理往往局限在成果管理层面,缺乏对知识产权申请、保护和运用的统筹考虑,未开展诸如发明价值评估、专利质量管理等重要的知识产权管理业务。

③ 缺乏复合型专业化知识产权管理人才。

我国高校院所配备的专利管理人员通常只有1～2人,成果转化通常1～10人,而同等工作量下国外投入的管理人数是我国的20倍以上。如此的人员配备,一般只是开展登记、备案等工作,偏重知识产权的申请和授权等事务,很大程度上还停留在专利统计、奖励申报和评审等行政性事务工作上,对知识产权开发利用和商业化等方面的管理水平较低,能力不足。

由于目前我国各类科研机构主要通过行政人员对知识产权实行行政式管理,专业人员配备不足,且极端缺乏复合型专业化知识产权管理人才,导致诸如发明价值评估、有转化价值的专利筛选等专利质量管理工作无法进行。

④ 知识产权管理工作缺乏专项预算和投资。

我国高校院所在知识产权的管理上投入的运营资金极少(包括前期管理及后期转化工作),涉及知识产权获取、维护、运营等方面的费用支出通常需由发明人的科研课题费承担,科研人员为节约成本往往会尽量减少在知识产权管理方面的投入。

由于没有设立知识产权管理专项预算资金,导致管理人员无法真正做到专职服务,有价值的技术无法及时申请保护;而针对成果转化设立的专项经费也未成常态,投资基金的短缺严重影响了技术的转化速度。

⑤ 专利数量庞大但质量偏低。

我国的专利申请数量逐年激增,目前已是全球第一。但因缺乏对专利质量的专业化管理,因此得到授权的大量专利都是低质量的专利,最终获得的权利要求保护范围较窄,无法保障创新投资能够得到合理的回报。同时,由于现行的业绩考核方式是以专利数量作为职称晋升、项目申请等的评价标准,也导致了大量无价值、低质量专利的产生。

庞大的低质量专利加大了专利评估的工作量,极大地增加了专利运营和成果转化的成本和难度,降低了成果转化的工作效率和转化率。

(3) 知识产权管理转化的案例借鉴。

上海盛知华知识产权服务有限公司(盛知华公司)是在中国科学院上海生命科学研究院知识产权与技术转移中心的基础上组建的,专业从事高新技术领域知识产权管理与技术成果转移的服务和咨询机构,在行业中享有较高的知名度,其公司结构及技术转移的运作模式值得借鉴。在人员配备上,公司组建了一支约50人的专业化团队,按业务功能划分为项目经理团队、流程管理团队、合同管理团队、谈判专家团队、商务开拓团队、政府事务团队、财务管理团队等。

在管理模式上,公司从专利申请开始介入,通过有效实施发明披露和评估、增值、市场推广以及谈判的全过程管理模式,为服务单位提供专业化的全过程知识产权与技术转移管理服务。公司的核心优势和独特模式在于对发明和专利进行早期培育和全过程管理,以提高专利的保护质量和商业价值为重心,在此基础上进行商业化的推广营销和许可转让。具体步骤及内容见表 5-10。

表 5-10　盛知华公司知识产权管理步骤

步　骤	内　容
评　估	围绕技术优点、专利性、市场潜力、发明人四个关键因素,建立发明评估体系,通过评价、判断技术的创新性和竞争优势、商业应用方式和市场潜力、专利保护的有效性,决定技术的潜在许可前景
增　值	通过提供专利保护策略、为发明人设计后续实验来降低风险,扩大权利要求范围,提高技术的商业价值
推　广	专利许可合同、股权合同、合作开发合同、保密协议等各种合同或协议的谈判,处理专利侵权案件,有效地管理和避免潜在的利益冲突 采用针对性的市场推广方式——根据具体技术的特点对潜在被许可方进行分析和挑选,项目经理再与优选的潜在客户联系确认推广,提高推广的成功率

通过这一管理模式的实施,公司在技术转移转化中取得了明显的成效。如:2010 年,通过专业评估、补充数据、申请新专利来弥补前一个专利的缺陷,大大提高专利质量及商业价值,将一项抗癌药早期项目的美国和欧洲的专利使用权许可给跨国医药巨头赛诺菲－安万特医药公司,许可合同达到6 000 万美元外加销售额提成;2011 年,将两个生物技术(植物抗逆技术)专利的部分使用权许可给一家跨国生物技术公司,合同金额为 3 200 多万美元,外加销售额提成。

二、海洋国家实验室现有体制机制建设现状及问题分析

1.项目管理体系的建设现状

(1)治理结构。

目前,海洋国家实验室的体制机制建设已经基本完成顶层架构的设计。设立了理事会作为决策机构,学术委员会作为学术咨询机构,主任委员会作为执行机构,并审定发布理事会、学术委员会、主任委员会的章程及工作规则。

理事会:负责制定、修订理事会章程,审议建设方案,审定年度工作计划,听取并审议工作报告,审议学术委员会组建方案,审定主任人选,审议重大管理制度与办法,审定财务预决算方案,协调组织各理事单位对海洋国家

实验室建设运行的支持事项等。

学术委员会：制定海洋国家实验室科技发展规划，为管理和运行提供咨询服务、评估评价，对科技成果转化和国际学术交流合作提供指导意见等，学术委员会委员组成比例为驻青专家不超过45％、海外知名学者不少于25％。

主任及主任委员会：负责海洋国家实验室日常管理，拟定年度工作计划和预算方案，组织实施各类科技计划等。主任应具备较好的学术影响力，能够调动各方面力量，体现协同创新。

研发体系：形成功能实验室、联合实验室、开放工作室三级研发体系。图5-3展示了海洋国家实验室现有的体制架构。

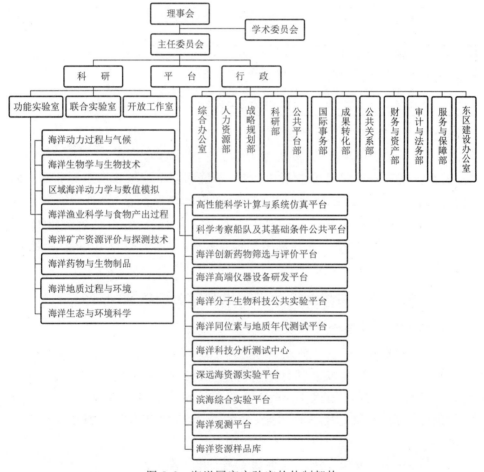

图5-3 海洋国家实验室的体制架构

（2）联合实验室。

联合实验室是海洋国家实验室科研创新体系的重要组成部分，主要依托青岛海洋国家实验室综合性海洋开放式协同创新平台资源，与国内外知名涉海科研机构合作共建。目前，海洋国家实验室围绕"透明海洋""蓝色生命"等重大科研任务，先后与中国船舶重工集团公司、天津大学、中科院西安光机所、水科院渔机所等科技优势资源，组建了海洋观测与探测、海洋高端装备、深蓝渔业工程装备等联合实验室。

（3）科研经费的管理。

为了规范科研经费的管理，海洋国家实验室出台了 16 项经费管理办法，按照经费的来源和性质建立了各自的财务—会计管理体系。对于来自科技部等中央经费，海洋国家实验室在参考《国家重点实验室专项经费管理办法》基础上，制定了自己的经费管理办法。对于来自山东省和青岛市的经费，按照"一事一议"的原则，由省政府常委会、市政府常委会或市长办公会出台临时的经费使用建议。详见表 5-11。

表 5-11　海洋国家实验室的经费来源和使用规则

性质	来源	管理办法或规章	金额	问题及改革方向
中央经费	科技部	用途：科研专项经费 法规：参照《国家重点实验室专项经费管理办法》	2015 年 2.73 亿元 2016 年 2 亿元	人员经费没有使用规章 中央经费的管理非常严格，改革突破空间有限 地方经费的执行机制相对灵活，但有待进一步明确 经费监督机制有待完善
地方经费	山东省政府 省科技厅	用途：建设、运行维护 依据：省长常务会会议或专题会议，经费会议纪要的形式拨付经费 科研专项经费：省科技厅	2014 年至今已拨付约 2 亿元	
	青岛市政府 青岛市科技局	用途：建设、运行 依据：市委常委会会议，纪要		

（4）科研项目管理。

为规范和促进海洋国家实验室的科研活动，海洋国家实验室多渠道筹措资金，设立了"鳌山科技创新计划项目"，并出台了项目管理办法。管理办法针对国内现有科研项目管理中存在的一些问题进行了积极探索。

① 项目的设置。

重大项目旨在瞄准国际海洋科技发展前沿，围绕海洋国家实验室确定的重大战略任务，对接国家相关科技计划开展预研，促进学科交叉，形成高水平的科技创新团队。根据预研项目进展情况，适度考虑滚动支持。重大项目设立总体专家组，项目首席科学家为总体专家组组长。根据需要设立项目管理办公室,负责重大项目过程管理,为总体专家组工作提供支撑和服务。目前国家实验室已设立了科研部,负责科研项目的日常管理。

② 试点首席科学家制。

重大项目和定向项目均实行首席科学家负责制。首席科学家主要职责:提出项目和经费额度建议;编制项目实施方案和经费预算;确定项目子任务负责人,分解研发任务;检查项目执行和经费使用情况,负责子任务的验收;负责项目的总体集成。

③ 项目的实施与管理。

首席科学家根据国家重大战略需求,结合海洋国家实验室的学科发展需要,提出项目的目标、任务和项目资助经费额度建议,经专家论证评审,并经学术委员会咨询完善,提交主任委员会审定。

主任委员会主任与项目首席科学家签订任务书。任务书包括研究目标、研究内容、年度计划、研究团队(含外协单位)、考核指标、经费预算(含总预算与年度预算)等要素。任务书一经签订,一般不得变动。确需变动,需项目首席科学家提出申请,经学术委员会审议、主任委员会审批。

科研部组织相关专家对项目进行中期检查、结题验收。项目首席科学家应当在指定期限内向海洋国家实验室提交中期总结报告、项目结题报告。科研部审核后,及时汇总上报主任委员会。

项目首席科学家未能按计划实施研究任务,科研部将提请主任委员会审定,暂缓或停拨项目经费,并责令其限期改正;逾期不改正的,撤销原资助决定,追回已拨付的项目经费,情节严重者将不得申请或参与海洋国家实验室科研项目,并通报其所在单位。

(5)项目管理体系存在的主要问题。

① 国家实验室管理及配套政策体系尚未建立。

尽管海洋国家实验室的体制机制改革仍面临诸多限制,但是国家实验室通过理事会机制的顶层设计实现了很多体制机制改革的突破和试点试验。理事会机制在改革试点中发挥了重要作用。在机制的改革发展进程中,理事会处于体制机制改革的核心地位。无论是经费的管理还是首席科学家的聘任以及重大科研项目的形成、管理等都以理事会的备案为基础。目前国家实验室在推进体制机制改革过程中出台每一份管理办法或者文件,也都以理事会的备案为最终合理依据。

理事会的这种特殊地位与其人员组成有重大关系。科技部发文批准,聘请原国家自然基金委主任陈宜瑜院士担任理事长,科技部侯建国副部长、青岛市张新起市长担任副理事长,财政部、教育部等国家11个部委及相关科研机构、特邀专家 28 人为理事。理事会的权威来自组成人员，理事会对于改革路径或者试点措施的备案取决于能获得相关政府部门的改革共识。

但是目前体制机制的改革成果只是青岛海洋国家实验室作为一个独立科研单位的管理办法，这样的管理办法或者改革经验如果不能以政府相关部门的名义出台明文规定或政策规章的话，其形成的试点经验是难以被推广和复制的。海洋国家实验室承担着探索科技体制机制改革的重任，形成可推广和可复制的路径和发展经验是海洋国家实验室必须要完成的任务。理事会机制为改革创造了"边改边做"的良好环境，但理事会机制只是一种"权益之计"，将国家实验室的权责进一步明晰、职能进一步明确，形成并由国家出台具有普遍性和权威性的"国家实验室管理办法"及配套政策才是国家实验室发展的一个重要目标。

② 国家实验室的运行管理人员投入不足。

目前海洋国家实验室的运行管理中存在的诸多不足，一个重要原因是源于运行管理人员数量的投入不足。目前海洋国家实验室的管理服务人员共有 77 人，但专职服务人员只有 15 人，另外的 62 人中，15 人是暂时从其他单位借调来的"双聘"人员，有 44 人是青岛海洋科学与技术国家实验室有限公司招聘的人员，专注于海洋国家实验室的一些社会化工作和市场化业务。相比海洋国家实验室庞大的科研体系和大量的科研人员，现有的管理与服务人员严重不足，已经成为海洋国家实验室发展亟待解决的瓶颈。

③ 学术委员会专家组成中外籍专家比例低。

与国外的国家实验室相比，目前青岛海洋国家实验室学术委员会专家组成中来自青岛市的专家比例仍然比较高，域外专家特别是外籍专家组成比例仍然较低，这对于专家委员会形成的决议意见等的公正性和权威性是个挑战。学术委员会的组成人员和现有项目的主要承担人员存在较为普遍的重叠现象，这虽然是由于目前实验室处于起步阶段，但从长期来看这对学术委员会的独立性带来一定的影响，对于项目的征集、招标和管理是非常不利的。

④ 首席科学家的权责仍然亟待明晰。

现行体制下，海洋国家实验室所赋予首席科学家的权责并未理顺，尤其是在人员调配和经费使用两个方面，国家实验室首席科学家的权责仍然面临诸多限制。目前，首席科学家的经费使用权和人员调配权的实现都需要报国家实验室财务部门、人事部门，并经理事会备案才能实现。实际运行中，仍然是理事会和学术委员会拥有实际的财务和人事权，首席科学家制并没有得到很好的贯彻，首席科学家的自主空间仍然非常有限。

⑤ 实验室的经费使用机制亟待建立。

在海洋国家实验室的各项经费中,建设和运行经费是主要的支出项,人员经费并没有明确支出口径;在建设和运行经费中,来自中央一级的经费是参照国家重点实验室进行经费管理,很多国家实验室运行中出现新的经费支出,例如人员、会议、活动、国际交流等,目前还没有可参照的使用办法或规章,中央投入国家实验室的经费使用受到严格限制,这对于国家实验室的运行和发展是非常不利的。

来自省级和市级的经费,其使用依据是政府会议纪要,由政府部门按照一事一议的原则划拨,经费的使用缺乏明晰的操作规程和监管,目前只能以建立专账、理事会备案的形式来使用,在实际使用中存在巨大的监管风险。

⑥ 科研项目的形成机制亟待透明和完善。

目前海洋国家实验室已经出台了"鳌山科技创新计划项目管理办法",国家实验室的学术委员会负责鳌山科技创新计划项目的遴选和立项评审等咨询工作。目前在办法中直接确定了海洋动力过程与气候变化、海洋生命过程与资源利用、海底过程与油气资源、海洋生态环境演变与保护、深远海和极地极端环境与战略资源、海洋技术与装备六个定向的科研项目。关于这六大方向的形成,主要来自学术委员会的讨论,目前已经明确的三个课题负责人均是学术委员会成员。课题组认为,海洋国家实验室目前的项目形成机制仍在沿用我国现有科研项目的定向征集方式,新的项目形成机制尚处于探索阶段。

2. 海洋国家实验室人才建设现状分析

（1）优势（Strength）分析。

雄厚的人才、设施和成果的积累,让海洋国家实验室具备集成各方资源,引领中国海洋科技发展的能力,同时也足以说明海洋国家实验室吸引海洋科技高端人才的实力。国家海洋实验室整合集聚了全国30％的省级以上海洋科教机构,70％以上的涉海两院院士,40％的中高级海洋科技人才。同时形成了科研装备的集聚优势,现拥有1个国家级工程技术研究中心和2个省部级工程技术研究中心,5个部委级科学观测台站,18个省部级重点/开放实验室。

（2）劣势（Weakness）分析。

但与国际同类的海洋科研机构相比,也存在诸多不足。一是国际水平高端人才尚显不足。美国劳伦斯伯克利国家实验室、布鲁克海文国家实验室已经培养出多名诺贝尔奖获得者。青岛海洋科学与技术国家实验室,尽管在个别领域方向研究水平也达到了国际领先水平,但高端人才的学术贡献以及国际影响力,与国际上著名的实验室以及国际著名海洋研究中心的高端人才相比,尚有明显差距。二是吸引高端人才的环境有待完善。目前海洋国家实验室在可观的工资收入、充足的科研经费、优越的工作环境、良好的社会福利等对于吸引国际高端人才的吸引力都亟待提升。人才流动程序繁琐,导致办事周期长,甚至成为人才引进的"制度"障碍。三是"柔性人才"机制尚在试点阶段,尚未形成顺畅的人才流动机制。四是人才建设体系尚未成型。海洋国家实验室虽然已经正式投入使用,但在海洋国家实验室的人才队伍建设方面,各大组建单位应承担的义务和责任尚不明确;目前正在开展的这几个项目,也都是各组建单位的顶尖科学家领衔在做,海洋科学与技术国家实验室独立的科研人才梯队有待建立并完善。

(3)机遇(Opportunity)分析。

国家人才优先发展战略显示出人才工作在"十三五"时期的优先地位,为海洋国家实验室体制机制的先行先试及人才队伍建设提供政策支撑。在党的十八大报告正式提出了建设海洋强国的国家战略目标,加强海洋科技成果转化应用,推动海洋经济的发展是十三五期间的重要发展方向。这为海洋国家实验室的建设与发展提供了良好的契机。青岛海洋科学与技术国家实验室是先行先试改革试验田,科技部2003年、2006年启动筹建的两批共15个国家实验室中目前唯一一个获得科技部批准建设的,也是中国海洋领域目前唯一的国家实验室。此前,2011年经国务院已正式批复山东半岛蓝色经济区建设正式上升为国家战略,青岛作为山东半岛蓝色经济区的"龙头"城市也正式上升为国家级中心城市;2014年经国务院批复设立青岛西海岸新区,并将青岛西海岸新区发展定位为"海洋科技自主创新领航区、深远海开发战略保障基地、军民融合创新示范区、海洋经济国际合作先导区和陆海统筹发展试验区"。这一系列国家战略层面的先行先试,为海洋实验室通过深化科技体制改革推动人才队伍建设创造了良好条件。

(4)威胁(Threat)分析。

西方海洋强国的发展战略对青岛海洋科学与技术国家实验室的建设形成一定的冲击。美国、日本、英国、加拿大、澳大利亚等海洋强国在海洋科技方面原本就占据先发优势,近年来又制定并实施新一轮的海洋强国战略。这些给全球的海洋科技人才提供了极好的工作平台,海洋国家实验室在对国际海洋科技高层次领军人才的争夺过程中面临激烈竞争。国内沿海省(市)的发展也对海洋科学与技术国家实验室的资源集聚态势形成冲击。

沿海各省市十分关注海洋经济的发展,极力将区域海洋发展规划纳入国家战略。这些省份的海洋科技创新中心建设也使得青岛海洋科学与技术国家实验室的资源集聚面临压力。近期,依托海南大学、省部共建的"南海海洋资源利用国家重点实验室"获得科技部批准建设;中山大学依托珠海校区开始筹建"南海国家实验室"。由相关高校牵头的涉海"协同创新中心",如雨后春笋般涌现,其中包括海洋科学与技术青岛协同创新中心(由中国海洋大学牵头)、国家领土主权与海洋权益协同创新中心(由武汉大学牵头)、深圳大学–香港科技大学海洋协同创新中心等。高校院所涉海研究及产业化的快速推进与发展,加大了海洋国家实验室引进国内海洋科技高端人才的难度。

表 5-12　SWOT 矩阵分析表

<table>
<tr><td rowspan="2" colspan="2">内部因素

外部因素</td><td>优势(S)</td><td>劣势(W)</td></tr>
<tr><td>① 相对国内的人才队伍优势
② 相对国内的科研装备优势
③ 相对国内的科技创新能力优势</td><td>① 国际水平高端人才尚显不足
② 吸引高端人才的环境有待完善
③ 首席科学家负责制尚需完善
④ 人才流动机制亟待形成
⑤ 人才评价机制急需建立并完善
⑥ 人才建设体系有待成型</td></tr>
<tr><td>机遇(O)</td><td>① 国家人才优先发展战略
② 国家海洋发展战略
③ 先行先试改革试验田</td><td>利用优势把握机遇:
承接战略性、基础性、综合性国家研究课题;引进国内人才;加速人才队伍建设</td><td>克服劣势把握机遇:
通过改革实现海洋国家实验室体制机制与国际接轨;引进国际人才</td></tr>
<tr><td>威胁(T)</td><td>① 建设目标极具挑战
② 西方海洋强国的发展战略
③ 国内沿海省市的发展态势
④ 国内涉海高校院所发展形势</td><td>利用优势应对威胁:
主动参与国际化海洋热点研究;加强国内合作</td><td>面对劣势应对威胁:
开展国际交流与合作;重用杰出青年科学家;强化人才政策落实;做好人才保障与服务</td></tr>
</table>

3. 知识产权管理体系建设现状

青岛海洋国家实验室已成立了用于知识产权管理的成果转化办公室,但目前仅是设立了组织机构,相应的规章制度、管理流程和专业人员正在建立配备中,在知识产权管理方面面临着与国内高校院所同样的问题与挑战。

青岛海洋国家实验室的科研人员大多来自不同的共建单位,人员实行双聘任制,研究的项目大多属于合作完成,使得研究成果即知识产权归属问题尤为突出,知识产权管理面临诸多挑战。一是具有双重身份的科研人员,在聘任期间所产生的成果的归属、使用和分配等权益,如何在原单位、国家实验室、聘任人员以及团队间进行确权和分配;二是如何对产生的知识产权进行科学合理的管理;三是拥有的知识产权成果如何尽快实现转化,成为现实生产力等。需要通过先行先试,构建新型的知识产权管理模式,解决可能产生的知识产权问题。

第五节　完善青岛海洋科学与技术国家实验室体制机制的建议

一、完善国家实验室管理体系的建议

1. 争取将海洋国家实验室纳入国家"十三五"规划的重大创新领域

目前海洋国家实验室是由科技部批准建设的,尚未纳入国家十三五规划重点支持的创新领域,其承担的科技体制机制改革试点工作主要通过自下而上的探索、试验、总结的路径进行,缺乏国家层面自上而下的顶层设计、规划。若能够尽快纳入国家十三五规划重点支持的创新领域,必将会大大加快青岛海洋国家实验室的建设步伐。

2. 将现有的海洋国家实验室管理办法进一步明晰化规范化

在国家实验室管理办法的制定过程中,应明确国家实验室各部门(理事会、学术委员会、主任委员会等)的职能和权责,建立相互制约和监督的管理体制和机制。借鉴美国的国家实验室治理机构,尤其是政府建设、社会管理的国家实验室的体制机制;同时明确赋予国家实验室改革探索的改革试错空间,比如设立最低经济损失额,设立免责清单,赋予首席科学家更多自主权等,加快国家实验室的体制机制改革步伐。

将理事会的责任进一步明晰化、形成规范成文的国家实验室管理运行办法;建立常态化、规范化的理事会运行机制,理事会机制对于国家实验室的发展和运行不可或缺,随着国家实验室进入常态化,理事会的运行机制也亟须规范化,为理事会的运行画出清晰明确的权责范围。

不断完善首席科学家制度。进一步明确首席科学家的权利范围,在科研经费使用、项目子课题的设置、人员的配置等方面赋予首席科学家更大的自主权。同时完善首席科学家的监督和考核评价机制,实现首席科学家的常态化更新和制度化轮替。

对于国家实验室的知识产权管理和运营予以政策扶持。设立知识产权管理运营试点,在试点期间对国家实验室的科技研发过程中产生的专利申请和维护费用予以减免,鼓励国家实验室通过知识产权运营、投资、转移转化等模式获得收入。

3. 加快出台国家实验室经费管理办法

不断总结海洋国家实验室的发展路径和改革经验,加快出台国家实验室经费管理办法,为国家实验室获得的经费确定明确的使用规范,降低经费管理成本和监管风险。

加大国家实验室人员经费使用制度的研究力度,根据人员经费的使用情况,出台人员经费的使用原则和办法。实行项目负责人制度,加强项目的全过程管理,使得项目承担团队形成自我约束机制,提高项目团队的积极性。

二、完善青岛海洋国家实验室科研管理的体系的建议

1. 完善国家实验室科研项目的形成机制

(1)加强科研项目的领域预研。加大对于科研项目领域预研工作的投入,成立领域预研专门小组,开展常态化的预研工作,提升预研结论的权威性,建立预研信息的共享机制,并确保各部门、项目单位对预研信息的及时接受和反馈。

(2)规范项目立项决策论证的标准和程序。在论证专家的组成结构上,增加国外专家的比例,还应有意识地增加研究院所和企业的专家,保证专家组评审工作的公正性、客观性和准确性。

2. 完善科研项目的管理机制

(1)建立项目实施信息的双向采集机制。在项目管理办法中适当考虑增加信息流通的渠道,提高信息质量。深入项目承担者内部进行现场调研,获取直接的一手资料。

(2)加强项目团队合同的管理。所有的项目参与人都必须签订一份合约(即项目团队合同),明确规定项目团队的内部组织结构、资助经费的分配、项目成果知识产权的安排、项目组内部纠纷的解决等,以预防项目团队可能出现的问题,为团队顺利运转提供制度与机制保障。

3. 完善独立的社会化评估制度

引入社会化评价机制,接受社会监督,委托第三方评估机构对科研项目的完成状况及持续效应进行评估,形成内部自律与社会监管相互促进的评价模式。加强对项目承担机构的信誉监督,对项目的完成状况、执行效率、内部管理水平、工作进度和满意程度等进行公开评价,建立承担机构信用档案信息系统,并定期向社会公布评定结果,发挥社会信用的引导和监理作用。同

时，在重大科研项目完成后，对项目的持续效果进行绩效评估，掌握项目的实施或成果的转化对经济、社会的影响，发现和总结项目立项时的经验与问题，并提出预见性的意见，以提高项目选择和管理的科学性。

三、完善国家实验室人才管理体系的建议

1. 加快人才引进培养，构建人才队伍建设体系

依据人才队伍建设目标，做好人才队伍发展规划，从人才引进源头入手，明确引进人才的方向，畅通人才引进渠道，完善人才培养机制，顺应海洋国家实验室建设与发展的需求。一是注重高层次人才的引进。重点引进海外、国内高端人才，担任海洋国家实验室主任委员会、学术委员会的主任委员、副主任委员或委员，以及功能实验室和工程技术研究中心等部门的主任、副主任或重大项目负责人。二是注重人才团队的引进。针对海洋国家实验室战略上急需发展的，或者相对薄弱的具体专业领域及研究方向，采取人才团队整体引进的方式，迅速抢占海洋科研高地、丰富海洋科学研究整体布局。三是编制人才引进目录。根据海洋科学研究工作的开展情况，从具体专业领域、研究方向和现有人才结构入手，确定人才引进具体需求，制定海洋国家实验室人才引进目录，定期向外公布。四是确定人才引进源头。根据人才引进目录，对国际、国内开展类似研究的研究机构以及培养相应人才的高等院校进行筛选，选出海洋国家实验室人才引进的源头。五是建立并完善人才培养机制。明确五大组建单位在海洋国家实验室人才培养中职责，以研究项目为牵引，将博士后工作站带到海洋国家实验室中来，尽快造就一支结构合理、素质优良的海洋科学研究储备人才队伍。

2. 加强人才合作交流，提升人才队伍水平

建立对拟合作项目进行评估和筛选的工作机制，规范合作项目管理，鼓励海洋国家实验室的组建单位、合作机构及涉海企业将相关科研项目拿到海洋国家实验室来共同研发攻关，为提升海洋国家实验室人才队伍水平创造条件。一是加强与驻青涉海单位合作。加强与中科院青岛生物能源与过程研究所、海洋化工研究院、中船重工725所青岛分部、山东省科学院海洋仪器仪表研究所、中国石油大学（华东）等驻青涉海机构合作，促进海洋科技成果的转移转化，有效带动海洋产业的发展。二是加强与国内涉海机构合作。加强与中国科学院南海海洋研究所、浙江大学、厦门大学等国内相关海洋科研机构、高等院校的合作，鼓励这些单位到海洋国家实验室来开展研究工作。三是加强与国际知名海洋科学研究机构合作。通过研究项目合作深化海洋国家实验室与美国伍兹霍尔海洋研究所、美国斯克里普斯海洋学研究所、法国

海洋开发研究院、俄罗斯希尔绍夫海洋研究所、英国国家海洋中心、日本海洋科学技术中心等国际知名海洋科学研究机构的合作,邀请国际海洋科学著名专家到海洋国家实验室进行学术交流,选拔优秀人才作为访问学者参与国际知名海洋科学研究机构的研究项目。

3. 创新人才体制机制,提高人才使用效能

根据人才队伍在海洋国家实验室建设与发展的作用,借鉴国际知名研究机构成功经验,确立海洋国家实验室人才体制机制需求,加快体制机制改革步伐,激发人才活力。一是完善首席科学家负责制。通过海洋国家实验室体制机制改革,将"项目发包权"以及人才聘用和经费支配等权限下放给首席科学家(要便于执行),实现海洋国家实验室的"首席科学家负责制"与国际接轨。二是构建宽松灵活的人才流动机制。通过海洋国家实验室体制机制改革,允许研究人员的编制身份多样性(在编、双聘、借调、柔性等)并存,保障研究人员的个人发展权益,形成围绕项目展开的人才良性流动。三是完善基于"同行评议"人才评价机制。建立并完善评议专家数据库(含国际海洋科学相关领域专家),开展专家反评估研究,动态优化评议专家数据库,将同行评议广泛纳入到科研项目管理的全过程,结合科研人员对于项目的贡献程度,实现对人才的客观评价。四是建立与国际接轨的薪酬制度。构建"以研究项目为核心"的、统一的人员薪酬资金管理制度,参照国际著名研究机构,兼顾海洋国家实验室发展需求,确定研究人员的薪酬水平,提升海洋国家实验室对于人才争夺的竞争力。五是为优秀青年科学家提供发展舞台。设立海洋国家实验室杰出青年科学基金,参照《国家自然科学基金项目管理规定》,将同行评议广泛纳入基金项目的立项、遴选和管理,让崭露头角的青年科学家尽情施展才华。六是提升人才服务水平。强化海洋国家实验室人事管理部门人才服务职能,积极落实引进人才的工资薪酬、职称评审及人事档案管理。切实做好引进人才的住房、社保、优先就医以及配偶随迁就业安置、子女入学(入托)、安家落户等服务工作,具体解决好高层次人才生活中的各种难题。对外籍高层次人才发放人才"绿卡",为人才出入境和永久居留提供最大限度的便利。

4. 完善人才政策保障,强化人才服务意识

优化并完善人才政策,更好地支撑海洋国家实验室体制机制改革;深挖社会资源,拓宽引才渠道;加强人才服务,确保政策落实到位。一是完善并落实人才政策。建议依托海洋国家实验室建立"人才管理改革试验区",有序引进海洋科学相关研究人才。提高青岛市国际科学技术合作奖奖励额度,鼓励外籍高端科技人才来青岛工作并为科技事业做出杰出贡献。二是提升公

共人才服务能力。充分发挥青岛市人才交流服务中心的作用,定向拓展中国青岛人才市场猎头部海外业务,为海洋国家实验室海外高层次人才引进提供服务。三是大力发展人才中介服务机构。积极推进市场化引才机制,不断完善"引才链"。鼓励本土人力资源服务机构与国际知名人力资源服务机构开展合作,在境外设立分支机构,大力开拓国际市场,积极参与国际人才竞争与合作。

四、加强国家实验室知识产权管理体系的建议

1. 加大知识产权及科技成果管理的改革力度

在符合国家基本政策的框架下,根据青岛海洋国家实验室的职能定位和发展需求,制定知识产权所有权(确权)、处置(使用)权、收益分配权和股权激励等管理办法及实施细则,从体制机制上激励科研人员创造高质量的知识产权和促进知识产权转移转化。

(1)试行科技成果权属混合所有制。

全职人员以共同申请知识产权的方式,分割确权职务科技成果,明确发明人(或团队)、国家实验室之间的股权分配比例,实行科技成果权属混合所有制。科研人员可享有不低于80%的股权,鼓励将100%股权奖励给科研人员。

对双聘制科研人员的知识产权实行共享机制,制订可执行的实施细则,采取事前合同约定的方式,在项目管理合同中即明确知识产权的权属事项,明确聘任人员(团队)、国家实验室、人员所属单位间的所有权比例。

(2)实行知识产权处置权改革。

对国家实验室持有的科技成果,可以自主决定以转让、许可或者作价投资等方式向企业或者其他组织转移科技成果,除涉及国家秘密、国家安全外,不需审批或者备案。科技成果在转让、许可或者作价投资过程中,通过协议定价、在技术交易市场挂牌交易、拍卖等市场化方式进行定价。2年内无正当理由未实施转化的科技成果,可由成果完成人或团队与单位协商,自行运用实施。

(3)完善知识产权收益权制度。

完善职务发明知识产权许可收益分配政策,提高科技人员成果转化收益比例。以技术转让或许可方式转化职务科技成果的,将不低于80%的净收入用于奖励研发和转化人员。以科技成果作价投资实施转化的,将不低于80%股份或者出资比例用于奖励研发和转化人员。在研究开发和科技成果转化中做出主要贡献的人员,获得奖励的份额不低于奖励总额的50%。

2. 健全专业的知识产权管理机构和管理团队

设立归属于国家实验室的知识产权管理办公室，或者独立法人的知识产权管理公司。通过招聘和培养相结合的方式，建立一支由有科技、企业背景的专家和知识产权律师组成的复合型专业人才团队；在自身无法形成专业团队的初期，可与一些较为成熟的知识产权服务公司合作，通过委托代理的方式实现知识产权的专业化管理。

3. 形成知识产权集中管理模式和管理流程

采用知识产权管理、技术转移管理和投资职能三合一的集中管理模式，知识产权管理部门参与管理整个知识产权的形成、持有、转化转移过程，建立健全包括技术咨询评估、专利申请保护、协同合作、许可证转让等全流程管理体系。

4. 设立知识产权专项资金

（1）设立知识产权专业化管理资金。

知识产权管理过程中产生的申请费用、维护费用、价值评估、人员工资等从知识产权专业化管理资金预算中支出，不再从科研人员（发明人）的课题经费中列支。

（2）建立多元化的知识产权转化基金。

设立知识产权转化引导资金，引导社会资本参与建立种子基金、风险投资资金和担保基金等，支持创办衍生公司、创业公司等方式，促进知识产权的转移转化。

（3）制定知识产权扶持政策。

设立知识产权政策扶持资金，对科研机构的知识产权申请、管理和使用予以扶持。通过年度资助计划和贷款担保等优惠措施对知识产权申请和使用予以扶持；将海洋国家实验室作为知识产权改革试点，在三年内予以专利审查申请费和专利维护费减半，促进知识产权的转化和使用。

5. 建立知识产权质量控制与评估体系

（1）建立知识产权质量控制体系。

通过建立专利质量专家组或委托中介服务机构等方式加强知识产权质量管理，重点考核评定技术创新性及专利申请文件质量、权利要求保护范围的科学性和市场价值分析的合理性等。

（2）对研究成果采用科技、商务"双评价"制度。

引入企业、金融、市场营销专家，建立商务评价团队，对研究成果的产品性能、工艺技术、应用前景、投资回报等进行评估，为后续成果转化和投融资做好前期准备。

（3）构建高质量的科技成果项目银行。

加强对项目的后评估管理,针对成果的技术水平、应用前景及投资回报进行价值量化评估,构建高质量的科技成果项目银行,提高成果转移转化的可操作性。特别是可转化的应用型科技成果信息,利用专业人才和专项资金,熟化技术成果,解决技术成果不实用、难以实现产业化的问题,为技术转移转化提供高品质的项目源,不断提升海洋国家实验室研究成果的转化率。

6. 完善知识产权考核指标体系和人员评价制度

对知识产权创造、运用、保护和管理情况进行综合考核,建立奖励、资助等方面的奖罚机制;建立人员分类评价制度,在职称评聘等相关考核工作中,增设"科技成果转移转化岗",把科技成果转化情况作为考核评价的重要指标之一,转化业绩突出的可破格评聘。

参考文献

[1] 彼得·J·韦斯特威克. 国家实验室：美国体制下的科学（1947～1974）[M]. 美国：哈佛大学出版社，2003.

[2] 李文凯. 美国政府及其实验室与大学的合作伙伴关系[J]. 全球科技经济瞭望，2004（6）：47-48.

[3] 汉斯·马克，阿诺德·莱文. 美国研究机构的管理——着眼于政府研究所[M]. 北京：航空工业出版社，1988：33-34.

[4] 孙议政，吴贵生. 国家创新体系的界定与研究方法初探[J]. 中国科技论坛，1999（3）：16-18.

[5] 李一白. 美国政府科技人员的管理[J]. 政策与管理，1999（12）：18-19.

[6] 黄缨，周岱，赵文华. 我们要建设什么样的国家实验室[J]. 科学学与科学技术管理，2004（6）：14-17.

[7] 夏松，张金隆. 国家实验室建设的若干思考[J]. 研究与发展管理，2004，16（5）：97-101.

[8] 赵文华，黄缨，刘念才. 美国在研究型大学中建立国家实验室的启示[J]. 清华大学教育研究，2004，25（2）：57-62.

[9] 张聂彦，范宪周，王兴邦. 高等学校实验室规章制度的作用、制定要素及质量依据标准的推动作用[J]. 实验技术与管理，2002，19（1）：104-107.

[10] 托马斯·贝特曼，等. 管理学：构建竞争优势[M]. 北京：北京大学出版社，2004.

[11] 迈克尔·T·麦特森，约翰·M·伊万舍维奇. 管理与组织行为经典文选[M]. 北京：机械工业出版社，2000.

[12] 理查德·L·达夫特. 组织理论与设计精要[M]. 北京：机械工业出版社，1999.

[13] 加雷斯·琼斯，等. 当代管理学[M]. 北京：人民邮电出版社，2003.

[14] 刘曼红. 中国中小企业融资问题研究[M]. 北京：中国人民大学出版社，2003.

[15] 李建伟. 技术创新的金融支持[M]. 上海：上海财经大学出版社，

2005.

[16] 应展宇. 中国中小企业融资现状与政策分析 [J]. 财贸经济, 2004
（10）：33-38.

[17] 花爱梅. 科技型中小企业自主创新与融资支持探讨 [J]. 技术经济与
管理研究, 2008（1）：28-29.

[18] 沈炳熙, 高圣智. 日本的中小企业金融政策 [J]. 金融研究, 2002（9）：
53-60.

[19] 邓道才. 金融支持企业创新的基本思路 [J]. 安徽科技, 2006（3）：39-
40.

[20] 孙东泉. 民营中小企业自主创新融资难问题研究 [J]. 市场周刊, 2007
（3）：116-118.

[21] 吴晓灵. 科技创新需要何种金融机制 [J]. 江苏企业管理, 2007（2）：
10-11.

[22] 卞松保, 柳卸林. 国家实验室的模式、分类和比较 [J]. 管理学报,
2011, 8（4）：567-576.

[23] 周岱, 刘红玉, 赵加强, 等. 国家实验室的管理体制和运行机制分析与
建构 [J]. 科研管理, 2008, 29（2）：154-165.

[24] 宋河发, 曲婉, 王婷. 国外主要科研机构和高校知识产权管理及其对
我国的启示 [J]. 中国科学院院刊, 2013, 28（4）：450-460

[25] 包海波. 大学和研究机构技术转移活动的激励机制分析——政府资助
研究的知识产权管理制度创新 [J]. 科技与经济, 2005, 18（6）：35-38.

[26] 冯浩然, 宛彬成, 余敏, 等. 国外知识产权实施转化措施综述（之一）美
国研究机构知识产权转化概况分析 [J]. 科学新闻, 2008,（11）：31-35.

[27] 张晓东. 日本大学及国立研究机构的技术转移. 中国发明与专利,
2010（1）：98-101.

[28] 国务院发展研究中心. 完善知识产权权属政策的国际经验与借鉴 [J].
调查研究报告, 2003,（99）：1-23.

[29] 王志强. 德国公立研究机构的知识产权管理及政策 [J]. 全球科技经
济瞭望, 2011, 26（2）：45-53.

[30] 鄢圣文. 国外人才引进政策的主要做法与经验借鉴 [J]. 中国证券期
货. 2012（9）：246-247.

[31] 李恩平, 杨丽. 发达国家引进高科技人才政策的比较及启示. 经济论
坛. 2010, 478（6）：50-52.

[32] 陈振华. 地方政府人才引进对策研究——以苏州市创新型人才的引进

为例[D]. 苏州大学,2008年.

[33] 孙锐. 让人才评价人才[N]. 中国组织人事报,2014-5-12(第42's).

[34] 孙锐. 科技人才评价如何才能慧眼识珠[N]. 文汇报,2016-6-2.

[35] 青岛市科学技术局,青岛市科学技术信息研究所. 世界六大海洋科研中心创新资源研究报告[M]. 2014.

[36] 青岛市科学技术局,青岛市科学技术信息研究所. 青岛市科学技术发展报告(2015年)[M]. 2016.

[37] 青岛海洋科学与技术国家实验室[OL]. http://www.qnlm.ac/index

[38] 周岱,刘红玉,叶彩凤,等. 美国国家实验室的管理体制和运行机制剖析[J]. 科研管理,2007,28(6):108-114.

[39] 李佳. 德国、日本人才资源引入政策对我国的启示[D]. 山西师范大学,2013.

[40] 袁旭东. 中国引进海外人才的理论分析与实证研究[D]. 吉林大学,2009.

[41] 赵忻. 中国地方政府人才政策博弈研究[D]. 安徽大学,2010.

[42] 翟顺河. 柔性人才管理机制研究——以山西省城乡规划设计研究院为例[D]. 天津大学,2012.